最近の化学工学 64

晶析工学は、どこまで進歩したか

化学工学会編
化学工学会材料界面部会　晶析技術分科会著

化学工学会

出版にあたって

前回の最近の化学工学は、2001 年に「晶析工学・プロセスの進展」と題して、約 9 年の進歩を講演した。それから、約 13 年を経て、「晶析工学はどこまで進歩したか」のタイトルで 2 日間の講演会を開催することになった。この間、晶析工学は、より高品位の結晶を積み上げて（ビルドアップ）すべく、基礎から応用まで著しい進展をし、その適用範囲もきわめて多岐にわたってきている。

核化は、従来の熱力学的解釈から、新規な考え方や制御手法が見出され、さらに精緻な制御に展開しつつある。合わせて、構造（多形）、粒径分布幅、微粒化、溶解性等々の結晶品質に対する要望のハードルも高まり、晶析を平衡、速度の両面からとらえ、工業で問題になる不純物の影響についても、定量的に扱いつつある。近年の晶析に関する国際会議も内容、地域など様々で、新しい研究者、新分野への展開と多様化している。

一方、晶析の基礎は極めて重要であり、核生成に関する新しい概念や、準安定域の考え方、異種物質により誘発される核化（ヘテロジーニアスニュークリエーション）、さらには、多形を選択する溶媒環境など 20 世紀には見いだされなかった考え方がでてきている。粒径分布、結晶成長を制御するための操作法や、そのための制御システムや手法も高度化し、より精緻な制御への要求も高まっている。固体製品を作るための装置、撹拌および固液分離などの晶析装置・プロセスに関する講演も充実させた。

2 日間の講演で。結晶既存の研究、開発、生産における課題解決や問題提起への一助になれば幸いである。より良い品質の結晶を得たい研究者・技術者に最近の進歩をお届けする。

公益社団法人化学工学会関東支部　支部長　上ノ山周

公益社団法人化学工学会分離材料界面部会　部会長　福井啓介

晶析分科会　平沢　泉

ここまできた膜分離プロセス～基礎から応用

目次

執筆者（化学工学会、材料界面部会　晶析技術分科会）

第１章	久保田　徳昭（岩手大学）
第２章	前田　光治（兵庫県立大学）
第３章	滝山　博志（東京農工大学）
第４章	大嶋　寛（大阪市立大学）
第５章	平沢　泉（早稲田大学）
第６章	三上　貴司（新潟大学）
第７章	三角　隆太（横浜国立大学）
第８章	入谷　英司（名古屋大学）
第９章	高須賀　正博（武田薬品工業株式会社）
第 10 章	須田　英希（月島機械株式会社）
第 11 章	島村　和彰（水 ing 株式会社）
第 12 章	小針　昌則（日揮株式会社）
第 13 章	高井　浩希（メトラートレド株式会社）
第 14 章	渡邉　裕之（早稲田大学）
第 15 章	大田原　健太郎（株式会社クレハ）
第 16 章	三木　秀雄（カツラギ工業株式会社）
第 17 章	浅谷　治生（三菱化学株式会社）

第１章　核化速度と準安定領域

久保田　徳昭
（岩手大学）

はじめに

溶液から固相が出現する現象－核化―は、晶析の基本過程である。これには誰も異論はないが、核化速度の測定は極めて困難である。厳密には不可能と言わざるを得ない。その理由は単純で、核が極めて小さくて、見えないからである。核化理論も確立されているとは言えない。しかし、晶析装置内で核化が起きていることは確実である。工学としての晶析の立場から言えば、使える核化速度、実用的な核化速度の決定法の確立が望まれる。すなわち、製品結晶の数とマスに見合う核化速度、別の言い方をすれば、ポピュレーションバランス、マスバランスを満足させる核化速度がぜひ欲しい。

核化には、一次核化（primary nucleation）と二次核化（secondary nucleation）がある。一次核化は、結晶の存在しない溶液において新たに結晶が出現する現象であり、二次核化は、すでに存在している結晶が新たな核の発生をもたらす現象である。例えば、懸濁結晶と撹拌翼の衝突による機械的衝撃によって二次核が発生する。数多くの結晶が懸濁している工業装置内では、二次核化が主体的に起こる。このように、二次核化は、一次核化に比べて、低過飽和においても起こることが知られている。

準安定領域（metastable zone）の概念は、1897 年にオストワルド（F. W. Ostwald）によって提唱された。晶析関連の書物には必ずと言って良いほど、この概念の説明がなされている。例えば、化学工学便覧の最新版[1]にもその解説が見られる。この概念は晶析に携わっている人にはなじみが深い。とはいえ、これほど不思議な、何やらハッキリしない概念もないのではなかろうか。書物を読めば読むほど、混乱してしまうほどである。そんなわけで、準安定領域の解釈をめぐる議論はいまだに絶えない。

本章では、まず準安定領域に関する従来の考え方を簡単に整理する。次いで、筆者らの最近の研究、すなわち、準安定領域の新しい解釈、それに基づく実用的な核化速度決定の可能性を紹介する。

1　準安定領域の決定

まず始めに、準安定領域の大きさが実験的にどのように決定されるかを整理しておく。準安定領域の大きさ（metastable zone width: MSZW）は、撹拌溶液に対して決定される場合が多い。例えば数百 mL 程度の容器に濃度既知の溶液を採り、飽和温度（T_0）以上の温度にしばらく保持し、微結晶を充分溶解する。その後、撹拌しながら一定速度で冷却する。通常、溶液温度が飽和点（T_0）を過ぎて、過飽和状態になっても核化は起こらない。この間、あたかも溶液が安定状態にあるかのようにみえる。冷却がさらに進んだある時点で初めて、溶液中に微結晶が発生する。その時点の温度 T_m を核化温度と見なす。(T_0 $-T_m$)が準安定領域の大きさすなわち準安定領域幅（MSZW: ΔT_m）である。

結晶発生点のもっとも簡単な検出方法は、肉眼による方法である。冷却中の溶液を観察しているとある時点で突然（のように見える）結晶が現れ、その後溶液全体が白濁する。その様子はあたかも雪崩の発生ようであり、結晶のシャワーのようにも見える。結晶が突然現れる点を核化点とすることが多いが、それに続く白濁点を核化点とする場合もある。核化点の決定はこのように恣意的なものでもる。核化点の決定には、肉眼の他種々のハイテク機器が用いられる。図 1 に Simon らの実験[2]の一例を示す。ハイテク機器を使用した例である。彼等は、FBRM （Focused Beam Reflectance Measurement）プローブによる結晶粒子カウント数およびビデオカメラによる懸濁液灰色度（grey intensity）を測定して核化点を決定した。冷却を続けてゆくと灰色度も粒子カウント数もあるところで急激に増加し始める。彼等は、粒子カウント数および懸濁液灰色度データの 3 分間移動平均値がその直前の移動平均値に比較して 5%増加した点を、“appearance of first crystals”とみなし、核化点 T_m（図中の●）とした。測定法により核化点は異なっている。また、“5%”の代わりに“10%”を採用したとすれば、また別の核化点が得られることになる。このように核化点の決定はハイテク機器を用いたとしても恣意的である。

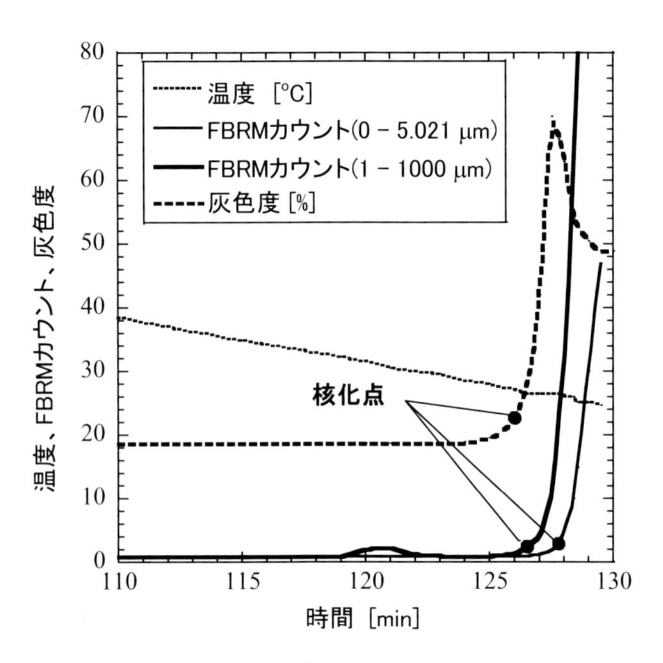

図 1 Simon らの MSZW 測定実験[**2**]。120 min 付近の FBRM カウントの小さなピークは気泡によるもの。灰色度は一種の濁度である。●は核化点（筆者がイメージを伝えるために書き加えた。厳密なものではない。）

溶液濃度 C の異なる溶液に対して核化温度 T_m を決定し、この温度 T_m に対して濃度 C をプロットすると、いわゆる過溶解度曲線（supersolubility curve）が得られる。この曲線は、溶解度曲線（solubility curve, C_s 対 T）にほぼ平行になることが知られている。この二つの曲線に挟まれた領域が、準安定領域 MSZW である（後出の図 3 参照）。

以上のように、準安定領域は実験的には実に簡単に決定できる。測定が簡単であるから、MSZW データから核化速度が得られれば、これほど素晴らしいことはない。しかし、準安定領域の合理的な解釈あるいは核化速度決定法が可能になっているかというと、残念ながらそうではない。初めに述べたとおり、準安定領域の解釈については、いまだに議論が絶えない。

図 2 に、MSZW データの一例[3]を示した。このように、MSZW は一般に冷却速度の増加と共に増加する。測定法による MSZW の変化も大きい。ここには示さないが、撹拌速度の増加とと

もに減少することも知られている。さらに、不純物の混入により増加することもある。

静止溶液に対しても、MSZWは測定されている。この場合、数mL以下の小さなサンプルを用いて測定されることが多い。このようにサンプルサイズが小さな場合、サンプル当たりの核化速度（核化頻度）が著しく低下するため核化の確率的側面が現われ、個々のMSZW測定値は大きくバラつく。核化の確率的側面については、ここでは触れないことにする。文献を[3-6]ご覧いただきたい。

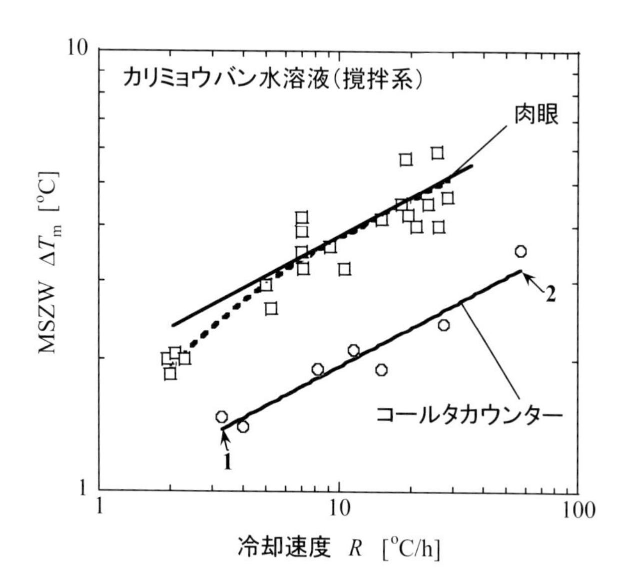

図 2　撹拌系における測定例。MSZWは冷却速度の増加と共に増加する。また、測定法よって値が変化する。本図は、Mullin and Jancic[3]のオリジナルデータを使って筆者が作成した。肉眼の場合のMSZWが低冷却速度領域で低下している（点線）のは、二次核の影響のようにも見える（後出の図 5 参照）。数字記号 1, 2 については本文参照のこと。

2　準安定領域—従来の解釈—

2. 1.　準安定領域は溶液構造変化の遅れ？

MSZW が冷却速度の増加に伴って大きくなることは、実験事実として広く知られている。しかし、その理由は従来必ずしも明確ではない。一つの説明として、「冷却速度が大きくなると、核化に至るまでの溶液構造の変化が追い付かなくなる。その結果として、“first crystals” が形成され検出されるまでの時間が長くなる、その結果 MSZW が大きくなる。」というのがある。例えば、Garside ら[4]は、次のように述べている。“ ……. If the state of the solution changes, so also does the aggrcgation of particles. This change occurs, however, at a limited rate so it may be delayed in comparison with the change of state of the system. So it is clear that the width of the metastable zone (or induction time) necessary for the clusters to reach the critical size depends on many factors such as temperature, cooling rate, agitation, thermal history of solution, presence of solid particles and of admixtures. ” この説明においては、MSZW は “first crystals” 発生までの準備期間すなわち溶液構造の変化（と言ってもいささかあいまいだが）に要する時間と考えていることになる。このような見解は、最近の論文[5]にもみられる。

ところが事実は異なる。冷却速度が大きくなると確かにMSZWは大きくなるが、その時の“first crystals”の見出されるまでの時間は長くなるどころかむしろ短くなっているのが事実である。例えば、図 2のデータのMSZWデータΔT_mを冷却速度 R で除して核化点までの時間を計算してみれば、このことは明らかである。点1（低冷却速度）では0.425 h、点2（高冷却速度）では0.056hである。つまり、冷却速度を上げると核化点の出現は早まる。この事実だけでも、冷却速度効果が溶液構造変化の遅れの結果であるとするのは妥当ではないと言わざるを得ない。

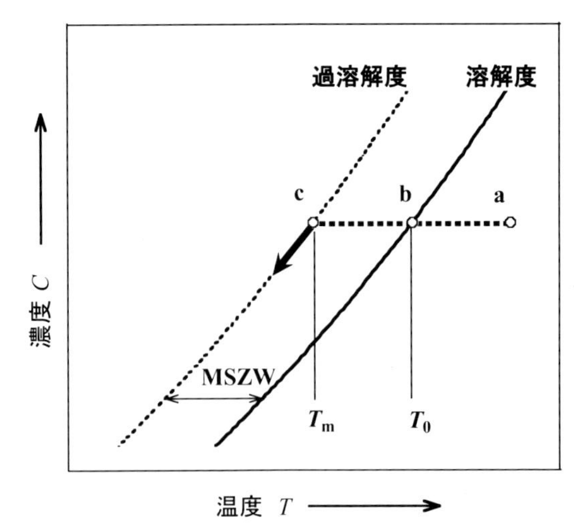

図 3　過溶解度、溶解度およびMSZW。点線と矢印はNývltモデルの説明のため書き入れた。a点の溶液を一定速度で冷却すると、飽和点b ($T = T_0$)を過ぎて過溶解度線上のc点($T = T_m$)に至って初めて核化し、また、核化にともなって c点で濃度が過溶解度曲線に沿って低下し始める。

さらに、Mullin [6]によると、溶液をある時点に瞬間的に過飽和状態した時の“緩和時間”（クラスターの定常サイズ分布が出来上がるまでの時間）は、通常の溶液では非常に短く、大よそ10^{-8} sのオーダーである。このような“緩和時間”の短さからも、溶液構造変化の遅れによる説明は妥当ではないように思われる。結論として、ここに述べたような「溶液構造の変化の遅れ」に起因する特別な過飽和領域という意味での、準安定領域は存在しないと考えてよいと思われる。準安定域領域の大きさMSZWは核化と密接に関連しているのは間違いない。しかし、ここで述べたように準安定領域は溶液構造変化の遅れに起因すると考えると、核化速度と準安定領域の大きさMSZWと関係づけることは出来ない。

2.2. 準安定領域と古典核化理論

古典核化（均質核化）理論を用いて準安定領域の存在を説明する試みがある。古典核化理論では、核化過程は次のように説明される[7, 8]。過飽和溶液中では、溶質分子は熱運動により常に激しく動いており、個々の溶質分子の集まり（クラスター）のサイズも常に揺らいでいる。しかし、クラスターサイズの分布は、定常状態にあり一定である。この揺らぎにより、あるクラスターの半径が臨界半径 r_c 以上になると、そのクラスター粒子の体積自由エネルギー（溶液基準でマイナス）が表面エネルギー（プラス）より大きくなる。その結果、その粒子は安定的に成長し、より大きな結晶となる。クラスターサイズが r_c を超えることそのものが均質核化であり、その頻度（単位溶液体積当たり）が、均質核化速度 B_{hom} [number/(s m^3)]である。この（定常）均質核化速度は、つぎのように表される。

$$B_{\mathrm{hom}} = A\exp\left\{-\frac{16M^2\sigma^3 N}{3\rho^2 (RT)^3 \left[\ln(C/C_{\mathrm{s}})\right]^2}\right\} \tag{1}$$

Aは定数、Mは溶質分子の分子量（式量）である。式(1)から、核化速度 B_{hom}は過飽和比 C/C_{s}の増加と共に増加することがわかる。また、均質核化速度には核の表面エネルギーσの影響が大きい。なお、上式は、核の形状を球形として導かれている。臨界クラスターサイズ r_{c}は、過飽和比(C/C_{s})の関数として次式で表される。

$$r_{\mathrm{c}} = \frac{2\sigma v}{RT\ln(C/C_{\mathrm{s}})} \tag{2}$$

この式から、過飽和比 C/C_{s}が大きくなると、臨界クラスターサイズは小さくなるのがわかる。すなわち、核化が起こり易くなる。

準安定領域の存在と古典核化理論は次のように結び付けられる[9, 10]。ある過飽和比以上になると核化速度は式(3)にしたがって急激に大きくなる。それ以下の過飽和領域では、核化は殆ど起こらないと考えて、この領域を準安定領域 MSZW とみなす。この時の過飽和比を臨界過飽和比と呼ぶ場合もある。しかし、この臨界過飽和比が上述の測定値 MSZW に対応するという実験的証拠はない。単に観念的なものである。さらに、古典核化理論は、クラスターの臨界サイズの存在は主張しているが、臨界過飽和比の存在を主張してはいない。

2.3. MSZW と核化速度－Nývt の理論―

一次核化速度と MSZW を結びつける最初の試みは、Nývlt[11]によってなされた。Nývlt の考えは以下のように要約できる。任意の溶液（図 3 の a 点）を一定速度で冷却すると、飽和点 b を過ぎて過溶解度点 C に至る。C 点で初めて核化が起こる（appearance of first crystals）。Nývlt は、c 点（核化点、$\Delta T = \Delta T_{\mathrm{m}}$）における結晶量の増加速度を次の一次核化速度式で表した。奇妙な話だが、この式は、$\Delta T = \Delta T_{\mathrm{m}}$においてのみ成立することになっている。

$$B_{\mathrm{m}} = k_m (\Delta T_{\mathrm{m}})^m \tag{3}$$

B_{m}は、質量基準の一次核化速度[kg/(s m^3)]、k_{m}および m は、質量基準核化速度の核化係数および核化次数である。核化速度は本来、個数基準であるべきであるが、Nývlt はこのように質量基準で表現した。さらに Nývlt は、過溶解度曲線（図 3 の破線）が溶解度曲線（同じく図 3 の実線）にほぼ平行になるという実験事実を考慮して、核化による結晶析出速度（微分値）が冷却による過飽和度の増加速度すなわち溶解度の減少速度$\varepsilon \mathrm{d}C_{\mathrm{s}}/\mathrm{d}t$ (= $R\varepsilon \mathrm{d}C_{\mathrm{s}}/\mathrm{d}T$)（微分値）に等しいとおいた。ここに、$\varepsilon$は単位濃度変化に対する結晶析出量、$C_{\mathrm{s}}$は溶解度、$T$ は温度、R は冷却速度である。こうして次式が得られる。しかし、考えてみるとこれは奇妙なモデルではある。と言うのは、核化は$\Delta T = \Delta T_{\mathrm{m}}$においてのみ起こり、濃度低下がそこで突然始まりそれ以前には何も起こらないとしているからである。濃度低下が起こるほどの核化がそこで突然始まるとは考えにくい。核化はそれ以前（すなわち、準安定領域内、$\Delta T < \Delta T_{\mathrm{m}}$）から起こっていると考えるのが自然だろう。

Nývlt のモデルは、かなり、乱暴な仮定をしていると言わざるを得ない。

$$\log \Delta T_{\mathrm{m}} = \frac{1}{m} \log \left(\frac{\varepsilon}{k_{\mathrm{m}}} \frac{\mathrm{d}C_{\mathrm{s}}}{\mathrm{d}T} \right) + \frac{1}{m} \log R \tag{4}$$

Nývlt のモデルでは、このように $\Delta T < \Delta T_{\mathrm{m}}$ の領域すなわち（核化以前では）$B_{\mathrm{m}} = 0$ と仮定している。この仮定をみると、Nývlt は、「溶液構造変化が進行しているのであって核化は起こらない」と考えていたかのように思われる。オリジナル論文を読み返してみても、そのあたりは明確ではない。しかし、Nývlt の頭のどこかには、”溶液構造変化の遅れ“の存在を肯定する考えがあったのではなかろうか。さもないと、このようなモデルは考えつかないに違いない。

上述の Nývlt の式は、$\log \Delta T_{\mathrm{m}}$ vs. $\log R$ の直線性（実験事実）を説明しているように見えるが、出発点となる仮定が非現実的であるから、それは単なる見かけだけのものと言わざるを得ない。また、Nývlt の式を実測データに当てはめれば、一次核化パラメーター（k_{m},および m）を、一応は決定できる。しかし、こうして決定されたパラメーターの物理的意味の信頼性は乏しい。実際のところ、このパラメーターを用いて何か有用な(例えば、バッチ晶析シミュレーションなどの)議論がなされた例はない。ところが、Nývlt 法による核化速度決定は、現在でもしばしば報告されている。不思議なことである。準安定領域の理解が十分でないことの証拠であろう。

最近、Sangwal は新たな理論を提案し、MSZW と冷却速度の関係を説明した[12, 13]。とはいえ、彼の理論の出発点は Nývlt と基本的には変わらない。すなわち、Sangwal は、核化点（図 3 の C 点）における結晶析出速度が冷却による過飽和度の増加速度に等しいとおいている。ただし、彼はこの関係を個数ベースで記述した。この点が Nývlt と異なるだけである。Sangwal も、核化は $\Delta T = \Delta T_{\mathrm{m}}$ においてのみ起こり、そこで濃度低下が突然始まるとしているが、Nývlt モデルと同様奇妙な話である。どうやら、彼の頭の中にも”溶液構造変化の遅れ “を肯定する考えがあったのではなかろうか。

なお、準安定領域の大きさ MSZW と一次核化の関係に関する研究状況については Sangwal の総説[14]、MSZW の従来の解釈に対する批判については Gherras and Fevotte の論文[15]がある。

2.4. MSZW の実験的挙動

2.4.1 熱履歴の影響

MSZW に対して、冷却前の溶液の熱的履歴(thermal history)の影響が現れることが知られている。例えば、高温で長時間溶液を保持しておくと、MSZW は大きくなる。すなわち核化が起こり難くなる。Nordström ら[16]によれば、熱履歴効果のメカニズムは以下の３通りがある。まず一つ目は、溶液構造（クラスターサイズの分布）の変化が核化に影響するとするメカニズム、二つ目は、溶け残る微結晶の有無が後の核化に影響を与えるとするメカニズム、三つ目は、核化を促す異物微粒子の活性低下の有無が核化に影響するとするメカニズムである。筆者は、３番目の異物微粒子による不均質核化メカニズムが有力と考えている。その理由は、MSZW に対する熱履歴効果の現れ方が溶液濾過に大きく依存する[17, 18]からである。

2.4.2 撹拌の影響

MSZWは撹拌速度の増加とともに小さくなる[19]。この現象は、定性的に「撹拌によりクラスターの成長が促進され、その結果核化が促進されるため」と説明されてきた。しかし、マクロな操作である撹拌がミクロな現象—クラスターの成長—に影響するとは、とても思われない。先に紹介したNývltの理論、Sangwalの理論では、撹拌によって一次核化速度が変わることになってしまうが、それも同じ理由で受け入れがたい。筆者らは、成長した核（結晶）による二次核が核発生点の出現を早めるとするメカニズムを提案した[20, 25]。二次核化が撹拌速度に依存することは良く知られた事実であり、これによってMSZWに対する撹拌の影響を説明できる。このメカニズムについては、後で詳しく述べる。

2.5. 待ち時間との関係

MSZWは徐冷した場合における"first crystals"発生時の過冷却度である。これに対して、待ち時間(induction time)は、過飽和溶液を一定温度に保持した場合における"first crystals"発生までの時間である。いずれも、核化に関わる現象である。異なるのは、温度が時間的に変化するかしないか(polythermal or isothermal)だけである。それにも拘わらず、MSZWと待ち時間を統一的に説明する理論は、従来見当たらない。例えば、先のNývltの理論[11]はもちろん、最近のSangwalの理論[10, 13, 14]も、待ち時間とは、無関係である。

3. 準安定領域—新しい解釈—

準安定領域決定における核化点は、"first crystals"が見出される点であるとするのが従来の考え方である。上に述べたとおりである。著者らは、このような考えは採らないで、新たに核化点を定義しなおした。この定義に従って、まず特殊な場合として、一次核化速のみが起こる場合について検討した。この場合は、MSZWと冷却速度の関係が解析的に得られる。なお、これについては、筆者らに先立ちHaranoらの提案[20, 21, 22, 23]がある。ただし、Haranoらは均質核化(homogeneous nucleation)を仮定している。この点が筆者らのモデルと異なる。次いで筆者らは、実際のMSZW測定実験の状況を考慮して、二次核化も考慮したモデルを提案した[20, 25, 26, 27, 28, 29, 30, 31]。この場合は、解析解は得られない。MSZWは、実際の実験に倣って、シミュレーションによって決定される。以下に、筆者らのモデルを紹介し、冷却速度[20, 27, 28, 25, 29, 30, 31]および検出感度[20, 25, 31]の影響を説明する。筆者らのモデルによれば、MSZWに対する撹拌速度[20, 25, 31]の影響およびMSZWと待ち時間[20, 26, 30]との関係なども無理なく説明できる。

3.1. 核化点の新しい定義

筆者らのモデルでは、クラスターサイズ分布は徐冷時においても定常—厳密には、擬定常(quasi-steady state)—と仮定する。つまり核化は、時々刻々と変化する過飽和状態に応じて、常に定常核化速度式に従って起こると考える。すなわち、先に触れた緩和時間は非常に短いと考える。MSZWの実験においては、過冷却度の増加につれて、核の個数は増加して行く。核化点は、核の個数密度(N/M)がある一定の値$(N/M)_{det}$に到達した点と定義する。ここに、Nは結晶の個数、Mは溶媒質量である。（Mの代わりに溶液体積Vを用いてもよいが、我々のモデルでは貧溶媒晶析への展開も考えてMを用いた。）この核化点に到達した時の過冷却度が準安定領域の大きさMSZWである。この定義では、"first crystals"検出以前から核は発生し続けていることになり、核化点は、"first crystals"が見出された点ではなく、"accumulated crystals"の量が$(N/M)_{det}$に到達した点である。この定義は、むしろ図 1に示した実験に見合う。なお、$(N/M)_{det}$の値は検出器あるいは検出法に依存するので、核化検出感度 detector sensitivity）と呼ぶことができる。

Kashchiev ら[32]も、筆者らと同様に、結晶析出体積が一定量に到達する点を核化点と定義して、理論を展開している。この核化点の定義は（体積と個数の違いがあるものの蓄積量を扱う点では）本質的に同じである。しかし、彼らは、核化は均質核化のみと考えたこれに対して筆者らは、一次核は不均質核化（heterogeneous nucleation）メカニズムで起こると考え、さらに、成長した核による二次核化（secondary nucleation）を考慮して定式化した。この二つの点が Kashchiev らのモデルと異なる。さらに、筆者らの MSZW モデル（二次核化を考慮した場合）おける晶析過程は、いわゆるポピュレーションバランスモデルで記述されており、そのままの形でバッチ晶析操作のシミュレーションに適用可能である。このことは、準安定領域とバッチ晶析操作が理論的に結びつけられていることを意味する。以下に、著者らのモデルを紹介する。まず、一次核化のみ（濃度変化なし）の特殊なケースについて述べ、ついで二次核化（濃度変化あり）を考慮した一般的な場合について述べる。

3.2. MSZW と核化速度一解析解—

結晶個数密度N/Mは核化速度Bの時間積分で与えられる。濃度低下が無視できる場合、時間tと過冷却度ΔT $(= T_0 - T)$の間には直線関係$R = \Delta T/ t$が成立するから、時間積分は過冷却度ΔTを用いて記述できる。

$$N/M = \int_0^t B dt = \int_0^{\Delta T} \frac{B}{R} d\Delta T \tag{5}$$

一次核化のみの場合を考える。Kubota[20, 26], Kubota ら[31]および Kobari ら[25, 30]は、定常一次核化速度[#/(s kg-solvent)]を、ΔT $(= T_0 - T)$のべき指数関数として次のように表した。

$$B = B_1 = k_{b1} (\Delta T)^{b1} \tag{6}$$

ここに、k_{b1}および$b1$は一次核化速度式のパラメーターである。先に述べたように MSZW 測定における核化は不均質核化と考えられるので、あえて古典均質核化速度式（先の式(1)）は使用しなかった。また、核化速度を過飽和度ΔC $(= C- C_s)$あるいは過飽和比C/C_sの関数として表現しなかったのは、過冷却度ΔTの関数とすることにより、MSZW と冷却速度の関係が、無理なく導出できるからである。式(5)に式(6)を代入し積分を実行すると次式となる。

$$N/M = \left[\frac{k_{b1}}{(b1+1)} \right] \frac{(\Delta T)^{b1+1}}{R} \tag{7}$$

式(7)に、MSZW の定義（$(N/M) = (N/M)_{\mathrm{det}}$ の時、$\Delta T = \Delta T_{\mathrm{m}}$)を当てはめ整理すると、次式が得られる。MSZW$\Delta T_{\mathrm{m}}$ と冷却速度 R の関係である。

$$\Delta T_{\mathrm{m}} = \left[\left(\frac{(N/M)_{\mathrm{det}}}{k_{\mathrm{b1}}}\right)(b1+1)\right]^{\frac{1}{b1+1}} R^{\frac{1}{b1+1}} \tag{8}$$

式(8)の両辺の対数をとると

$$\log \Delta T_{\mathrm{m}} = \frac{1}{b1+1}\log\left[\left(\frac{(N/M)_{\mathrm{det}}(b1+1)}{k_{\mathrm{b1}}}\right)\right] + \frac{1}{b1+1}\log R \tag{9}$$

このように、核化点の新しい定義を導入し、定常一次核化速度式を用いると、MSZW の冷却速度依存性を示す式が導かれる。冷却速度依存性は、「一定個数$(N/M)_{\mathrm{det}}$ に到達するまでに増加できる過冷却度ΔT が、冷却速度の増加に伴って大きくなる」から現れることになる。式(9)は、log (ΔT_{m})と log R の関係が直線になるという点では、先の Nývlt の式と同じであるが、物理的内容は全く異なる[20, 26, 27, 28, 25, 29, 30, 31]。二次核化および濃度低下が無視できる場合は、実測データにこの式(9)を当てはめて核化パラメーターk_{b1} および $b1$ を決定することが出来る。その際、検出感度$(N/M)_{\mathrm{det}}$ が既知でなくてはならない。先の Nývlt の式でも核化パラメーターを決定できるがその際は、検出感度は不要である。これは、Nývlt の式が優れているというより、決定的な欠陥というべきだろう。何しろ、検出感度の異なる測定器を用いる（その時は当然、MSZW の値も異なる）と、同じ溶液おなじ操作条件に対して異なる核化パラメーターが得られてしまうのだから。それに対して、式(9)の場合、測定感度の違いが考慮されているから、原理的にそのような不都合は現れない。

3.3. MSZW と核化速度―シミュレーション―

実際の MSZW 決定実験においては、二次核化が避けられない。場合によっては濃度の低下も起こる。MSZW 測定においては、初期に発生するのは一次核のみであるが、発生した核は成長し、成長したこれらの結晶により二次核が発生し始める。ついには、二次核化が支配的になる。その様子[25]を図 2 に示した。二次核の発生は、冷却速度の遅い場合(A)が顕著である。この場合、全結晶数すなわち一次核と二次核の合計は、一次核由来の結晶の数（点線）と大きく異なる。一方、冷却速度の速い場合（C）は実線と点線は一致していて、二次核の発生は殆ど無視できることがわかる。これはシミュレーション（後述）の結果であるが、実際にも一次核と二次核の挙動もおそらくこのようになっているに違いない。しかし、実験では一次核由来の結晶と二次核由来の結晶の区別は不可能であるので、このような議論は出来ない。シミュレーションにおいてのみ可能である。

シミュレーションは、通常のポピュレーションバランスモデルを用いて行った。本モデルは、ポピュレーションバランス、マスバランスからなる。ポピュレーションバランスは次式で与えられる[25, 28, 29, 30 31]。

$$\frac{\partial n(L,t)}{\partial t} + G\frac{\partial n(L,t)}{\partial L} = (B_1 + B_2)\delta(L - L_0) \tag{10}$$

マスバランス式は、次式の通りである。

$$\frac{dC}{dt} = -3\rho_c k_v G\mu_2 - \rho_c k_v (B_1 + B_2)L_0^3 \tag{11}$$

一次核化速度 B_1、二次核化速度 B_2 および結晶成長毒度 G は、以下のように、過冷却度($T_{sat} - T$)のべき指数関数として与えた。($T_{sat} - T$)は濃度不変の場合はΔT (= $T_0 - T$)に等しい。

$$B_1 = k_{b1}\left(T_{sat} - T\right)^{b1} \tag{12}$$

$$B_2 = k_{b2}\left(T_{sat} - T\right)^{b2}\mu_3 \tag{13}$$

$$G = k_g\left(T_{sat} - T\right)^{g} \tag{14}$$

ここに、k_{b1}, $b1$, k_{b2}, $b2$, k_g, g は、一次核化速度、二次核速度および結晶成長速度パラメーター、μ_3 は結晶粒度分布の 3 次モーメントである。この 3 次モーメントによって、二次核化が考慮されている。つまり、二次核化は結晶量に比例するとしている。

筆者らは、所定の初期条件式のもとに、モーメント法を用いて式(10)、(11)を連立させて解き、結晶個数密度(N/M) の時間的変化を得た。

図 4 は、結果の一例である。本モデルは、そのままバッチ晶析のシミュレーションにも使える。というよりそもそもバッチ晶析シミュレーションモデルそのものである。バッチシミュレーションについては、本書の「晶析操作のシミュレーション」項をご覧いただきたい。

MSZW（すなわち核化点）は、発生した全結晶（一次核と二次核の合計）の個数密度$(N/M)_{total}$が 検出感度$(N/M)_{det}$到達した時（図 4 の○印）の過冷却度ΔT として決定した。**図** 1 の実験においても、これと同様なメカニズムで核化点が決定されているのではないだろうか。

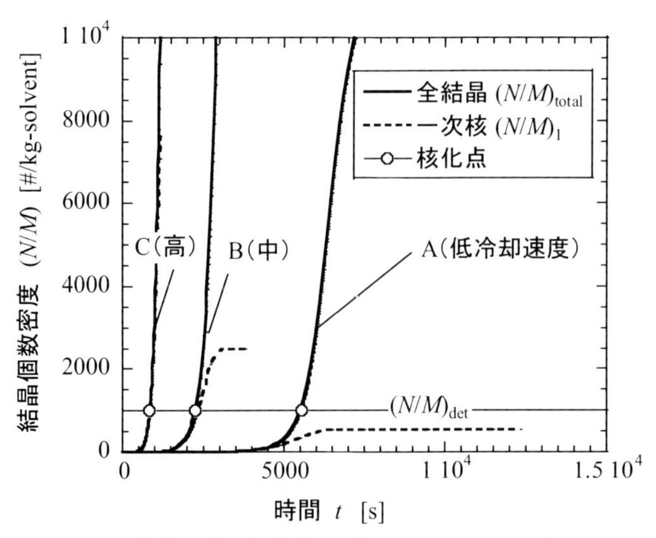

図 4　MSZW 測定時の結晶個数変化（シミュレーション）[25]。MSZW は $\Delta T_m = R \times t_m$ で与えられる。t_m は核化点（○印）までの時間。

3.4. MSZW 計算結果

3.4.1 冷却速度および検出感度の影響

シミュレーション結果を先の解析解（式(8)あるいは式(9)）とともに図 5 に示した。MSZW は冷却速度とともに増加している。この傾向は、殆どすべての実験データと一致する。また、低冷却速度においては二次核化により MSZW の値が一層低下すること、また、検出感度が上がる（$(N/M)_{det}$ の値が下がる）と MSZW の値が小さくなり、同時に、二次核化の影響がなくなって行くこと、などがわかる。

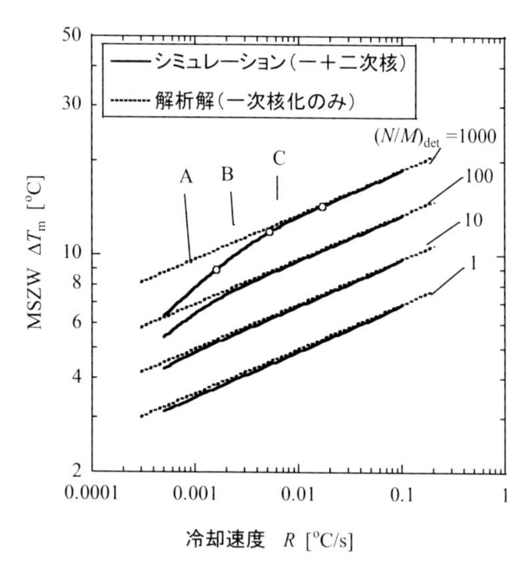

図 5　MSZW に対する冷却速度および検出感度の影響 [25]。A, B, C は、図 4 の冷却速度に対応。

ここで、前掲の図 2 の実験データを振り返ってみると、感度の影響（肉眼よりもコールタカウンターの方が感度は高い）は計算による傾向と同じである。なお、図 5 における A, B, C 点は先の図 4 における冷却速度 A, B, C に対応する。Nývlt [11]、Sangwal [12, 13, 14]および Kashchiev [32]のモデルでは、感度の影響は説明できない。

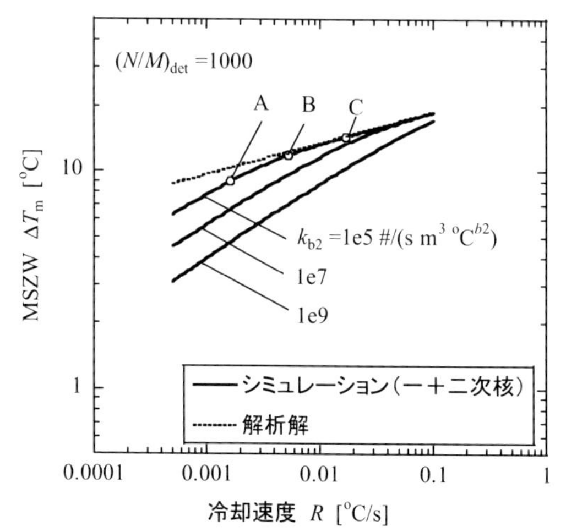

図 6　MSZW に対する冷却速度および二次核化速度係数 k_{b2} の影響[25]。k_{b2} の増加にともなって MSZW は減少する。$k_{b2} \propto N_r$ の関係がある[33]ので、これは、撹拌の効果とみることが出来る、A, B, C は、図 4 の冷却速度に対応。

ところで、図 4 に示した通り、高冷却速度の場合、懸濁密度 N/M が検出器感度$(N/M)_{det}$）に早く到達する（t_mが小さくなる）が、その時の過冷却度すなわち準安定領域の大きさ MSZW ΔT_m (= $R \times t_m$)は大きい（図 5）。その理由は単純で、「結晶数が一定量蓄積する（検出器感度に到達する）までの間に過冷却が速く進行してしまうため」ということである。従来考えられている「クラスター分布の発達が追い付かないため」ではないということになる。

3.4.2 撹拌の影響

撹拌が二次核化速度式(13)の係数 k_{b2} に影響を与えることは実験的事実として知られている。撹拌速度を N_r とすると、次式で表される[33]。

$$k_{b2} \propto N_r^{\ j} \tag{15}$$

撹拌速度の増加に従って、二次核化速度係数 k_{b2} が増加する。図 6 に示したように、MSZW は k_{b2} の増加とともに減少する。これは撹拌の効果と見なすことが出来る。すなわち、二次核化を考慮することにより、撹拌速度の増加に伴って MSZW が減少する事実[19, 34]を説明することが出来る。筆者らは、二次核化を媒介するこのメカニズムを二次核化媒介メカニズム（secondary nucleation – mediated mechanism)[29, 30]と呼んでいる。

3.4.5 待ち時間との関係

上に述べた筆者らの核化点の定義に従って、濃度変化なしおよび二次核化無視の条件で、待ち時間 t_{ind} を導くと、次のような解析解 [20, 26]得られる。

$$t_{\mathrm{ind}} = \left(\frac{(N/M)_{\mathrm{det}}}{k_{b1}} \right) \Delta T^{-b1} \tag{16}$$

この式の中のパラメーター$(N/M)_{det}$, k_{b1} および $b1$、式(8)のそれらと全く同じである。つまり、MSZW ΔT_m と待ち時間 t_{ind} が理論的に結びつけられたことになる。このような、関係は上述の Nývlt のモデル[11]、Sangwal らのモデル[12, 13, 14]では得られない。先に述べたとおりである。

二次核化が無視できず濃度低下も避けられない場合は、シミュレーションによって待ち時間を求めることになるが、それは MSZW のシミュレーションと基本的には同じである。温度一定(isothermal)の条件で核化点$(N.M)_{det}$までの時間を求めればよい[28, 29, 30]。

筆者らのモデルによれば、準安定領域の大きさ MSZW と待ち時間 t_{ind} は、完全に同じ土俵で議論できることになる。

4. 準安定領域とバッチ晶析との関係

準安定領域とバッチ晶析の関係は、従来定量的には明らかではなかった。ただ、定性的に “The metastable zone represents the region within which the supersaturation needs to be maintained for the crystallization to be controlled.” [35]のように言われてきた。つまり、「準安定領域内に過飽和度が収まるように運転すれば、核化を抑制することが出来て、バッチ晶析の安定操作が可能になる」と考えられてきた。この考えは、広く信じられているが、筆者は成功例をみたことはない。

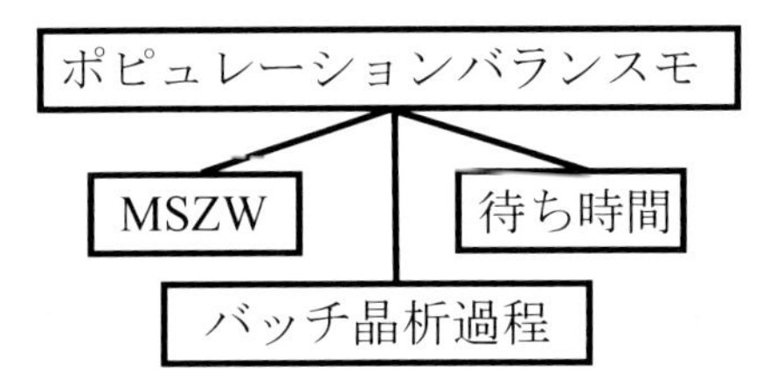

図 7　MSZW、待ち時間およびバッチ晶析過程の関係。ポピュレーションバランスモデル一つですべて計算出来る。

一方、筆者らは核化点を新たに定義し、二次核化および濃度低下が無視できない一般的な場合に対してシミュレーションで MSZW を求めた。上に述べたとおりである。シミュレーションで得られた MSZW は、既報の実験的挙動を矛盾なく説明できた。ここでは述べなかったが、待ち時間についても同様である。筆者らが用いたシミュレーションモデルは、いわゆるポピュレーションバランスモデルであって、バッチ晶析過程の計算にそのまま用いられる（本書の「晶析操作のシミュレーション」項参照）。従って、ポピュレーションバランスモデル一つで、少なくとも理論的には、準安定領域の大きさ MSZW ΔT_m, 待ち時間 t_{ind} およびバッチ晶析過程が結びつけられたことになる（図 7）。本理論の実験的検証は、今後の課題であるが、この考え方に沿って、実験データの解析を行えば、核化パラメーターk_{b1}, $b1$, k_{b2} および $b2$ の決定が可能である。結晶成長パラメーターk_g および g も、バッチ晶析データあるいは別の成長実験から比較的簡単に決定できる。このようにして決定される一次核化速度、二次核化速度および結晶成長速度は、実際に使える速度データであると考えられる。

5. まとめ

本章の前半では、準安定領域に関する従来の考え方を批判的に整理した。この概念の理解が如何に不十分であるかがわかると思う。従来信じ続けられてきた（と思われる）“溶液構造の時間的変化に関係する準安定”な過飽和領域は存在しないと考えるべきである。その意味では、“準安定（metastable）”という用語も良くない。

後半では、我々の最近の研究、すなわち、準安定領域の新しい解釈、それに基づく、実用的な核化速度決定の可能性を紹介した。今までの筆者らの計算結果は、既往の MSZW データ（冷却速度依存性、検出器感度の影響、撹拌速度の影響など）を矛盾なく説明できている。（ここでは触れなかったが、待ち時間データについても同様である。）また、ここで用いたポピュレーションバランスモデルは、広くバッチ晶析過程の計算に広く使われているものと基本的には同じである。従って、MSZW、待ち時間およびバッチ晶析過程の 3 者は理論的に関連付けられたと言える。これらのデータを総合的に用いれば、実用的な核化速度の決定が可能である。この手法の実験的検証が待たれる。

なお、筆者らの研究では核化速度および結晶成長速度を過冷却度$(T_{sat}-T)$あるいはΔT の関数として表現したが、これら速度過程は、過飽和度ΔC $(=C_{sat}-C)$あるいは過飽和比 C/C_{sat} の関数として表現することももちろん可能である（C は濃度、C_{sat} は飽和濃度）。濃度過飽和度を用いて速度過程を表現しても筆者らの結論は変わらない。筆者らのモデルでは、速度過程の表現は本質的な問題ではないことを付言しておく。

文献

1. 化学工学会編、改定七版化学工学便覧、丸善 (2011) p. 586.
2. Simon, L. L., Z. K. Nagy, and K. Hungerbuhler. *Chem. Eng. Sci.,* **64** (2009) 3344 −3351.
3. Mullin, J. W., and S. J. Jancic. *Trans I ChemE,* 57 (1979) 188 − 193.
4. Garside, J., A. Mersmann, and J. Nývlt, eds. *Measurement of crystal growth and nucleation rates,*

IChemE (2002), pp. 157 − 158.
5. Threlfall, T. L., R.W. De'Ath and S. J. Coles, *Org. Process Res. Dev.,* **17** (2013) 578 − 584.
6. Mullin, J. W. *Crystallization*, 4th ed. Butterworth-Heinemann, Oxford (2001) p.207.
7. 同上、p. 182.
8. 久保田徳昭、わかりやすいバッチ晶析、分離技術会 (2010) p.82.
9. 化学工学会編、改定４版 化工便覧、丸善 (1978) p.455.
10. Revalor, E.,, Z. Hammadi, J. –P. Astier, R. Grossier, E. Garcia, C. Hoff, K. Furuta, T. Okustu, R. Morin, S. Veesler, *J. Cryst. Growth,* **312** (2010) 939 − 946.
11. Nývlt, J. *J. Cryst. Growth,* **3/4** (1968) 377 − 383.
12. Sangwal, K., *Cryst. Res. Technol.* **44** (2009) 231 – 247.
13. Sangwal, K., *Crystal Growth and Design,* **9** (2009) 942 − 950.
14. Sangwal, K., *J. Cryst. Growth,* **318** (2011) 103 − 109.
15. Gherras, N. and G. Fevotte, *J. Cryst. Growth,* **342** (2012) 88 − 98.
16. Nordström, F. L., M. Svard, B. Malmberg and Å. C. Rasmuson, *Crystal Growth & Design,* **12** (2012) 4340 −4348.
17. Kubota, N., and Y. Fujisawa. *Industrial crystallization 84: proceedings of the 9th Symposium on Industrial Crystallization, The Hague, The Netherlands,* Vol. 2. Elsevier (1984).pp.259 – 262
18. Kubota, N., T. Kawakami, and T. Tadaki. *J. Cryst. Growth,* **74** (1986) 259 − 274.
19. Mitchell, N. A. and P. J. Frawley, *J. Cryst. Growth,* **312** (2010) 2740 – 2746.
20. Harano, Y.; K. Nakano; M. Saito; T. Imoto, *J. Chem. Eng. Japan*, **9** (1976) 373 – 377.
21. Harano, Y.; K. Oota, *J. Chem. Eng. Japan*, **11**(1978) 159 – 161.
22. Harano, Y.; H. Yamamoto; T. Miura, *J. Chem. Eng. Japan*, **14**(1981) 439 – 444.
23. Matsui, T.; Y. Harano, *Kagaku Kogaku Ronbunshu,* **11**(1985) 198 – 202.
24. Kubota, N., *J. Cryst. Growth,* **310** (2008) 629 − 634.
25. Kobari, M., N. Kubota and I. Hirasawa, *J. Cryst. Growth,* **317** (2011) 64 − 69.
26. Kubota, N., *J. Cryst. Growth,* **345** (2012) 27 − 33.
27. Kubota, N., *J. Cryst. Growth,* **312** (2010) 548 − 554.
28. Kobari, M., N. Kubota and I. Hirasawa, *J. Cryst. Growth,* **312** (2010) 2734 − 2739.
29. Kobari, M., N. Kubota and I. Hirasawa, *CrystEngComm,* **14** (2012) 5255 − 5261.
30. Kobari, M., N. Kubota and I. Hirasawa, *CrystEngComm,* **15** (2013) 1199 − 1209.
31. Kubota, N., M. Kobari and I. Hirasawa, *CrystEngComm,* **15** (2013). 2091− 2098.
32. Kashchiev, D., A. Borissova , R. B. Hammond and K. J. Roberts, *J. Cryst. Growth,* **312** (2010) 698 − 704.
33. Garside, J. and R. J. Davey, *Chem. Eng. Commun.*, **4** (1980) 393 − 424.
34. Akrap, M., N. Kuzmanić and J. Prlić-Kardum, *J. Cryst. Growth*, **312** (2010) 3603 − 3608.
35. Price, C. J., *Chem. Eng. Progr.,* **93** (1997) 34 − 43.

第２章　固液平衡と晶析

前田　光治
（兵庫県立大学）

これからの晶析操作において物質固有の性質である溶解度の重要性が認識されることが望まれる。溶解度は溶液から結晶（固体）を生成させるためのもっとも基礎の物性である。よって、溶質の溶解度がわかれば、細かい注文がなければ誰でも溶質の結晶を簡単に生成することができる。晶析の場合、溶解度とは溶質と溶媒の組み合わせで１つ固有の値があるもので、溶質が同じでも溶媒が変われば溶解度は変化するものである。また、融液では溶媒と溶質が同じような性質であるが、それらの組み合わせでも固液平衡は変化するものである。

晶析させる物質には、無機物から有機物までさまざまであるが、溶液から生成させることは同じである。

結晶化させたい物質や溶液の種類によって溶液中の溶質濃度を表す単位はさまざまであるが、熱力学関係式で溶解度を整理することを考えると、モル分率(x[-])やモル濃度(m[mol/L or kg-solvent])で、また温度も絶対温度で表すことが望ましい[1]。これらの溶解度は溶液中に溶けることのできる溶質の最大濃度で、一般に温度とともに増加する。晶析操作で扱う溶液は大きく２種類に分けられ、１つは、塩、糖、アミノ酸などの溶質の性質が水や有機溶媒などの溶媒の性質と大きく違う溶液、もう１つは、有機混合物や溶融金属などのように溶媒と溶質が同じような物質の溶液（融液）である。溶液はモル濃度、融液ではモル分率や重量分率で表現することが一般的である。

溶解度の測定

溶解度を測定する際に溶液と純粋結晶との平衡が成立していることが大切である。具体的には、溶液中に溶けきれない結晶が残っていればその溶液は飽和溶解度になっていると考えられる。また、そのような溶液を作るときの保温や攪拌、さらに溶液のサンプリングなど慎重にしなければならない。溶液中の溶質濃度の分析は、GC、HPLCなどのクロマトグラフ、UV、IR、屈折率など光学的方法、電気伝導度、誘電率など電気的な方法、さらにDSC、DTA、TGなど熱分析のように数多くの方法が考えられる。一般的な水溶性物質の場合は溶液分析が必要で、既知成分が溶け込んでいる溶液の屈折率を測定する方法が簡便であるが、多種のイオンが溶け込んだ溶液では原子吸光やICPなどのイオン分析が必要になる。晶析操作で扱う溶液はイオン分析には高濃度過ぎるのでかなり希釈しなければならない。有機混合物の固液平衡を測定する場合、溶液分析でも測定できるが、Fig.1に示すようなダイナミックな方法が迅速で非常に便利である。簡単なものでは冷却・昇温曲線からも固液平衡関係を決定できるが、DSCを使った方法がより厳密で、さらに少量のサンプル測定で決定できる方法も提案されている[2,3]。これからはDSCの昇温分析が２成分系混合物の固液平衡関係を系統的に簡単に測定する場合の標準測定法であろう。

結晶相が固溶体である場合、結晶相の濃度測定は原理的に不可能である。しかし、できる限りゆっくりとした成長速度で生成した少量の結晶相が得られるならば、その結晶相の濃度は平衡に近い値が得られていると考えられる。結晶相はさまざまな要因により濃度が変化するので、測定データは熱力学モデルと合わせて検討する必要がある。

溶解度式

一般に、電解質水溶液中の溶解度(m, x)は温度(T)の関数であるので、

$$m = A + B\,T + C\,T^2 + D\,T^3 \ldots. \tag{1}$$

$$\ln m = A + B/T + C/T^2 + D/T^3 \ldots. \tag{2}$$

のように多項近似で表現される[1)]。このような関係式は純溶質成分に対して表現する。一般に、溶液中に添加物など他の成分が影響しない場合はこれらの関係式から晶析操作の過飽和度を調整すればよい。複雑な場合では、実際の晶析操作で取り扱われる溶液の多くは多種のイオンが溶解している電解質溶液である。厳密に考える場合は、他の成分が存在する時の溶解度を考えるには溶解度積に加えて塩あるいはイオンの活量係数を考慮することになる。

溶解度積$(K_{sp},\ K_{asp})$, $K_{sp} = m^{-}\cdot m^{+}$, (3)

あるいは

$$K_{asp} = (m^{-}\gamma^{-})\cdot(m^{+}\gamma^{+}) \tag{4}$$

$$\ln K_{asp} = \mathrm{A} + \mathrm{B}/T \tag{5}$$

これらの電解質溶液の活量係数(γ^{-},γ^{+})は溶液に存在するイオンの種類や濃度により変化し、多成分系の無機塩の溶解度を考える場合に必要になる。電解質溶液の活量係数は希薄領域ではイオン強度(イオン価数xイオン濃度)の関数であるDebye-Huckel式[4)]で十分に表すことができるが、晶析操作時のように高濃度電解質溶液では、Debye-Huckel式に局所組成モデルを加えたもの[5)]が必要である。これで溶解度の塩析効果や塩入効果も検討できる。

一方、融液など分子性溶液中の溶解度は、純粋溶質の融点と融解熱が入手できるような融液では、次の関係式が使いやすい[6)]。

$$\ln\frac{x^L\gamma^L}{x^S\gamma^S} = \frac{H_{mi}}{R}\left(\frac{1}{T_{mi}} - \frac{1}{T}\right) \tag{6}$$

ここで、H_{mi}、T_{mi}は純正分iの融解熱と融点である。これは、固溶体や分子間化合物などあらゆる相図に対しても表現できる式であるが、結晶相の濃度を純粋にすれば$(x^s = 1)$、純粋結晶の溶解度を表現するものになる。なお、厳密に考える場合は、ここでも活量係数を考慮すれば、多成分系溶液を扱う晶析操作時での溶解度変化をできる。そして、貧溶媒、良溶媒の影響を明らかにできる。一般に、理想溶液として扱うことができ、結晶も純粋と考えられる場合は、次の関数で簡単に表現できる。

$$\ln x^L = \frac{H_{mi}}{R}\left(\frac{1}{T_{mi}} - \frac{1}{T}\right) \tag{7}$$

電解質水溶液でも融液のような分子性溶液でも、結晶化を対象とした溶質の溶液での状態が混合物固有となる。もし、すべての溶液で調整した濃度で混合し、同じ状態の溶液になるなら理想

溶液として扱い、物質固有の取り扱いは必要ない。例えば、アルコール溶媒でも水溶媒でも同じ溶解度になる。このような溶媒と溶質の組み合わせでことなる溶液状態を表現するものが溶液の活量であり、非理想性を定量する値である。電解質水溶液でも融液でも活量を用いて溶解性を評価するが、分子間の相互作用であり、溶質周りの溶媒の比率や溶媒周りの溶質の比率で局所的な不均一の繰り返しとして均一溶液の状態を表すことになる。よって、バルクで調整した濃度がそのまま分子周辺の濃度となっていないことが、物質固有の溶解状態の現れである。この局所組成モデルが現在幅広く使われている活量係数モデルといわれているもので、Wilson式、NRTL式[5]、UNIFAC式[6]などがある。この溶液状態を表すモデルは、結晶（固体）の溶解度に限らず、あらゆる溶液物性の基礎となり、さまざまな検証が進められている。

晶析に限って考えれば結晶の溶解度ということになるが、溶液状態がわかれば（局所組成）溶解度が計算できるわけでもない。式(5)や式(6)を見ればわかるように、溶解度は溶媒とは関係のない溶質固有の値（*A, B, Tm, Hm*など）にも強く左右される。これらの値は融点、融解熱あるいは溶解熱を代表するもとなる。

活量係数モデルの熱力学的健全性は、混合系を拡張する上で、非常に重要であるため、溶質固有の値は整合性をもって純物質に束一するような値として再定義するように調節した方が安全である場合がある。この重要性は、Korea大学のKang先生により今年の国際会議ACTS-2014でも発表された[7,8,9]。この発表では、有機物の溶解度や固液平衡の活量係数モデルには溶質や溶媒の構造式がわかれば相互作用が計算できるUNIFAC式[6]が有効であることが示された[10-11]。このモデルでは、異性体を区別できない欠点がある。Fig.2はUNIFAC式がバイオディーゼル関連の混合物の固液平衡でも旨く計算できる例を示している。有機物でもアミノ酸や糖などの水溶液系でもUNIFAC式[6]の適用は進められており、今後の発展が楽しみである[12-19]。Fig.3は各種アミノ酸の活量係数を推算した例であるが、各種アミノ酸溶解状態を訂正的には旨く再現できている。これを利用したアミノ酸混合物の溶解度の一例をFig.4に示めす。PC-SAFT[18]という新しい活量係数モデルであるが、混合アミノ酸の共晶点など旨く再現できている。一方、無機物の電解質溶液では、溶質は溶液中でカチオンとアニオンに電離するため、取り扱いが分子性溶液と異なる。しかし、電離しているイオンでも溶媒分子との相互作用や局所組成があり、活量係数モデルが適用できる。無機イオンの数は、有機物のような途方もない種類があるわけでもないので、UNIFAC式のように分子構造を反映する必要がなく、より簡単な電解質NRTL式[5]が有効である。このモデルもより熱力学的健全性を向上させるべく、多くの研究が進められている[20-24]。Fig.5に、わたくしたちが進めている電解質の溶解度計算の例を示した。先ほどのアミノ酸混合物の溶解度と同様に、混合無機塩の共晶点までほぼ旨く再現できることがわかる。混合無機塩の溶解度を実測することが非常に難しく、溶解度の健全性について考察する必要がある。

有機物の晶析で取り扱われている結晶多形の溶解度であるが、これは活量係数モデルで表すことができない。溶質固有の値の違いで表現できるのであればほぼ熱力学的な矛盾はないが、そうでない場合は多形現象は動力学的に考察し、安定な結晶に再構成するまでのあくまでも平衡ではなく過渡的な状態としてとらえる方が安全である。

溶解度からの晶析への展開

晶析操作において溶解度は操作因子というよりは基礎物性で、操作過飽和をするだけの役割しかないように思われる。そこからイメージできる晶析操作の発展は非常に限られた展開しか思い当たらない。しかし、貧溶媒晶析では、溶媒による溶解度の変化、つまり化学熱力学的な改性による操作であると言える。その点で、将来、晶析操作は革新的な分離技術になると期待できる。これまでの研究と調査からわかってくる溶解度を計算できるようになれば、さまざまな固液平衡を検討してみたくなる。Fig.6 に示した単純共晶系では、良溶媒を添加することにより共晶点を一方の成分に寄せることができ、完全固液分離が可能となること、良溶媒ではその分、融点が大きく降下するが、貧溶媒では凝固点降下を極端に少なくし、共晶点を移動できること、高圧力では融点を上げながら共晶点を寄せることができるなどが期待できる。Fig.7 に示した分子間化合物を形成する系では、良溶媒を添加することにより分子間化合物を消失できること、良溶媒ではその分、融点が大きく降下するが、貧溶媒では凝固点降下を極端に少なくし、分子間化合物を消失できること、高圧力では融点を上げながら分子間化合物を消失できるなどが期待できる。Fig.8 に示した固溶体系では、良溶媒を添加することにより固液の組成差を大きくできること、良溶媒ではその分、融点が大きく降下するが、貧溶媒では凝固点降下を極端に少なくし、固液の組成差を大きくできること、あるいは共晶系に変質できること、高圧力では融点を上げながら固液の組成差を大きくできることなどが期待できる。そのようなことが検討された実例を Fig.9 と Fig.10 に示した。Fig.9 ではパラフィン２成分系融液を水溶液中に希薄に溶解させ、そこから析出した結晶は純成分の単純共晶系となっている。Fig.10 はベンゼンシクロヘキサン２成分系の高圧晶析の相図である。また、アミノ酸２成分系混合物の晶析では、溶媒によって固溶体のような挙動を示す例を Fig.11 に示した。

無機物では式(4)で多成分系電解質溶液の溶存イオン、分子の影響が再現できる。Fig.12 は溶解度の高いリン酸塩である K_2HPO_4 のエタノール水溶液中の溶解度であり、計算結果とともに示したものである。この溶液は液液２相溶液となり、塩に富んだ下相とアルコールに富んだ上相に分かれる。これだけでもアルコール水溶液の分離操作として利用できそうであるが、温度を下げると K_2HPO_4 が析出してリン酸塩の回収操作としても面白い。Fig.13 は硫酸マンガン＋硫酸マグネシウムの混合塩の各種アルコール水溶液の４成分系の溶解度の立体図を実験データに基づいて計算した例である。アルコールによる選択成分の貧溶媒効果と冷却操作を同時に検討でき、共晶点を回避する操作が検討できるものである。最後に、Fig.14 と Fig.15 に多成分系の混合塩の溶解度の相互影響を示す評価法について考察した。Fig.14 では、それぞれの塩単一成分の 273K での飽和溶解度を基準に考えれば、すべての単一塩の析出温度は同一の 273K である。そこで、混合を考える成分（例えば 12 成分）が仮に飽和溶解した場合の溶解温度を逆に求めてみると、Fig.15 のような仮想的であるが、客観性の高い析出温度がそれぞれの塩で求められることになる。温度が上昇したものは混合塩により溶解度が下がるもの、温度が減少したものは混合塩により溶解度が上がるものを意味している。このように、溶解度モデルがあると、どのような塩が混入すれば溶解度を上げたり下げたりできるかがわかるようになる。

おわりに

晶析操作が多種多様な化合物の分離操作として利用される限り、物質固有の溶解度も重要であり、さらに高度な晶析操作は溶解度を改性することから生まれるものと考えられる。これまでに化合物の組み合わせによるまた新しい晶析操作が考えられるものと期待している。

参考にした資料

1) Mullin, J.M.; "Crystallization", 4th Ed., Butterworth-Heinemann, Oxford, UK(2001)
2) Ozawa, R. and Matsuoka. M., *J. Crystal Growth*, **96**, 570(1989)
3) Takiyama, H., Suzuki, H., Uchida, H. and Matsuoka, M., *Fluid Phase Equilibria*, **194–197**, 1107(2002)
4) Pitzer, K. S. and Mayorga, G., *J. Phys. Chem.*, **77**, 2300(1973)
5) Cruz, J-L.; Renon, H., *AIChE J.*, **24**, 817(1978)
6) Prausnitz, J. M., Lichtenthaler, R. N. and Azevedo, E. G., "Molecular Thermodynamics of Fluid Phase Equilibia", 2nd Ed., Prentice-Hall, New Jersey(1986)
7) L. Cunico, M. Frenkel, R. Gani, J. O'Connell, J-W. Kang, A New Consistency Test Method and NIST-Modified UNIFAC Model for Solid-Liquid Equilibirum Data, ACTS-2014, OC-ACTS-13, Nara(Japan)
8) J-W. Kang,; V. Diky, R.D. Chirico, J.W. Magee, C.D. Muzny, I. Abdulagatov, A.F. Kazakov, M. Frenkel,J. Chem. Eng. Data, 55, 3631-3640(2010)
9) J-W. Kang, V. Diky, R.D. Chirico, J.W. Magee, C.D. Muzny, I. Abdulagatov, A.F. Kazakov, M. Frenkel, Fluid Phase Equilib. 309, 68-75 (2011).
10) K. Nishimura, K. Maeda, H. Kuramochi, K. Nakagawa, Y. Asakuma, K. Fukui, M. Osako, S. Sakai, Solid-Liquid Equilibria in Fatty Acid / Triglycerol Systems, J. Chem. Eng. Data, 56, 1613–1616 (2011)
11) K. Maeda, H. Kuramochi, T. Fujimoto, Y. Asakuma, K. Fukui, M. Osako, K. Nakamura, S. Sakai, Phase Equilibrium of Biodiesel Compounds for the Triolein + Palmitic Acid + Methanol System with DimethylEther as Cosolvent, J. Chem. Eng. Data, 53,973–977 (2008)
12) H. Kuramochi, H. Noritomi, D. Hoshino, K. Nagahama, Measurements of Solubilities of Two Amino Acids in Water and Prediction by the UNIFAC Model, Biotechnology Progress, 12, 371-379 (1996)
13) H. Kuramochi, H. Noritomi, D. Hoshino, K. Nagahama, Measurements of Vapor Pressures of Aqueous Amino Acid Solutions and Determination of Activity Coefficients of Amino Acids, J.Chem.Eng.Data,42,470-474 (1997)
14) J.C. Givand, A.S. Teja, R.W. Rousseau, Effect of relative solubility on amino acid crystal purity, AIChE J., 47, 2705-2712 (2001)
15) A.S. Teja, J.C. Givand, R.W. Rousseau, Correlation and prediction of crystal solubility and purity, AIChE J., 48, 2629-2634 (2002)
16) J. Givand, B-K. Chang, A.S. Teja, R.W. Rousseau, Distribution of Isomorphic Amino Acids between a Crystal Phase and an Aqueous Solution, Ind. Eng. Chem. Res., 41, 1873-1876 (2002)
17) C. Held, L.F.Cameretti, G. Sadowski, Measuring and Modeling Activity Coefficient in Aqueous Amino Acid Solutions, Ind. Eng. Chem. Res., 50, 131-141 (2011)
18) J.B.G. Daldrup, C. Held, F. Ruether, G. Schembecker, G. Sadowski, Measurement and Modeling Solubility of Aqueous Multisolute Amino Acid Solutions, Ind. Eng. Chem. Res., 49,1395–1401(2010)
19) B.R. Figueiredo, F.A.D. Silva, C.M. Silva, Non-ideality and Solubility Modeling of Amino Acids and Peptides in Aqueous Solutions: New Physical and Chemical Approach, Ind. Eng. Chem. Res., 52, 16044-16056 (2013)
20) H. Kuramochi, M. Osako, A. Kida, K. Nishimura, K. Kawamoto, Y. Asakuma, K. Fukui, K. Maeda, Determination of Ion-Specific NRTL Parameters for Predicting Phase Equilibria in Aqueous Multielectrolyte Solutions, Ind. Eng. Chem. Res., 44,3289-3297 (2005)
21) K. Maeda, P. Safaeefar, H.M. Ang, H. Kuramochi, Y. Asakuma, M.O. Tade, K. Fukui, Prediction of Solid-Liquid Phase Equilibrium in the System of Water(1) + Alcohols(2) + MgSO4·7H2O(3) + MnSO4·H2O(4) by the Ion-Specific Electrolyte NRTL Model, J. Chem. Eng. Data,54,423–427 (2009)
22) Y. Song, C-C. Chen, Symmetric Electrolyte Nonrandom Two–Liquid Activity Coefficient Model,

Ind.Eng.Chem.Res., 48,7788–7797 (2009)
23) K. Maeda, Y. Komoto, H. Kuramochi, Y. Asakuma, K. Fukui, Electrolyte Solution Model for Seawater, Bull. Soc. Sea Water Sci., 64, 329-334 (2010)
24) K. Maeda, K. Iimura, H. Kuramochi, K. Fukui, Solubility of Phosphoric Salts in Aqueous Solutions and Its Applications, Bull. Soc. Sea Water Sci. Jpn., 66, 314-318 (2012)
25) K. Nagaoka, T. Makita, N. Nishiguchi, M. Motitoki, Int. J, Thermophys., 10, 27 (1989)
26) K. Maeda, Separation by Liquid Membrane Crystallization, Confidential Report at Georgia Institute of technology, Atlanta, Georgia, USA (1999)

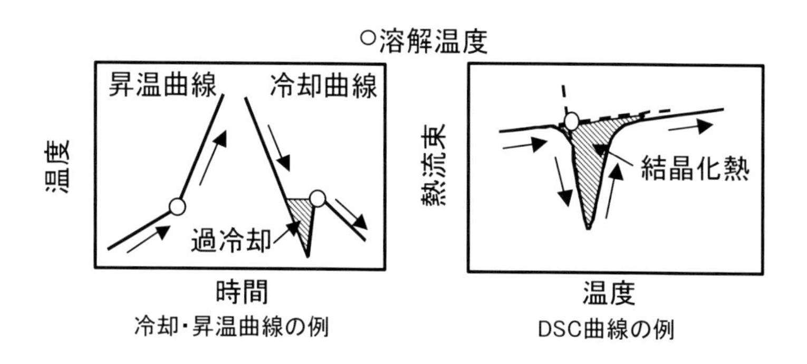

Fig.1 簡便でダイナミックな溶解温度決定法

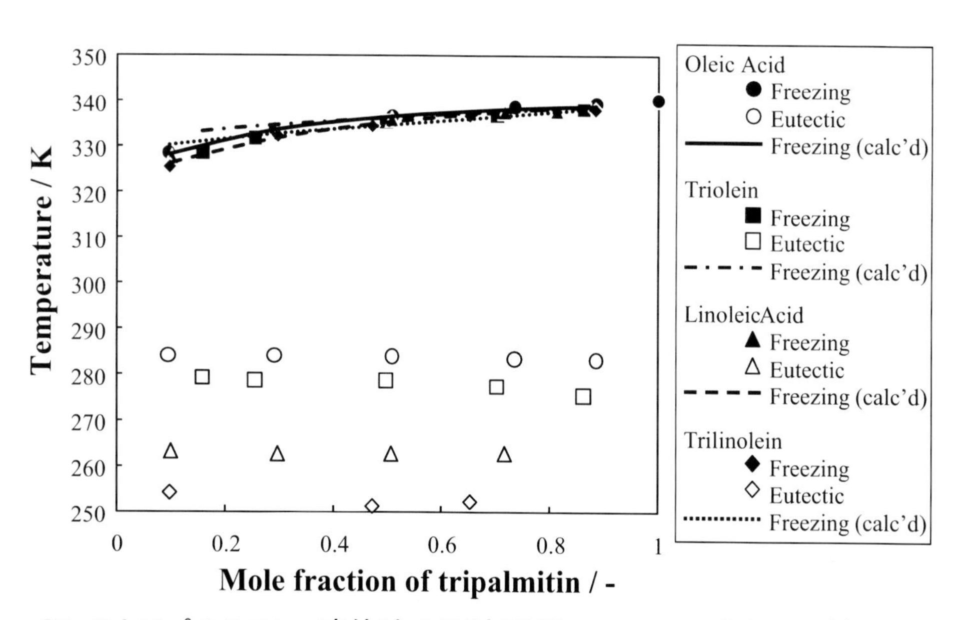

Fig.2 トリパルミチン+液体油の固液平衡のUNIFAC法との比較[11)]

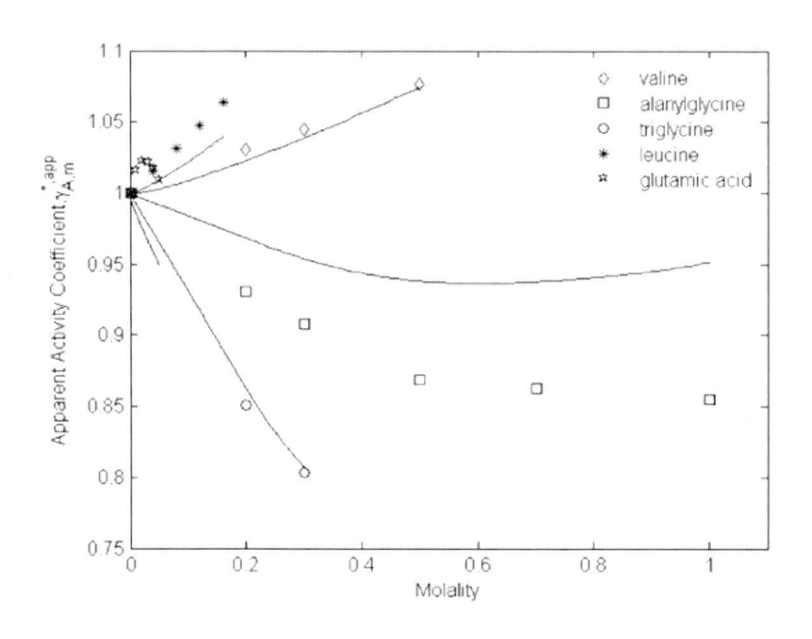

Fig.3 水中の各種アミノ酸の活量係数(PDH+UNIFAC)[19)]

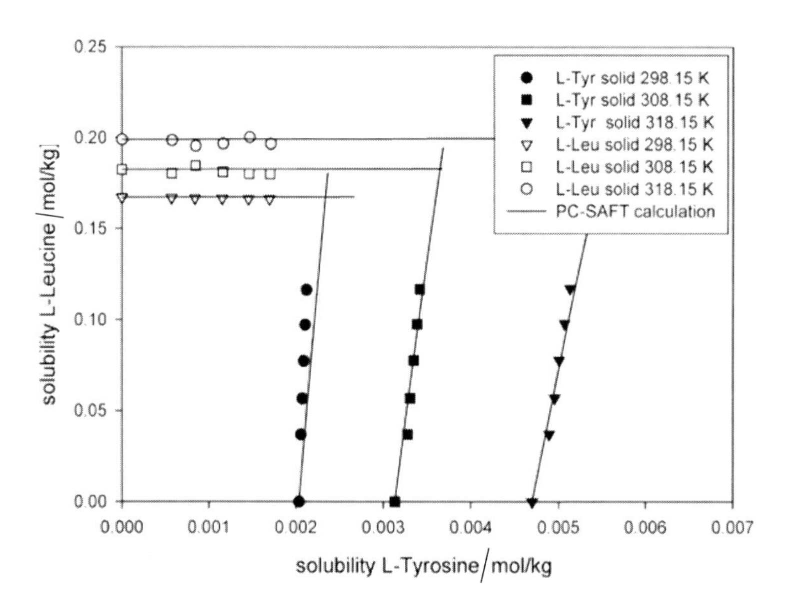

Fig.4 水中の混合アミノ酸の固液平衡(PC-SAFT)[18)]

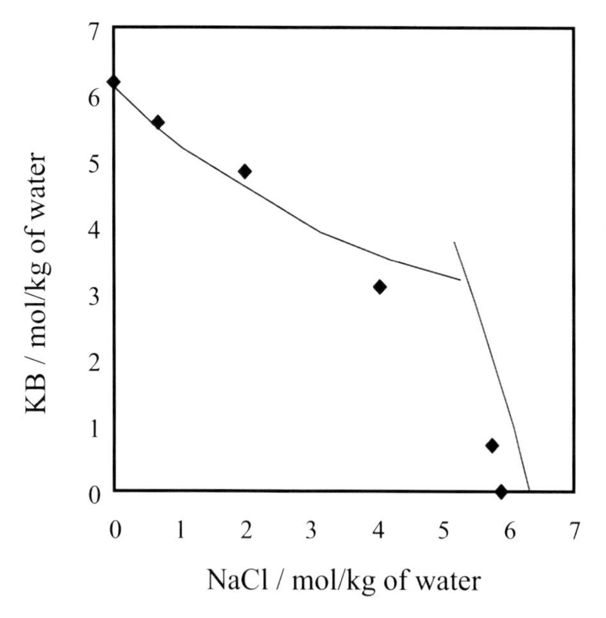

Fig.5 KBr+NaCl混合塩系の水中の固液平衡303K(PDH+NRTL)[23)]

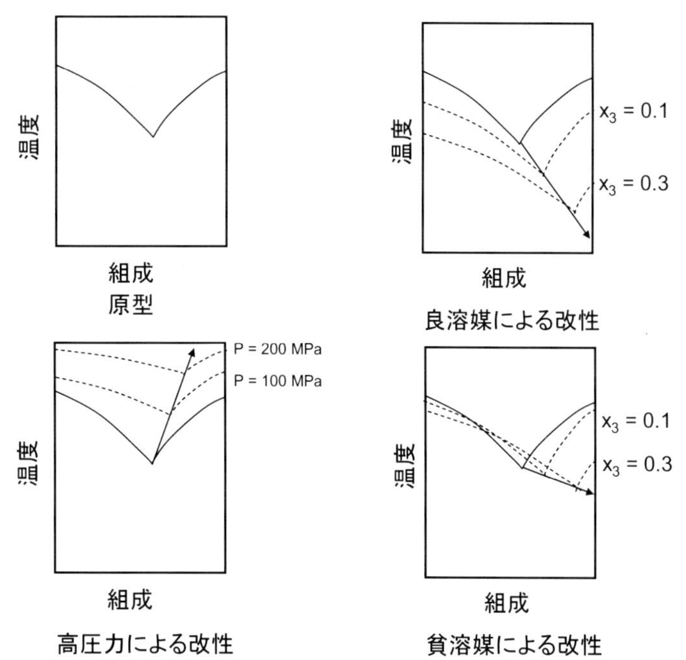

Fig.6 単純共晶系の熱力学的な改性法の一般的傾向

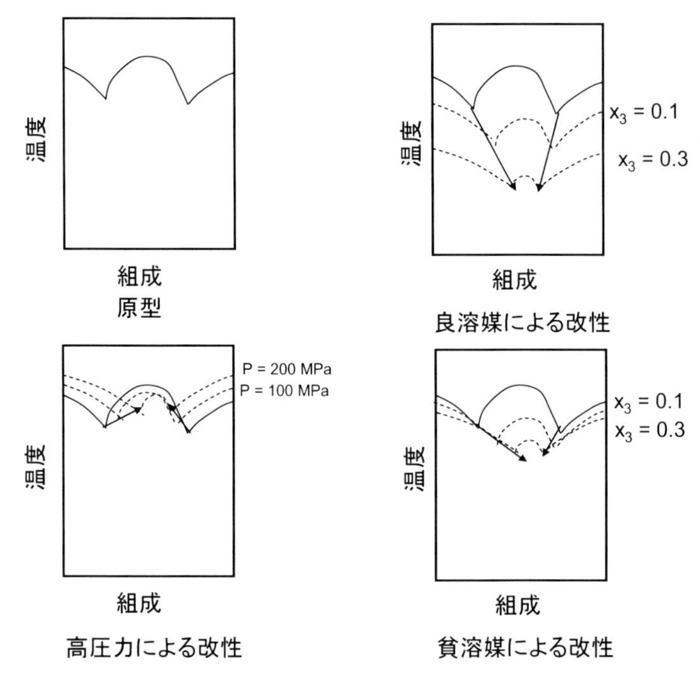

Fig.7 分子間化合物系の熱力学的な改性法の一般的傾向

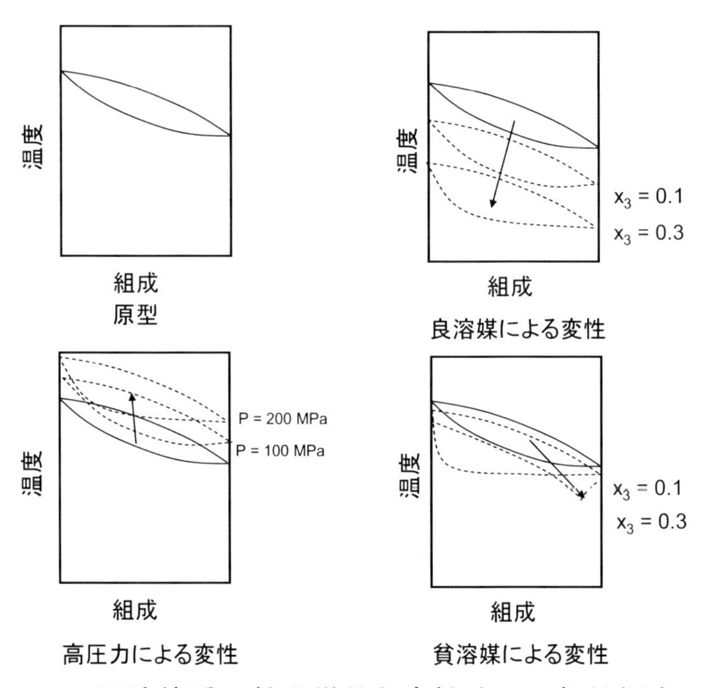

Fig.8 固溶体系の熱力学的な変性法の一般的傾向

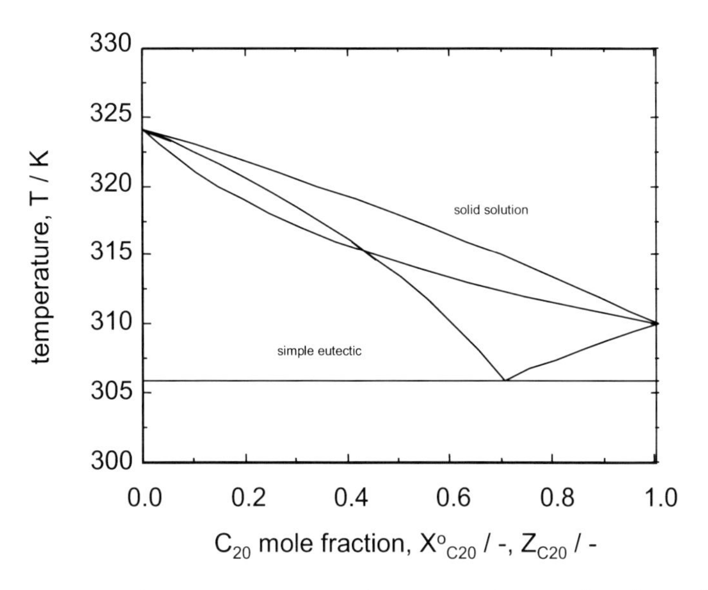

Fig.9 水中のC20 + C24 パラフィン系の固液平衡の変化[26)]

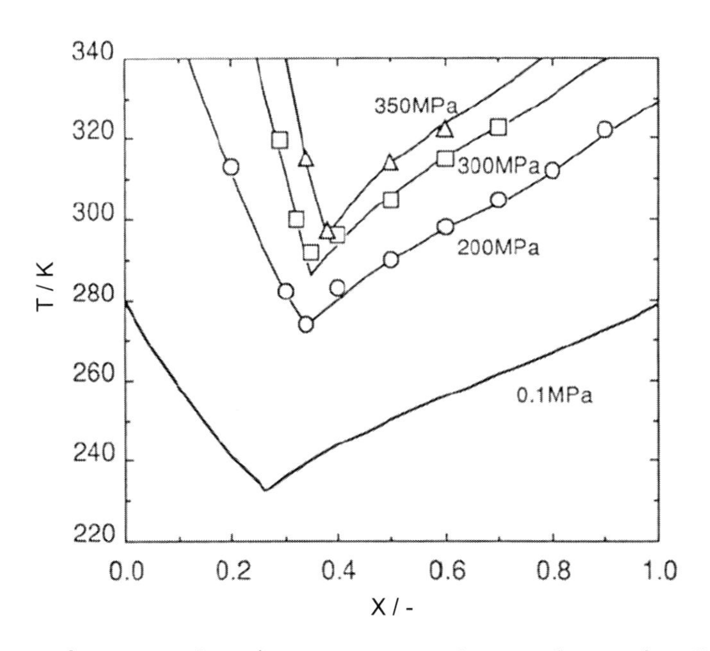

Fig.10 高圧下のベンゼン+シクロヘヘキサン系の固液平衡[25)]

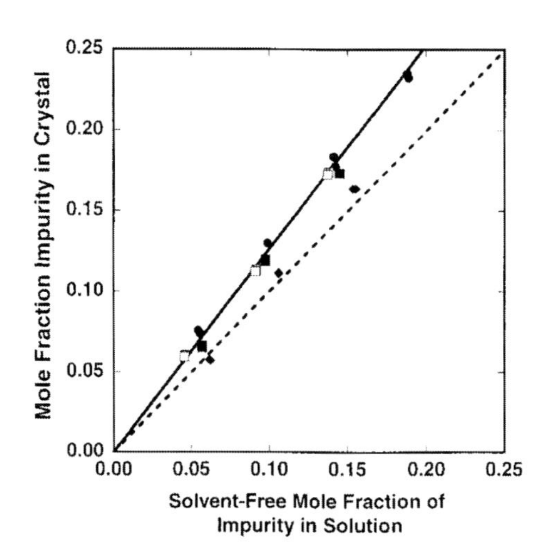

Fig.11 2成分L-LEU+I-LEU系の各種水溶液からの結晶への分配[16)]

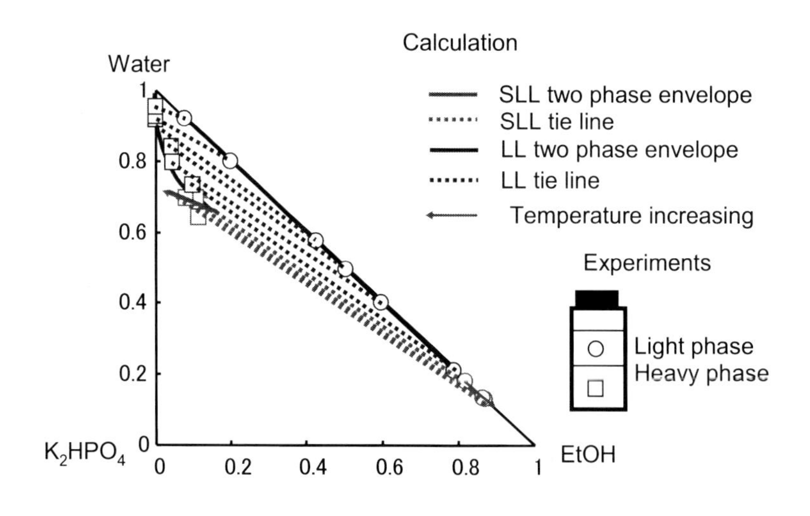

Fig.12 K_2HPO_4の混合溶媒系の溶解度(PDH+NRTL)[24)]

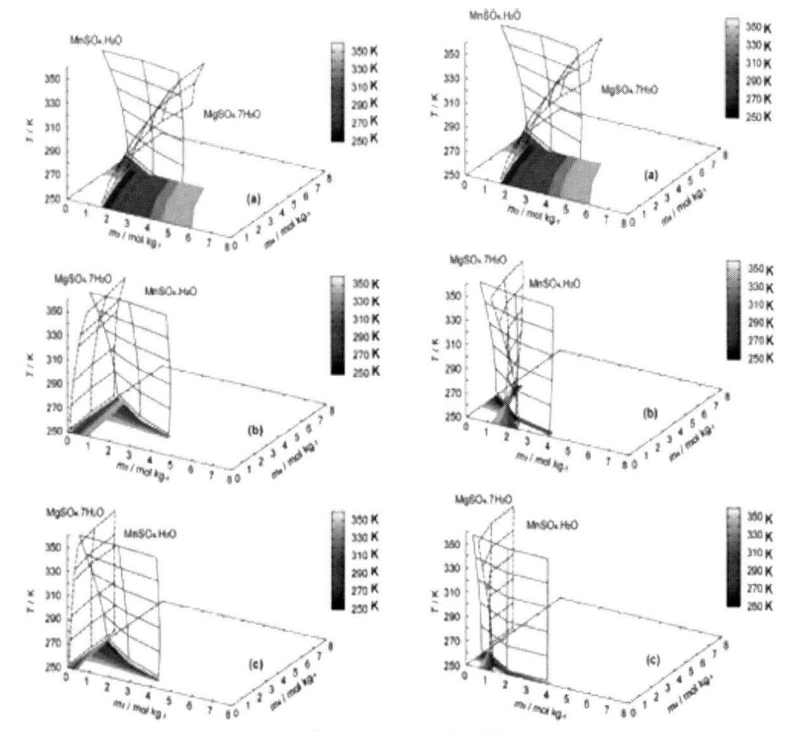

Fig.13 $MnSO_4$+$MgSO_4$混合塩の混合溶媒中の溶解(PDH+NRTL)[21)]

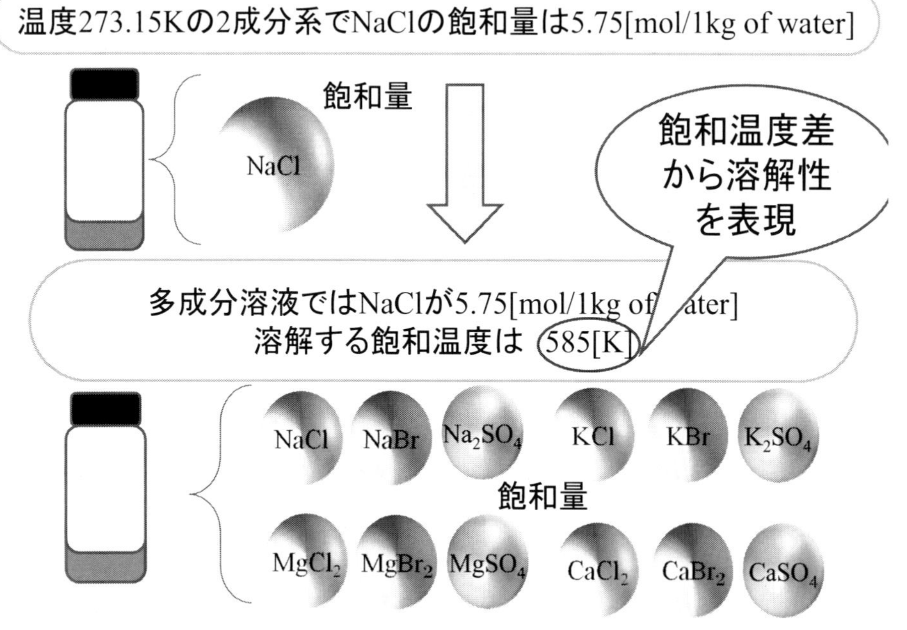

Fig.14 多成分電解質溶液の各種塩の溶解性の評価法

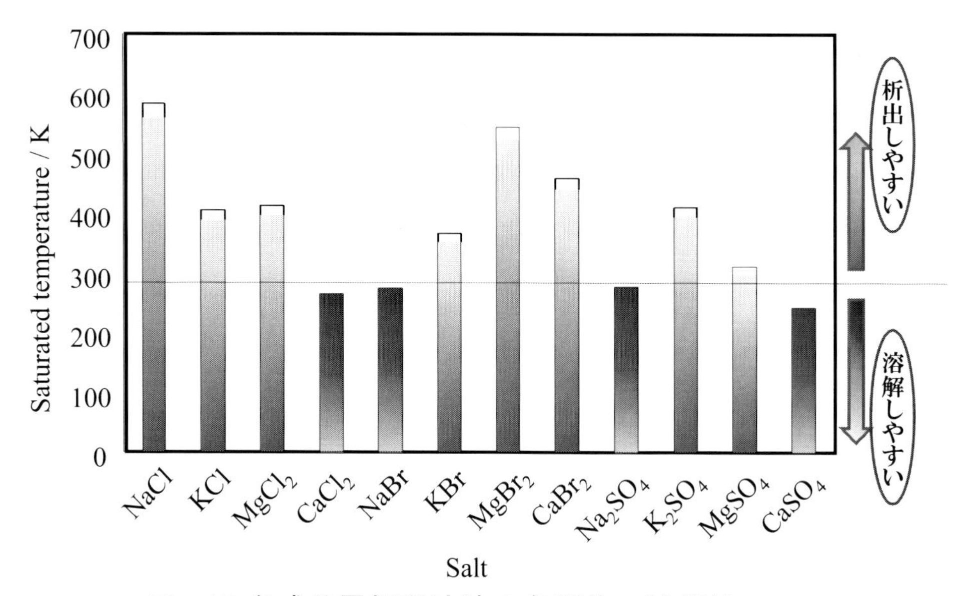

Fig.15 多成分電解質溶液の各種塩の溶解性

第３章　結晶成長の実際

滝山　博志
（東京農工大学）

はじめに

晶析は結晶化現象を利用した単位操作の一つで、物質の「分離・精製」と「粒子群製造」が同時に可能な操作である。晶析操作は古くから利用されているが、結晶純度や粒径分布など結晶品質を上手く作り込もうとすると、その操作条件設定に思いのほか時間が掛かる場合がある。有機合成や材料創製の分野では、再沈や塩析と称して目的物質を結晶相として分離させることが多いが、その場合でも、操作条件の少しの違いが結晶品質に大きく影響する。結晶の成長速度は物質や操作条件で変化するが、おおよそ 0.5 mm/h　(=1.4×10^{-7} µm/s)　程度である。マンチェスター大学の Davey らの教科書[1)]によると、この数値は、結晶表面 1 mm^2 で 1 時間あたりおよそ 10^{20} 個の分子の集積に相当する。分子オーダで考えると、とてつもなく大きな数値で、その数値を考えると、いかに緻密な分子集積を取り扱っているのかが想像できる。我々はこの分子オーダで起きている集積現象を、温度や流量や組成などのバルクの操作条件で制御することになる。

結晶成長に関する理論などがこの数年で変わっているわけではないが、結晶粒子群製造の技術は進展してきている。それは、ここで述べるような、結晶粒子群品質が決定されるメカニズムと結晶成長の推進力との関係がより明確化していることが大いに貢献している。本章では、結晶成長を決定する推進力に焦点をあてながら、結晶粒子群の品質がどのように決定されるのかを最近の研究とともに紹介したい。

3.1　固体材料創製分野との接点

溶液を冷却して平衡濃度を変更する、あるいは、溶媒を蒸発して溶液濃度を変更すると、核化が生じ、結晶が析出する。最近では固体材料創製の分野で、晶析についての関心が高まっているように思える。ただし、固体材料創成分野で使用している用語と、製造（化学工学）分野で使用しているローカルな用語とが異なっているために、お互いの技術融合が上手く進まない場合もある[2)]。たとえば、医薬品の晶析では対象物質の熱変性を避けるために、常温操作で行える Anti-Solvent（非溶媒）添加晶析法が多用されている。この操作は目的成分が良溶媒に溶けている溶液に、目的成分は溶かさないが良溶媒には混和性を持っている非溶媒を添加する手法である（添加の方向が逆の場合もある）。もちろんこの手法は固体材料創製法で言えば、再沈法として知られている。再沈法とは良溶媒に有機化合物を溶解し、その溶液を対象の有機化合物を溶かさない溶媒に滴下する手法である。使用する用語は違うにせよ、このように固体材料創製で用いられている技術と晶析技術との接点は多い。

3.2　結晶成長の推進力

結晶化はクリアーな溶液すなわち均一相中で、界面を有した結晶、すなわち不均一相が出現することから始まる。均一相から不均一相の出現があるので、そこには何らかの推進力が存在している。その推進力こそが平衡とのズレである「過飽和」である。すなわち結晶を成長させるためには、まず過飽和を生成させる必要がある。そして過飽和を推進力として核化と成長が起きる。工業晶析装置内の現象を模式化すると**図1**のようになる[3]。回分操作で結晶を成長させる場合、結晶が成長するにつれ、溶液濃度が変化することになるので推進力も時間とともに変化し、その後の現象もまたその過飽和の影響を受けることになる。

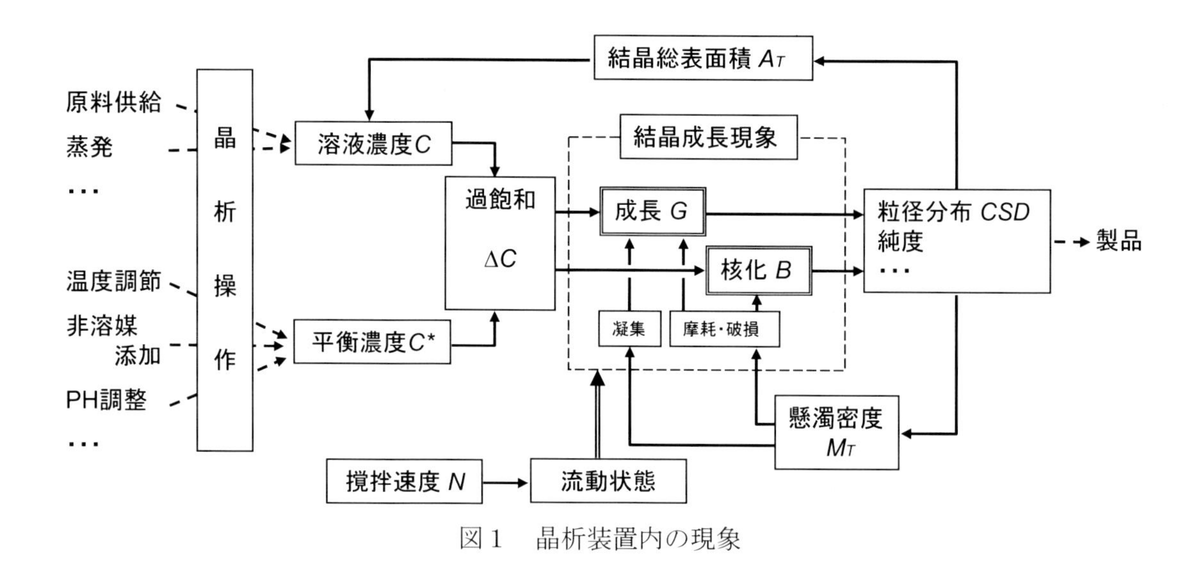

図1　晶析装置内の現象

回分の冷却晶析について、溶液濃度の変化を相図上で考えてみよう。**図2(a)**に2成分系の固液平衡の液相線を示す。この液相線はよく知られている溶解度曲線と同じである。結晶を析出させるためには、溶解度曲線（液相線）よりも温度を下げる、あるいは溶解度曲線よりも濃度が高い状態にする必要がある。すなわち溶液状態を過飽和領域内に変化させる必要がある。

ある温度 T での結晶化の推進力は式(1)で定義される過飽和 $\ln \boldsymbol{S}$ で表現される。$\boldsymbol{S}$ が1に近い場合には、σでも表現可能である。

$$\frac{\Delta\mu}{kT} \cong \ln\left(\frac{C}{C^*}\right) = \ln(S) = \ln\left(1+\frac{\Delta C}{C^*}\right) = \ln(1+\sigma) \cong \sigma \qquad (1)$$

ここで、$\sigma = (C-C^*)/C^* = (\Delta C)/C^*$で、$\Delta\mu$は化学ポテンシャルの差である。過飽和という用語は、過飽和比σや、単に濃度差ΔCを示す場合もある。

結晶成長には3つの速度過程が関与している。結晶化成分が結晶表面へ向かう物質移動過程、結晶表面で結晶格子に組み込まれる表面集積過程、結晶表面からの結晶化熱が放出される伝熱過程である。ここで伝熱過程が関与しないような溶液での結晶成長を質量 w の増加速度で考えると、物質移動過程と表面集積過程はそれぞれ式(2)と式(3)で表現される。

$$\frac{dw}{d\theta} = k_d' A(C - C_i) \qquad (2)$$

$$\frac{dw}{d\theta} = k_r A\left(C_i - C^*\right)^{g'} \tag{3}$$

ここで、C_iは結晶表面の溶質濃度、k_d'は物質移動過程の移動速度係数、k_rは表面集積過程での速度定数である。そして、総括の移動速度は式（4）となる。

$$\frac{dw}{d\theta} = K_G A\left(C - C^*\right)^{g} \tag{4}$$

K_Gは結晶成長の速度定数である。また、結晶表面の前進速度R_G（これを通常、線成長速度あるいは単に成長速度と呼ぶ）と式(4)との間には式(5)の関係がある。

$$R_G = \frac{1}{A}\cdot\frac{dw}{d\theta} = K_G\left(C - C^*\right)^{g} \tag{5}$$

したがって成長速度は過飽和に依存し、べき関数として表現される。工業的には式(6)が使用されている。

$$G = R_G = k_G \sigma^{g} \tag{6}$$

gは1から2程度の値が報告されている[4]。攪拌速度が遅く、物質移動速度が充分でない場合には、物質移動過程が律速となる。

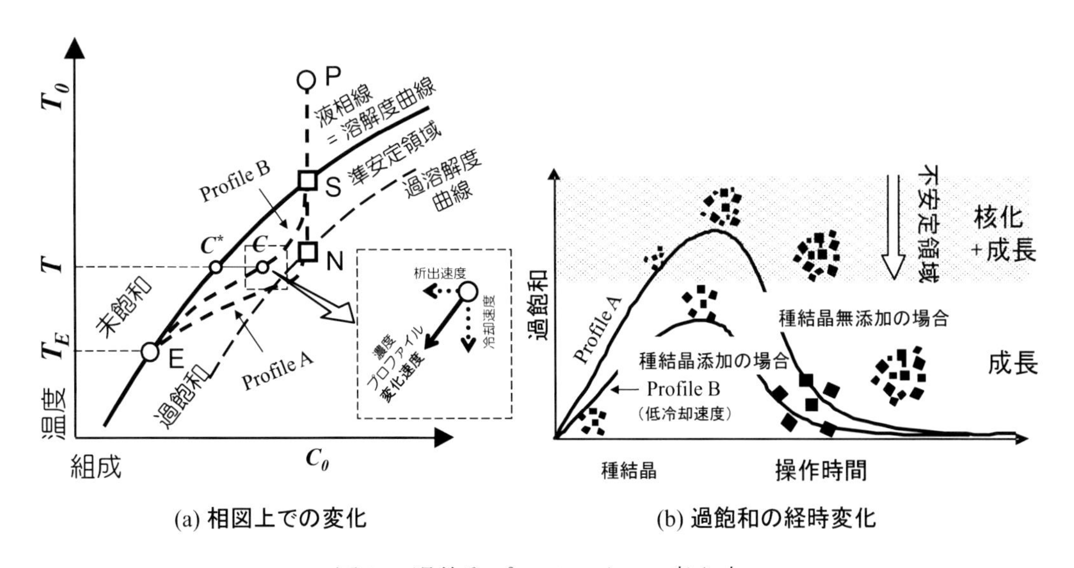

(a) 相図上での変化　　(b) 過飽和の経時変化

図2　過飽和プロファイルの考え方

さて、回分の晶析操作は非平衡分離であるので、速度論で考えることになる。すなわち、初期操作点から最終操作点まで、どのような軌跡をたどるかを考える必要がある。図2(a)で、温度T_0で初期濃度がC_0の溶液（点P）を、温度T_Eまである有限時間内に冷却することを考える。まず、操作上の工夫がなければ過溶解度曲線を越えた点Nで核が頻繁に発生しはじめ、同時に結晶成長が起き、溶液濃度が低下し始める。冷却も同時進行しているので、過飽和は点Eまで持続し、常に非平衡状態で結晶が析出する。この場合、操作点（溶液の状態）はProfile Aの様に変化する。この軌跡を過飽和プロファイルと呼ぶとすれば、この過飽和プロファイルは冷却速度と析出速度の比でコントロールされ、決定される。すなわち、冷却速度と析出速度を操れば、この過飽和プロファイルを自在に変更あるいは設計することが可能となる。

相図上に表れる過飽和プロファイルを経時変化として示すと、**図2(b)**となる。準安定領域（成長が支配的な領域）を超えた時点で、核化が頻繁に起きる[5)]。この領域では核化と成長が同時に起きるので結晶粒径の差が生じ、結果として粒径分布が悪くなる。ここでの操作の工夫とは、過飽和のピークを下げることである。そうすると、成長が支配的になり、新たな核化を抑えることができる。

過飽和の経時変化でピークを抑えようとした場合、相図上の過飽和プロファイルで考えると、過飽和プロファイルをより早く液相線（溶解度曲線）に近づければ良いことがわかる。これを実現するためには相図上で下に行く速度を下げるか、左に行く速度を上げれば良い。すなわち、冷却速度を遅くするとか、冷却初期に種結晶を充分量導入し、溶質の消費速度を高くしておくなどの戦略を立案することが可能となる（Profile B）。このように、操作点を相図のどの領域を通すのか、あるいは過飽和の経時変化をどのように設計するかが重要である。

過飽和を生成させる手法として、非溶媒添加法も使われている。英語にはAnti-solventとPoor-solventという言い方があり、晶析分野ではAnti-solvent Crystallizationが最近は一般的であることから、非溶媒と呼んでいる。

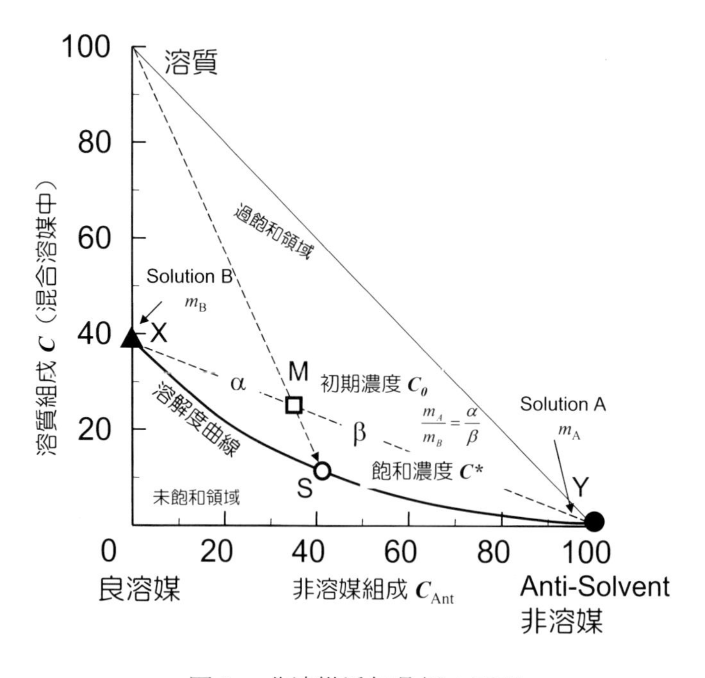

図3　非溶媒添加晶析の原理

図３には非溶媒添加法による過飽和度の生成方法が三角相図上（三成分相図）に図示してある[3)]。目的物質と、それを溶かしている良溶媒そして、非溶媒が加わるので三成分系となる。溶解度曲線より上にある領域は、過飽和状態を示しており、下の領域は未飽和領域である。ここで、目的物質が溶けている Solution B（点Ｘ）に非溶媒リッチな Solution A（点Ｙ）を添加することを考えてみよう。点Ｙの溶液を添加すると、添加後の溶液の見かけ組成は点Ｍになる。点Ｍの溶液は過飽和状態になっているのでその溶液から目的の溶質が析出して溶液組成は点Ｓに至る。結晶化の推進力は、２成分系と同様に定義することが可能である。Solution A と Solution B の組成を一意に決めると、その混合比を変化させるだけで様々な過飽和を生成することが可能となる。

この非溶媒添加晶析でも、冷却晶析と同様に過飽和プロファイルを考慮することができる。**図４**で説明する。ある溶質が溶けている溶液（点Ｓ）に、純粋な非溶媒を添加すると、溶液組成は点Ｓと純粋な非溶媒を示す三成分相図の頂点を結ぶ直線上を右方向に移動する。また、点Ｓは過飽和状態なので、結晶が析出し、溶液組成は、点Ｓと溶質を示す三成分相図の頂点を結ぶ直線上を下方向に移動する。結局、溶液組成は右下の方向（点Ｅ）に移動することになる。このように溶液組成の変化速度は非溶媒の添加速度と結晶の析出速度によって決まる。すなわち、非溶媒添加晶析でも三成分系の溶解度が分かっていれば操作設計が可能となる。

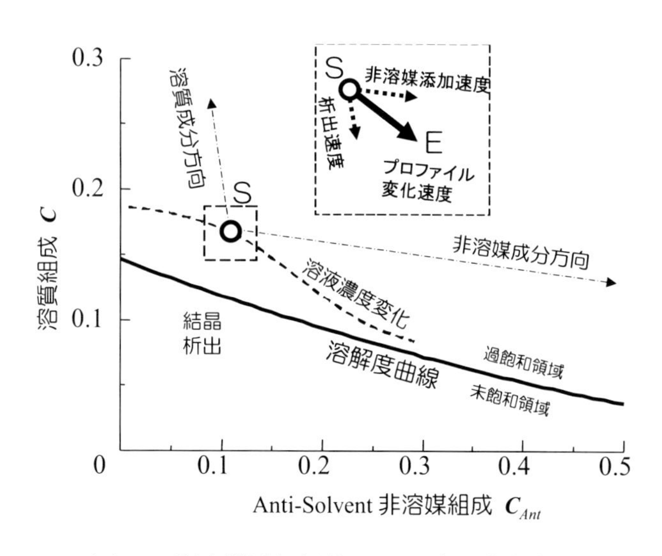

図４　非溶媒添加操作による溶液濃度変化

3.3　結晶粒子群品質

結晶化の推進力を操作し、成長速度を調整することによって、何を制御するのかを考えてみる。多くの工業晶析では純度、粒径分布、多形、形態が結晶品質として求められる。また、生命関連物質の医薬品製造の場合などでは、原薬製造プロセスからの要求、すなわち、医薬品としての価値を左右する Bioavailability、溶解性、安定性が追加される。また、製剤プロセスからは圧縮性、流動性、形成性、混合性に関する項目が追加される。これらの品質は粒径分布や結晶形態に深く関わっている。このように結晶品質を同時に満足させるような操作を行い、結晶製造を行う必要がある。残念ながら操作できる変数の種類は非常に少なく、そのほとんどが先に説明した過飽和である。しかし非平衡分離の特徴を活かして、過飽和の絶対値だけではなく、その生成方法や生成速度を工夫しながら現在は結晶品質を制御している。数年前と比べ、溶液濃度やスラリー濃度のリアルタイム計測が容易に可能となったことで､溶液濃度プロファイルの概念を使った制御が可能となっている。

3.4　結晶成長と品質制御

結晶粒子群品質は様々あるが、ここでは、結晶純度、結晶形態、結晶多形、粒径分布をとりあげ、それらと結晶成長との関係を述べたい。

3.4.1　結晶純度と結晶成長

析出する結晶の組成は系の相平衡関係で決まっている。しかし、結晶化現象が非平衡条件下で進行するために、製品結晶の組成（純度）は、必ずしも平衡組成に等しいとは限らない。特に固溶体を形成する系では，高い過冷却（過飽和）度の液から析出する場合に平衡からのずれが著しい。本来純粋な結晶が析出する単純共晶系に対しても、製品粒子群の純度の低下が見られる。その原因として母液の付着、母液の取り込み、凝集晶の粒子間への母液の取り込みが考えられる。特に成長速度が急に速く変化するような操作法をとると母液の取り込みが生じやすい。

3.4.2　結晶形態と結晶成長

結晶形態（外形）は結晶を構成している結晶面の前進速度の相対的な差に基づいて決定され、前進速度は結晶構造と析出条件の２つの要因で決まる。析出条件としては、溶液の過飽和、溶液の流れや不純物などをあげることができる[6]。例えばタウリンの結晶は**図５**に示すように、プリズム結晶から針状結晶までダイナミックに形態が変化する。これは結晶構造が変化したのではなく（結晶多形ではない）、各結晶面の前進速度の過飽和依存性が異なることに起因している。すなわち**図６**に示すような関係があれば、その結晶粒子に経験される過飽和の値で、結晶形態を変更可能なことを示している。

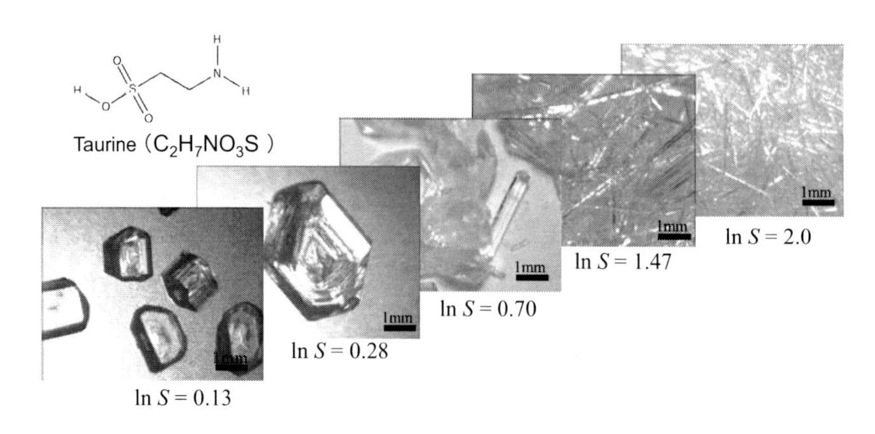

図５　過飽和による結晶形態の変化

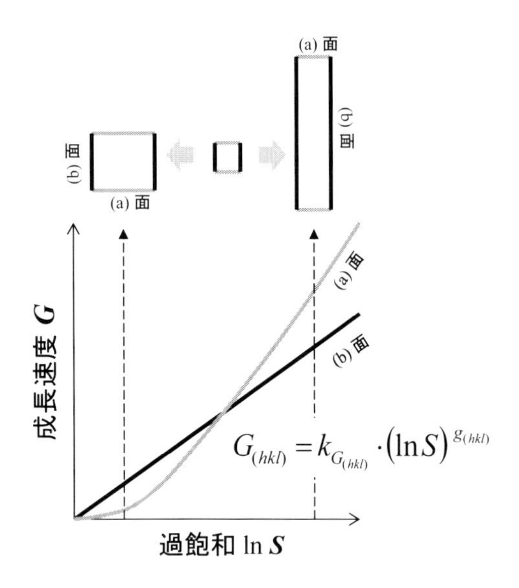

図６　結晶形態への過飽和の影響

有機物でなくとも食塩結晶でも過飽和によって結晶形態がダイナミックに変化する。食塩結晶は立方体の形態が多く知られているが、過飽和を大きく変化させると**図７**のように、面の中心に規則的に穴の空いた結晶（Hollow）や、骸晶結晶（Hopper）が得られる。新たな新材料創成の意味ではこの様な結晶形態を自在に作り分けられることが必要である。図７の結晶は非溶媒添加晶析法で製造しているが、これも三成分相図上で、２液の混合比と初期過飽和度（σ_0）および、析出量（ΔC）の関係を整理すれば、作り分けが可能である [7]。この様に、過飽和は結晶形態の変化を整理し、形態制御のための設計戦略を立てる上で重要である。

図７　非溶媒添加晶析法での結晶形態制御

3.4.3　結晶多形と結晶成長

結晶製品の安定製造の面で、注目される現象に結晶多形がある。多形現象とは同一化合物が複数の結晶構造を示す現象をいう。多形によって溶解度や融点などの諸物性、および多くの場合結晶外形が異なるため、所望の多形のみを効率よく生産することが必要となる。結晶多形には常に一方の結晶形の溶解度が低い単変形、ある温度で溶解度曲線が交差する互変形がある。溶解度の低い方が安定な結晶形となるので、互変形ではある温度を境にして、安定な結晶形が変わる。

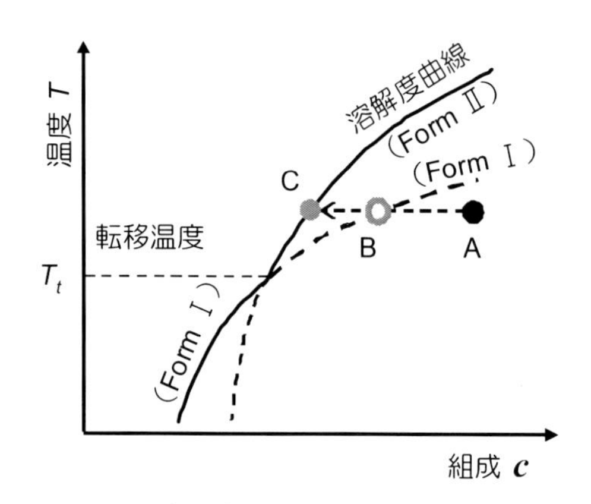

図８　結晶多形（互変系）の溶解度

互変系の溶解度の例を**図８**に示す。転移温度 T_t 以上では Form Ⅱの溶解度が低いので Form Ⅱが安定形である。過飽和状態にある溶液（点A）から準安定形の Form Ⅰが析出したと考えると、Form Ⅰの成長とともに溶液濃度は点Bに至る。点Bの溶液濃度は準安定形の Form Ⅰの飽和濃度である。しかし、点BはForm Ⅱに対しては過飽和状態となっているので、ここで Form Ⅱの核化が起きると、既に析出している Form Ⅰが溶解し、Form Ⅱの析出が始まる。したがって、溶解度曲線に挟まれている領域では溶液媒介転移が進行し、転移中には複数の多形が溶液中に懸濁することになる。溶液媒介転移を溶液濃度の経時変化から見ると**図９**のようになる。この場合準安定形が板状晶で安定形が針状晶である。準安定形の板状晶が溶解し、安定形の針状晶が成長し溶液媒介転移が進行していることが分かる[3)]。

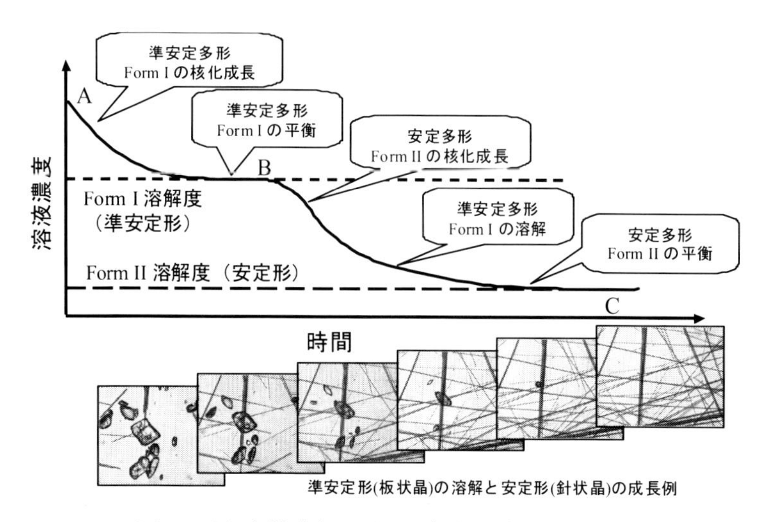

図９　溶液媒介転移中の溶液濃度経時変化

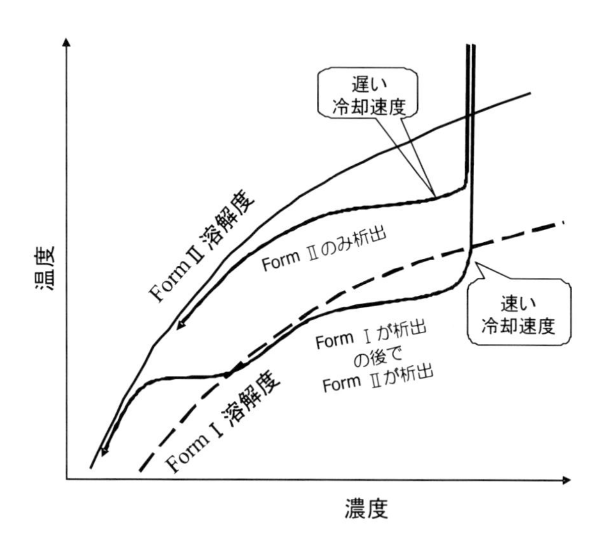

図１０　多形析出と冷却速度との関係

冷却速度が析出する結晶多形に影響を及ぼすことがある。**図１０**にその概念図を示す（溶解度曲線を相図の液相線として示している）。溶液の冷却速度が速いと、初期の過飽和が高くなり、そうすると、準安定形（Form I）の析出領域に入ることになる。そうすると Form I の析出後の冷却途中に溶液媒介転移が生じて Form II が析出することになる。一方、初期の過飽和が高くならない工夫、すなわち冷却速度を遅くする、あるいは種結晶を導入して見かけの析出速度を上げておくと安定形の Form II のみが析出する。このように、過飽和プロファイルの違いにより、多形析出現象が変わる。

もちろん非溶媒添加晶析でも結晶多形の制御は重要である。しかし、図１０と同様に非溶媒添加晶析でも三成分相図上のどの領域を溶液濃度が通るかを考えることで、品質制御のための操作設計が可能である[8)]。

3.4.4　粒径分布と結晶成長

粒径分布を改善すれば、固液分離効率の向上や、粉体輸送効率の向上、嵩密度とパッキング効率の向上が期待できる。回分式の冷却晶析の場合、冷却プログラムのパターン（冷却温度プロファイル）が直接、過飽和を変化させることになる。代表的な冷却温度プロファイルを、**図１１**に示す。制御冷却は過飽和がほぼ一定になる冷却法であり[9)]、近似的に式(7)で表現可能な冷却温度プロファイルである。

$$T = T_0 - (T_0 - T_f)\left(\frac{\theta}{\tau}\right)^3 \tag{7}$$

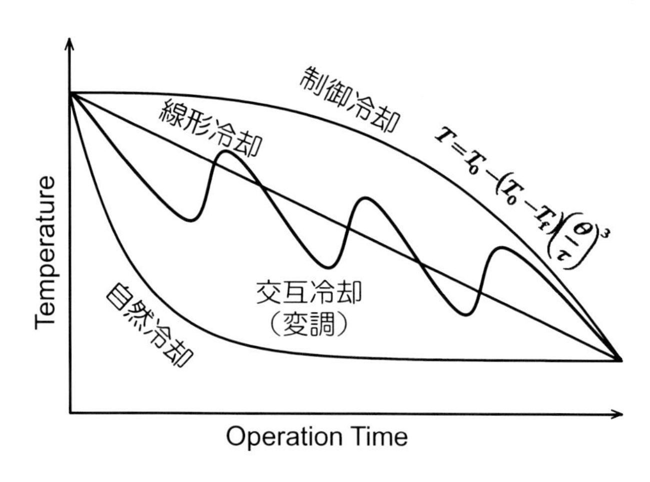

図１１　代表的な冷却温度プロファイル

ここで T_0 と T_f はそれぞれ初期と最終溶液温度で τ は回分時間である。図1に示した様に、溶液濃度は結晶粒子群の成長とともに、結晶総表面積が増加するためその消費量が増えてくる。したがって、結晶総表面積の増加に従って平衡濃度を下げる、すなわち冷却速度を増加しても充分に過飽和を消費させることが可能となる。制御冷却は結晶総表面積が少ない区間では徐々に冷却し、総表面積の増加とともに冷却速度を増加させる手法である。

もし種結晶を導入可能であれば、はじめから結晶総表面積が担保されていることになるので、同じ冷却温度プロファイルを用いても製品結晶の粒径分布は改善できる。種結晶を充分量導入した場合には自然冷却でも粒径分布は悪くならないことが報告されている[10)]。ただし、2014 年に開催された ISIC19（International Symposium on Industrial Crystallization）では、充分な種結晶を導入する手法を"Full Seeding"と名付け、Full Seeding の実用的な使用には、準備やインジェクションの方法などの課題があるため、"Partial Seeding" を行うことが提案されていた。種結晶はあくまでも核化のトリガーとするような使い方で、Partial Seeding でなんとか製品品質を維持するような手法を開発しようとする動向である。

その動向の中で、粒径分布の改善法には、図１１に示した交互冷却のように、晶析操作途中に未飽和操作（冷却晶析ならば昇温操作）を加えるような変調操作を行い、発生した微小結晶を溶解させる手法もある[11)]。種結晶を充分量確保できない、あるいはコンタミネーションを防止するために種結晶添加が敬遠される場合には、単調な冷却ではなく、昇温操作を組み込んだ変調操作によって粒径分布を改善する試みも行われている[12)]。変調操作を組み入れた冷却温度プロファイルを**図１２**に示す。最初の急冷、昇温操作で装置内に内部種結晶を作り、その後昇温操作を２回行いながら冷却する手法である。種結晶を導入しなくとも変調操作を加えることで粒径分布が改善できることが分かってきている。単調な過飽和供給ではなく、途中に未飽和領域を作成する変調操作は冷却操作に限らず、他の晶析操作にも応用可能で、蒸発晶析や非溶媒添加晶析に変調操作を応用した例も報告されている[13)]。

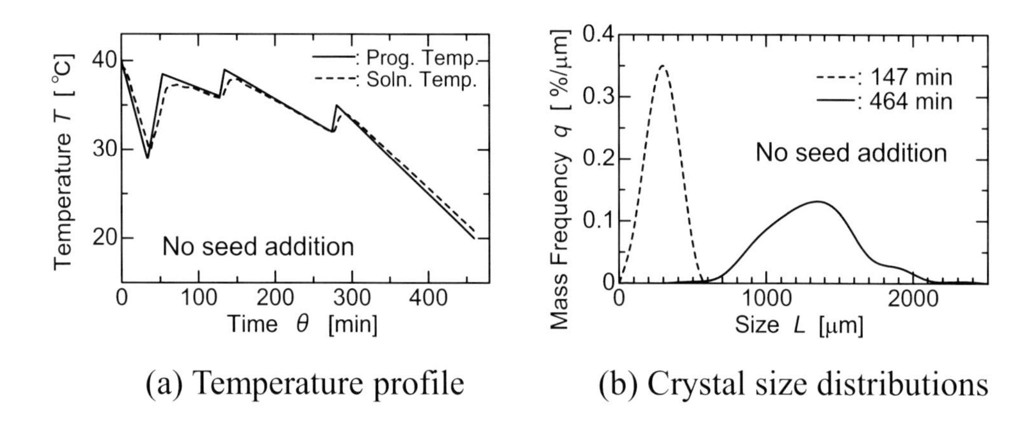

(a) Temperature profile　　(b) Crystal size distributions

図１２　種結晶無添加での変調操作（冷却晶析）

4. おわりに

結晶粒子群を、晶析で製造する場合について、重要な品質を取りあげながら、結晶成長に着目しながら、その制御方法について解説した。晶析は不安定相から安定相が析出するいわば不連続な核化現象によって始まり、非平衡状態を利用して進行するので、比較的難しい操作であると言われ続けてきている。しかし、溶液濃度のプロファイルを考えるあるいは、最新のセンサーで逐次晶析の進行状態を把握すれば、非平衡分離の特徴を活かしながら粒子群を製造することが可能であり、実際センシング技術を利用した制御方法も提案されてきている。この様に過飽和のプロファイルを自在に設計できるような環境は揃いつつある。

参考文献

1) Davey, R.J. and J. Garside : From Molecules to Crystallizers, Oxford Univ Pr, Oxford, UK (2001)

2) 滝山ら, “様々な領域における晶析技術”, 化学工学, 72(3), 130-134 (2008)

3) 滝山, “晶析の強化書－増補版－”, S&T 出版, (2013)

4) A.E.D.M van der Heijden and G.M. van Rosmalen, Handbook of Crystal Growth, vol.2a, Elsevier (1994)

5) Mullin, J.W., "Crystallization" 4th ed., Butterworth-Heinemann (2001)

6) Takiyama, H., Y. Okada, H. Arita, H. Uchida and M. Matsuoka, “ Morphological Changes and Local Purities of m-CNB Crystals”, *Journal of Crystal Growth,* **235**, 494-498 (2002)

7) Takiyama, H. and M. Matsuoka, *8th World Salt Symposium*, Vol.1 459 (2000)

8) Minamisono, T. and H. Takiyama, “Control of polymorphism in the anti-solvent crystallization with a particular temperature profile”, *Journal of Crystal Growth*, **362**, 135-139 (2013)

9) Mullin, J.W. and J. Nývlt, "Programmed Cooling of Batch Crystallizers", *Chem. Eng. Sci.*, **26**, 369-377 (1971)

10) Doki, N., N. Kubota, M. Yokota and A. Chianese, "Determination of Critical Seed Loading Ratio for the Production of Crystals of Uni-modal Size Distribution in Batch Cooling Crystallization of

Potassium Alum", *J. Chem. Eng. Japan*, **35**, 670-676 (2002)

11) Moscosa-Santillan, M., O. Bals, H. Fauduet, C. Porte and A. Delacroix, "Study of Batch Crystallization and Determination of an Alternative Temperature-time Profile by On-line Turbidity Analysis - Application to Glycine Crystallization", *Chem. Eng. Sci.*, **55**, 3759–3770 (2000)

12) Takiyama, H., K. Shindo and M. Matsuoka, "Effects of Undersaturation on Crystal Size Distribution in Cooling Type Batch Crystallization", *J. Chem. Eng. Japan*, **35**, 1072-1077 (2002)

13) Takiyama,H., K.Kawana, "Control of the Number of Fine Crystals by Using Dissolution Water in Salt Crystallization", *Bulletin of the Society of Sea Water, J.*, **61,** 24-28 (2007)

第４章　溶液構造と有機化合物の晶析

大嶋　寛
（大阪市立大学）

はじめに

溶液からの晶析で、析出する結晶の特性を思い通りに制御することは依然として難しい。結晶となる化合物の化学的、物理化学的特性が相当に異なるからである。しかし、所望の結晶特性を得るためにどのような晶析操作を行うべきかを考えることはできる。そのときに溶液の構造に思いを馳せることが重要である。図１は晶析操作とその結果との間には、溶液構造の変化があることを示したものである。たとえば、冷却晶析において冷却速度を変化させたときに、溶液中の溶質分子の会合状態変化がその速度に追随しているかどうかなどを考えるのである。また、図2に示すように分子間で水素結合する官能基が複数存在する化合物（図に示した構造は架空のもの）を仮定すると、この化合物は溶液中で結晶構造とは異なる間違った官能基間で相互作用している可能性がある。そのような溶液から結晶核形成にいたるには、間違った相互作用を一旦切って正しく結合し直すことが必要になる。したがって複雑な化学構造の化合物は結晶化しにくいと考えられる。このように化合物の化学構造から溶液の中で起こる現象を推論する。この推論に根拠を与えるには、溶液の NMR（核磁気共鳴）測定を行って、水素結合の存在や特定の水素原子間

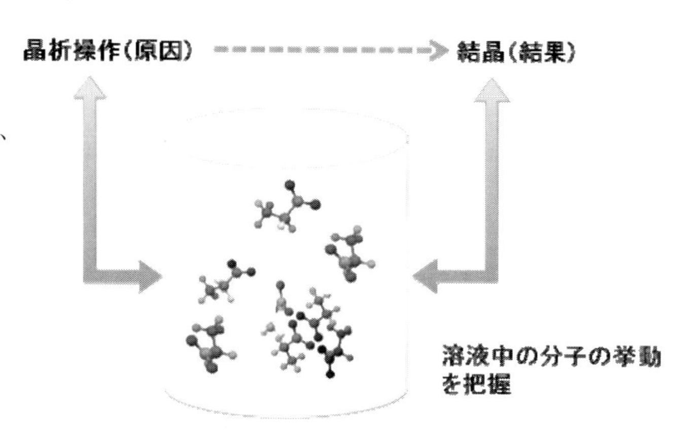

図１　溶液構造を考える晶析

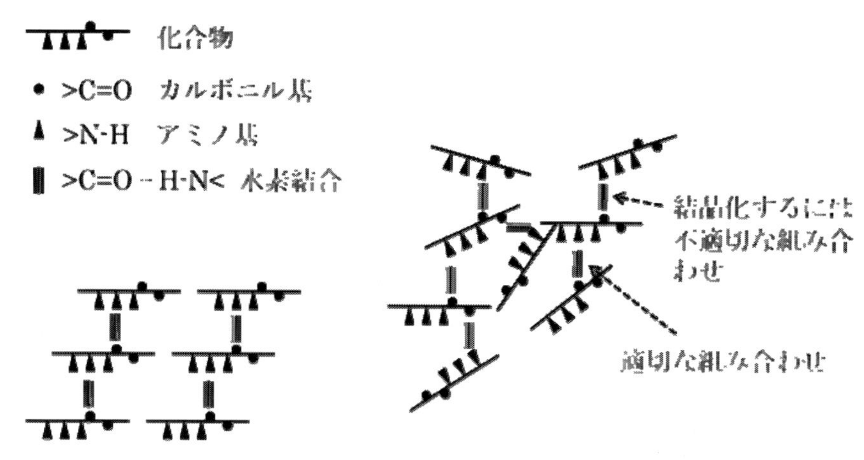

図２　複雑な化合物が結晶化しにくい理由（モデル）

の接近などを確認する実験的検証が必要である。因みに、間違った官能基間で相互作用している場合には、そのような相互作用が起こりにくい溶媒を選択することが解決の一つの方法である。

さて、制御したい結晶特性の代表的なものは、粒径、粒径分布、多形、形状、嵩密度などであり、さらには静電気特性なども重要な特性である。粒径分布を狭く単峰にするためには、核形成のタイミングを揃えればよいし、小さな結晶を得るためには発生する結晶核の数を多くする、大きな結晶を得るためには結晶核の数を少なくする、ということは誰でもが了解できるところである。しかし、現実は粒径と粒径分布を制御することは依然として難しい。例えば、種晶を用いない冷却晶析を何度か行ったとして、核発生を再現性良く誘導することは通常は難しい。なぜなら、溶液中の溶質の状態を揃えなければ核発生のタイミングに再現性を期待することは難しいからである。

本章では、溶液の構造と析出する結晶の特性との関係について議論する。

4.1　過飽和溶液の構造

結晶構造が異なるということは、1）結晶中で分子間に働いている相互作用が異なることであり、2）分子のコンフォメーション（立体配座）が異なることである。炭素-炭素原子間（C-C)、炭素-酸素原子間（C-O)、炭素-窒素原子間（C-N）などの一重結合（シグマ結合）は、周囲に立体障害がなければ自由に回転することができるので、可能性として分子は無限とも言える立体構造を取ることができる。しかし結晶のなかでは多くの場合すべての分子が同じ立体構造をしている。正確には複数の構造からなる分子で構成されている結晶も多くあるが、その場合でも決まった構造が規則正しく繰り返されていることには変わりない。

さて、分子間に働いている相互作用が分子の配列を維持しているので、上記1）の結晶によって分子の配列が異なれば分子間に働いている相互作用が異なるということは当然である。しかし、分子間に働いている相互作用が異なるのでそれに見合うコンフォメーションになったのか、それともコンフォメーションが先で、それに見合う相互作用が働いてその結晶構造になったのかについての検討が必要である。

タルチレリンには，2つの多形が知られている[1]。準安定結晶のα形と安定結晶のβ形である。水媒体中では，先ず準安定なα形が析出して、溶媒媒介転移によってβ形に転移する。また、タルチレリンの溶媒媒介転移は溶媒（水）にメタノールを添加することによって促進されること、メタノール濃度が高くなるとα形の成長速度は減少し、β形の成長速度は増大することがわかっている[2]。すなわち、メタノールはβ形の出現に有利に作用していると考えられる。さらに、タルチレリンの多形析出に及ぼす種晶添加の影響について検討したところ[2]、溶媒が水（メタノール濃度=0）の場合とメタノール 10%の溶液からは、種晶がα形であってもβ形であってもα形が析出し、メタノール濃度が 30%になると、種晶の多形に関係なくβ形が析出することがわかった。また、メタノール濃度が 30%の過飽和溶液中にα形の単結晶を吊り下げたところ、その単結晶もわずかに成長したが、それにも増して多数のβ形結晶がα形の結晶表面から成長した。これらの結果は、析出する多形がα形であるかβ形であるかを決めているのは、種晶ではなくメタノールであることを強く示唆している。

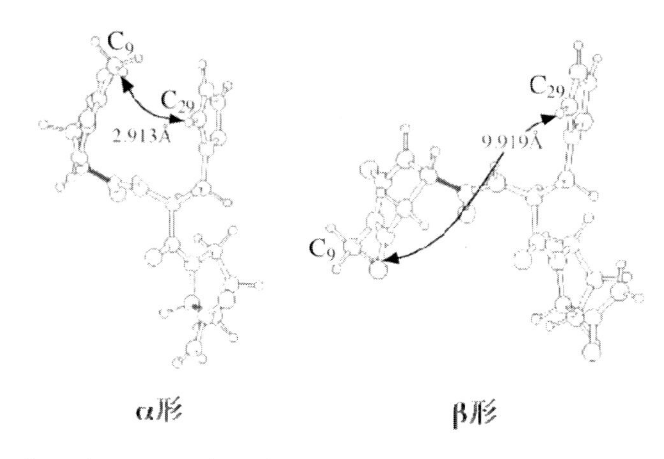

図3　タルチレリンの多形結晶を構成する分子のコンフォメーション

図3は、タルチレリン結晶のα形およびβ形を構成している分子のコンフォメーションである。C_9-C_{29}間距離の違いに注目して、過飽和溶液中のタルチレリン分子に対して、NMR（核磁気共鳴；nOe：核オーバーハウザー効果）を測定したところ、水溶液中の分子はα形に近い（正確には、C_9-C_{29}間が少なくとも 4Å 以内に接近した）構造をしており、30%メタノール溶液中ではβ形に近い（正確には、C_9-C_{29}間が少なくとも 4Å 以上離れた）構造をしていた[2)]。この結果は、タルチレリン分子のコンフォメーションが、過飽和溶液中で既に析出する多形のコンフォメーションと同じか近いものになっていることを示唆している。

同様の結果が、やはり２つの多形（B01 形（準安定結晶）、B02 形（安定結晶））が存在する BPPI（図4）についても得られた[3)]。エタノール溶液からは先ず B01 形が析出して B02 形に溶媒媒介転移したが、メタノール溶液からは B01 形は析出しなかった。結晶中の BPPI 分子のコンフォメーションと分子間距離を参考に nOe を測定して、溶液中のコンフォメーションと分子間の接近について検討した結果、メタノール溶液中では、B02 形結晶中と同様に H-*a* と H-*b* が接近しており、エタノール中では B01 形に見られるように離れていることがわかった。また、この傾向はそれぞれの溶液の中で BPPI 濃度が未飽和から過飽和へと増大すると共に増大した。さらに、その他の水素間の接近状況から、メタノール中の BPPI 分子間の接近は B02 形結晶中のそれに近いものであった。すなわち、結晶析出前の溶液の段階ですでにコンフォメーションおよび会合構造が、メタノール中では B02 形、エタノール中では B01 形に、それぞれ有利なものになっていることが明らかになった。

これらの結果は、過飽和溶液中の溶質分子のコンフォメーションとそれらの会合が、析出する結晶中のそれらに近いものとなっていることを示している。したがって、溶液の構造を理解し制御することが、晶析を理解し制御することになると言える。

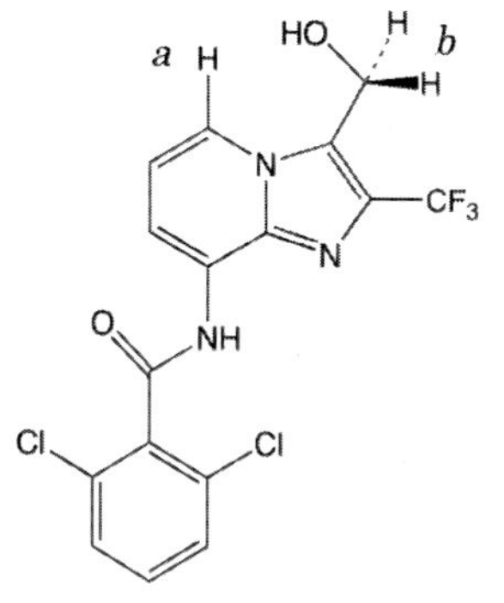

図4　BPPI の化学構造と多形析出の理解（本文）

4.2　結晶多形制御と溶液構造

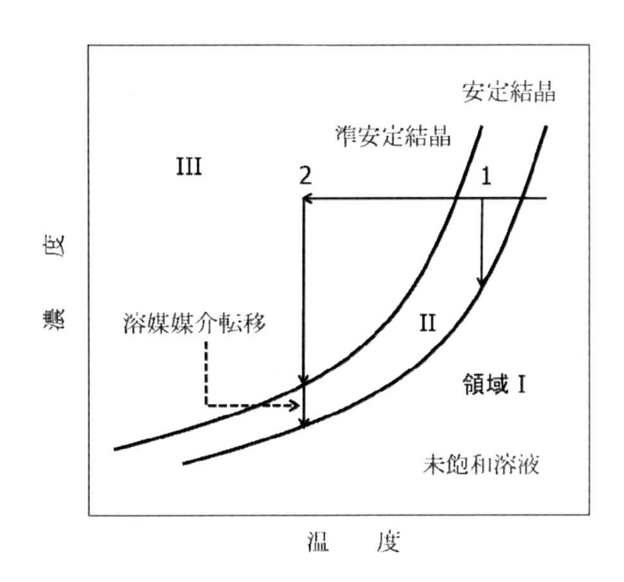

図５　多形結晶の溶解度曲線と溶媒媒介転移

結晶多形は、化合物は同じで、結晶構造が異なるものを言う。数種類の多形が析出することはよくあるが、多形の存在が確認されていない化合物もある。同一溶媒から現れる多形は通常 2，3 種であるが、溶媒が変わると 10 種ほどの多形が現れることもある。

多形は、核発生速度、成長速度、形状、結晶の密度、溶解度が異なり、さらにサイズやその分布、嵩密度、ろ過性、沈降性、流動性、純度、溶解速度、バイオアベイラビィティ（生体利用度）、保存安定性など、多くの重要な結晶特性が異なる。また、多形が特許戦略上極めて重要であることはよく知られている。医薬製造における多形の制御は厳密で、複数の結晶多形の中から、医薬と定めたただ１つを確実に製造することが要求される。

選択された多形を確実に製造するという観点からは、晶析操作中に一旦析出した結晶が別の結晶に転移する、すなわち溶媒媒介転移を制御することが重要である。溶媒媒介転移は、同じ化合物でも多形によって溶解度が異なるために起こる。

4.2.1　多形の溶媒媒介転移

図５は、２つの多形、すなわち準安定結晶と安定結晶の間で転移が起こる場合の晶析操作と結果のモデル図である。図５の未飽和領域から領域 III のポイント２まで冷却すると、まず、溶解度が大きな準安定結晶が先に析出する。溶液濃度が準安定結晶の溶解度まで減少すると、準安定結晶の析出は止まるが、依然として安定結晶にとっては過飽和状態にあるため、安定結晶の核が発生する可能性がある。一旦安定結晶の核が発生すると、それが成長して溶液濃度は準安定結晶にとっては未飽和な領域 II に低下する。その状態は準安定結晶にとっては未飽和状態なので準安定結晶は溶解し始めるが、その溶解速度が通常は安定結晶の成長よりも速いために実際には溶液濃度は下がらず準安定結晶の溶解度に維持される。これらが連続して安定結晶の析出と共に準安定結晶が消失し、溶液濃度は安定結晶の溶解度まで下がる。安定結晶の核発生は冷却中に領域 II を通過している間、例えばポイント１で起こるかもしれない。製造したい結晶が安定結晶である場合は、転移を促進すればよいが、準安定結晶を製造したい場合は転移を抑制する必要が有り、溶媒媒介転移を制御することが重要になる。

さて、図５の領域 III は、準安定および安定結晶の両者にとって過飽和となる領域で、ポイント２は安定結晶にとって過飽和度が高い状態にある。しかし多くの場合、多形析出の順番は、オストワルド（Ostwald）の段階則、すなわち、「状態間の移行は、不安定な状態から安定な状態に段階的に進む」という法則に従っていると考えられている。エネルギー的に不安定な状態（ポイント2）からは先ずエネルギー的に不安定な準安定結晶が析出して、つぎに安定結晶に転移するというものである（注：このようにならない場合もある）。準安定結晶が先に析出するのは何故か。これを理解することが多形の析出挙動を理解し、溶媒媒介転移を制御するために重要となる。

4.2.2　過飽和領域によって異なる溶質分子のコンフォメーション

4.1項に示した溶液中の溶質の構造に関する実験結果は、準安定結晶が先に析出する理由を理解し、多形の制御について考えるための重要な指針を与える。すなわち、図5に示した領域I、II、IIIは、それぞれ、安定結晶および準安定結晶にとって未飽和、安定結晶にとって過飽和、両者にとって過飽和となる領域であるが、溶質分子にとっては、それぞれコンフォメーションが異なる領域であると理解する。領域IIでは安定結晶、領域IIIでは準安定結晶のコンフォメーションになっており、未飽和領域のコンフォメーションはそれらとはかなり異なる構造だと推定される。このように理解すれば多形析出に関する様々な現象を理解できる。図5のポイント1からは安定結晶が析出し、ポイント2からは先ず準安定結晶が析出することも理解できる。

4.2.3　溶媒媒介転移の制御

4.2.2項に述べた多形の溶解度曲線と多形の析出に関する議論は平衡論の話であるが、晶析の現場で重要な溶媒媒介転移の制御においては、この平衡論を基盤としながらも、さらに速度論で考える必要がある。実際、領域IIIから準安定結晶を選択的に析出させようとしても安定結晶が多量に混入することはよくある。たとえば、水溶液からのグルタミン酸の冷却晶析で急速に冷却すると、図6に示すように結晶が析出する過飽和領域に応じて析出初期の結晶に占める準安定結晶α形の割合が変わる[4)]。急速冷却によって設定した析出ポイント（図5ではポイント2をどこにするか）が準安定結晶の溶解度曲線から離れている、すなわち初期飽和度が大きいとα形のみが析出するが、初期飽和度が小さくなるとの混入が著しくなる。

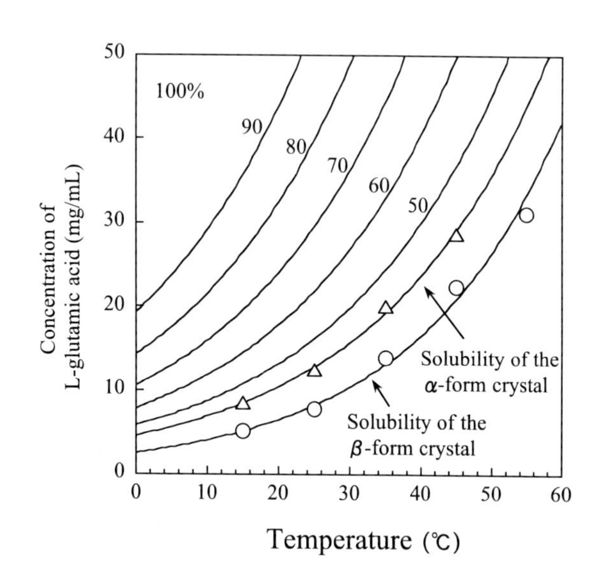

図6　L-グルタミン酸の結晶多形（α形とβ形）の溶解度と過飽和領域に依存する析出初期の結晶に占めα形結晶の割合（%）

領域IIIからは準安定結晶が排他的に析出するはずなのに安定結晶が混入する原因としては次のように考えられる。まず、図5に示すポイント2まで冷却すると必ず領域IIを通過することになるので、そのときに安定結晶が析出し始めるという可能性が先ず考えられる。また、領域 II を通過中の安定結晶の析出はなく無事領域 III に入ったとしても、安定形から準安定形への溶質分子のコンフォメーション変化が冷却速度に追いつかず(上述のように図 6 の結果は急速冷却操作の結果)、安定形（β形）のコンフォメーションを維持したまま領域 III に入ることによって、すなわち溶液が非平衡状態にあるために両者が同時に析出するということが考えられる。そもそも領域 II を通過しているのに安定結晶が析出しないということは、安定結晶の核発生速度が遅いためであるが、その原因は単に発生した核の個数が少ないということではなく、安定結晶の溶解度曲線を越えて冷却しても、溶質分子のコンフォメーションがランダムから安定形コンフォメーションに直ぐには変化しないためであると推定される。分子のコンフォメーション変化と会合状態の変化速度については、それに深く関わると考えられる後述の図 9 の結果から、分子のコンフォメーション変化は晶析操作の時間スケールに比較して瞬時と言えるものではなく、遅い（～60 min）ことが示唆されている。

さて、溶液の状態変化が晶析操作速度（ここでは冷却速度）に必ずしも追随しないとすると、未飽和領域から急速に領域 III の高過飽和領域に突入することによって、領域 II での安定形へのコンフォメーション変化を経ずにランダムからいきなり準安定形のコンフォメーションに変化させることができ、排他的に準安定結晶を得ることが可能であると考えられる。事実、不安定、準安定、安定の 3 つの多形が同時に析出する AE1-923 において、冷却を速くするほど回収される結晶に占める不安定結晶の割合が増し、10 °C/min で急冷することによって不安定結晶のみを回収している[5)]。ただし、この冷却速度を実機の大容量晶析装置で実現することは難しいため、検討の結果、最終的に貧溶媒添加によって急速に高過飽和度を達成する晶析を採用した。

このように、結晶析出の推進力に関わる溶解度は平衡論の問題であるが、溶液から結晶析出までの変化の過程はある状態から他の状態に変化する速度に関わる問題である。平衡論で議論される溶解度曲線で仕切られた領域がどのようなものであるかを理解することが重要であるとともに、その領域上をどのような速度でどのような操作パラメータを動かすかを考えることがさらに重要である。

4. 3　粒径制御と溶液構造

図7は、結晶分散液を未飽和領域にまで昇温することによって結晶が完全に溶解するときの考えられる溶質の挙動を概念図で示したものである。基本的には、結晶化の逆のプロセス（A-ルート）を経るとすると次のような過程が考えられる。結晶を構成している分子は同じコンフォメーションにある。溶解は、結晶表面あるいは結合の弱い面から始まるが、必ずしも分子単位で溶解するとは限らず、溶液中には結晶中のコンフォメーションと分子間相互作用に近い構造の会合体が存在する。しかし、時間の経過とともに、A-ルートで示すように、コンフォメーション、会合構造共に変化し、ついにはランダム構造の未飽和溶液になる。

さて、図7に示した溶解モデルにおいて、A-ルートに向かう前にB-ルートに移行して再結晶化することを考える。すなわち、溶液の構造が完全に崩れる前に再結晶操作を行うとどのようになるか。結晶であった記憶が残った溶液に対して再結晶化操作を行うと速やかに核形成して、長い誘導期間を必要とせずに結晶化が進むことが考えられる。核形成がスムーズに起これば結晶粒径も狭いものになるに違いない。このような推論を実験によって検証した。

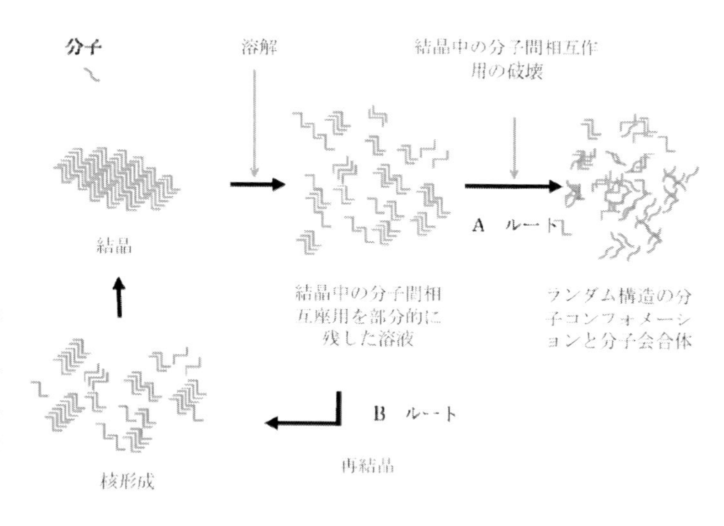

図7　結晶溶解プロセスと再結晶操作

図8は、40°Cで12 h保持した*p*-Acetanisidideの水溶液（15.5°C飽和）を一定速度で冷却し、飽和温度より1.5°C高温の17°Cで30 min保持した後、同速度で5°Cまで冷却保持した場合の結晶析出のタイミングを溶液の光散乱で検出した1例を示したものである[6]。この例では、過飽和になってから150 minの誘導期間を経た後に、光の散乱強度の増大によって結晶析出を検出している。その後30 min間、同温度で保持して結晶析出を進めた後、再び17°Cまで昇温、30 min間の完全溶解操作を経て再冷却すると、5°Cに到達するまでに結晶が析出している。17°Cでの完全溶解時間を変えて、同様の冷却・完全溶解・再冷却の一連の操作を行った場合の誘導期間と再結晶化回数との関係を図9に示す。40°Cから5°Cまで冷却した最初の晶析では、結晶が析出するまでの誘導期間は10-170 minにわたって変動した。しかし、一旦析出した結晶を完全溶解した後に再冷却すると誘導期間が短くなり、安定して核形成が起こっている。しかし、17°Cにおける溶解時間を90 minにすると、再び結晶析出が不安定になって、長い誘導期間を要する場合が出現している。これらの現象は再現性良く現れた。以上の実験結果は、一旦結晶化した記憶が、結晶を完全に溶解させた後も

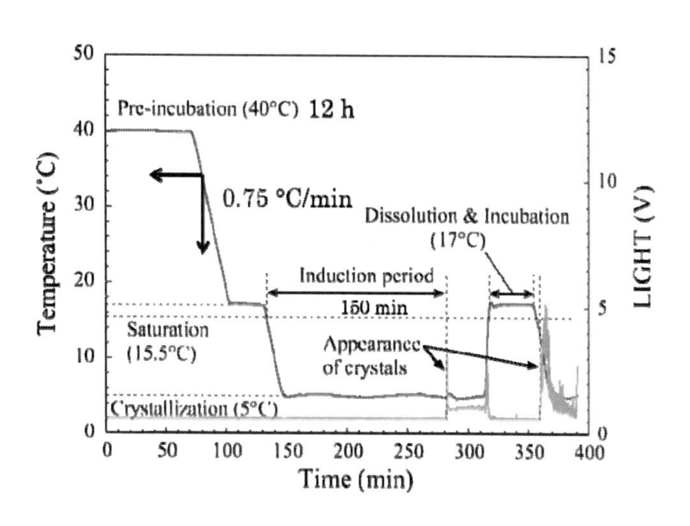

図 8　*p*-Acetanisidide の冷却晶析と析出結晶の完全溶解を経由しての再結晶操作

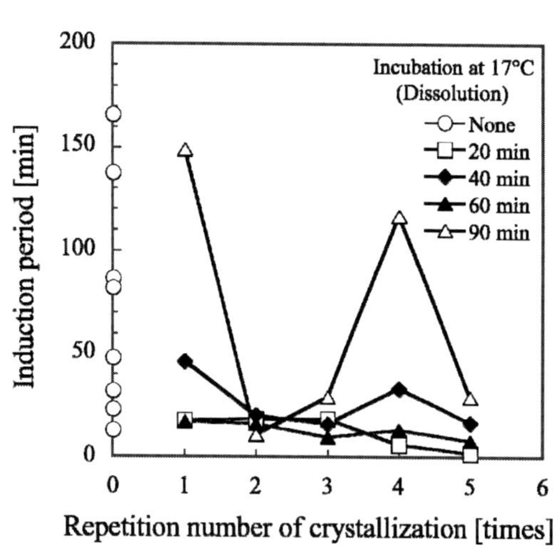

図 9 結晶の完全溶解と再結晶化を繰り返した回数と結晶析出までに要した時間（誘導期間）との関係

1h間程度は溶液に残っており、その記憶によって、再結晶化時の核形成がスムーズに行われることを示しており、図7で予想した溶解における溶液構造変化モデルの妥当性を支持するものである。図10に40°Cから5°Cまで冷却して得られた結晶と17°Cで40 min間の結晶溶解操作を経て再結晶化したときに得られた結晶を比較した。40 min間の完全溶解を経て得られた結晶の粒径が揃っていることがわかる。

4. 4　結晶核形成

核形成は多くの結晶特性、たとえば粒子径と粒子径分布、多形、純度など、に重大な影響を及ぼすプロセスであり、そのメカニズムについて検討し、理解することが重要である。ここでは、会合体と結晶核とは違うことの確認から、核形成メカニズムについての新規な理解について議論する。

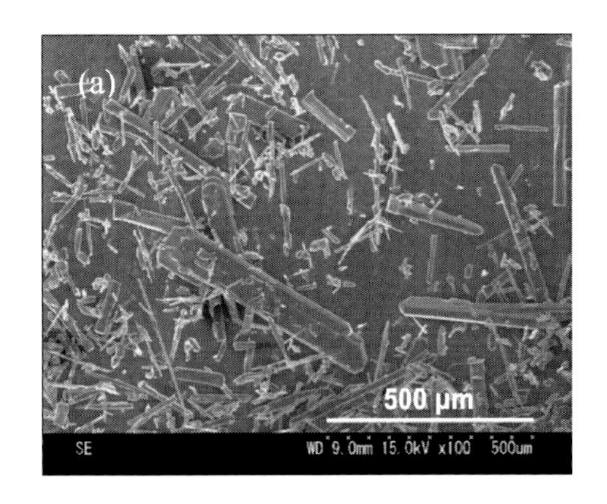

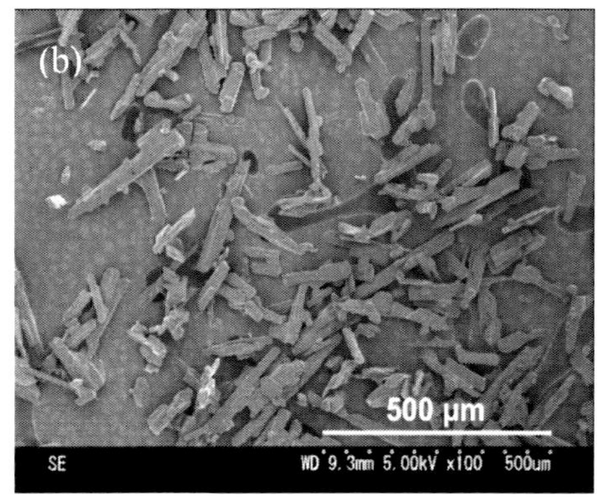

図 10　図 8 の操作で得られた結晶の比較　　(a) 40°C から 5°C まで冷却して得られた結晶
(b) 17°C で 40 min 間の結晶溶解操作を経て再結晶化したときに得られた結晶

4.4.1 会合体と結晶核

結晶核形成の熱力学的理解は、図 11 に示すように、界面を形成することによる表面エネルギーの不利と固体を形成することによる体積エネルギーの有利の和（実線）が最大（ΔG* ）となる臨界核半径（r*）よりも大きなサイズに分子が会合すれば、結晶核となって結晶成長へと進むというものである。臨界核半径は、過飽和度が大きいほど小さいので、過飽和度が大きいほど高い確率で臨界核半径を超えるサイズの会合体（ここでは核）が形成される。会合体のサイズが臨界核半径を超えるのは、溶液の微視的環境における濃度揺らぎによるとされている。この考え方は、一つの理解として正しいが、臨界サイズより大きな会合体

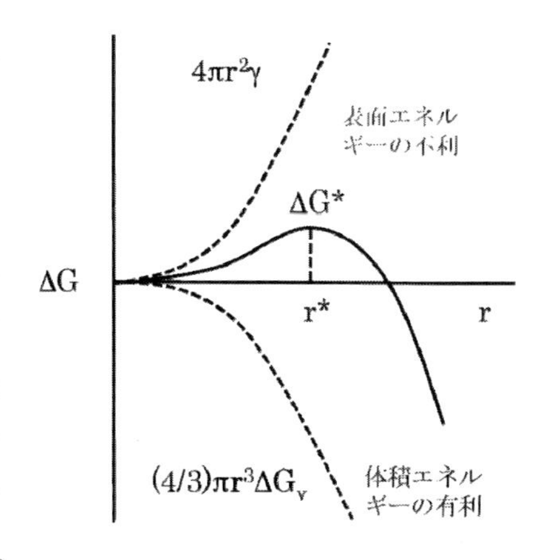

図 11　核形成の熱力学的理解

が出現してもそれが結晶構造と同じ構造を持つ核とは限らないことが実際の核形成を理解する上で重要である。実際の溶液では、かなりの過飽和にしても結晶の析出がない状態が長時間続き、一旦析出すると急速に核発生と結晶成長が同時に進行するという不連続な析出挙動がしばしば見られる。このように結晶が析出するまでに長い誘導期間があるのは、有機化合物には複数の官能基があり、それらを介した分子間相互作用によって形成される会合体の構造が、結晶構造とは異なるためであると考えられる（図2参照）。

卵白リゾチーム（タンパク質）の結晶化（濃度80 mg/mL, 2% NaCl, pH 4.65, 15°C）では、結晶が析出しない20 hにわたる誘導期間の後、結晶析出が始まり、それとともに溶液濃度が低下した。同溶液の熱容量を測定した結果、結晶析出直前に溶液の熱容量が低下することがわかった[7]。熱容量の低下は、リゾチーム分子の疎水的表面（hydrophobic patch）近傍の構造化された水の減少によるものであり、リゾチーム分子の会合状態が疎水的表面を隠すような構造に変化したことを意味している。実際、リゾチームの結晶は、分子の疎水的表面同士が接するように配列している。 長い誘導期間は、ヘキサンを溶媒とした場合の*p*-アセトアニシジド[8]やイブプロフェン[6]の晶析、水を溶媒とするL-アラニンの晶析[9]などでも見られた。

これらの結果は、会合体が結晶核となるためには、図11に示したような会合体のサイズだけが重要ではなく、会合体の構造が重要であることを示している。すなわち、結晶核は単なる会合体とは違うということである。溶液中では、溶質は会合しているが[8]、会合体が即ち結晶核ではないということは、上記リゾチームで見られたように会合体が結晶核に構造転移する瞬間が有るはずである。

4.4.2　結晶核形成のメカニズム

結晶核形成には、均一な溶液から核が発生する1次核形成と既に存在する結晶を介した2次核形成がある。それらの違いとともに、新しい1次核形成メカニズムを提案することによって1次核形成との類似点も議論する。

4.4.2.1　1次核形成

核形成に関係して今までに得られた知見、すなわち、1）溶質は過飽和溶液中で会合している（未飽和に於いても）[8]、2）会合体の構造は結晶構造と同じではない[8]、したがって、結晶核が形成されるためには会合体の構造転移が必要である、3）核形成までに数十時間という長時間の誘導期間を必要とする場合もある、などを総合的に考えると、1次核形成のメカニズムとして図12に示したものが考えられる。すなわち、溶質分子は、過飽和溶液中で溶媒との相互作用と過飽和度に見合ったコンフォメーションをとって会合しているが、何かの機会で会合体の構造が結晶と同じものに構造転移する。これが核形成であり、過飽和にな

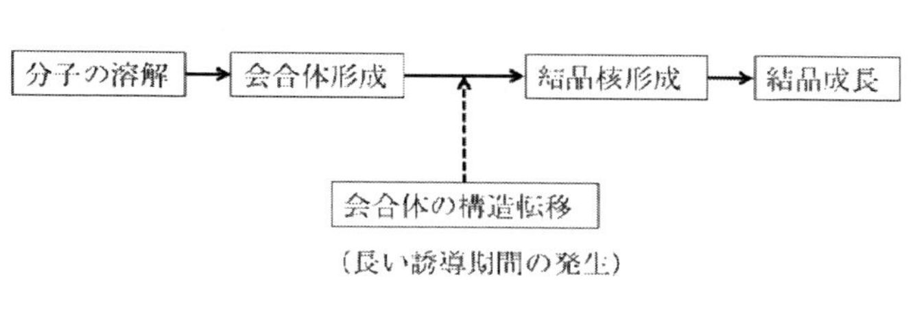

図12　1次核形成のメカニズム

ってから構造転移するまでに要する時間が誘導期間であるとする1次核形成メカニズムである。構造転移する機会は会合体を構造化している分子間相互作用の熱揺らぎである。

4.4.2.2　2次核形成

2次核形成は、前述のように、種晶として添加した結晶や1次核形成あるいは2次核形成で生成した結晶を介する核形成であり、図13に示すようなメカニズムが考えられている。Contact breedingの例として、何らかの衝撃によって吸着層が放出されるイメージを図13下部に示した。ここで、吸着層は、結晶成長の吸着層モデルでその存在が仮定されている溶液本体と結晶表面の間の結晶表面側に形成される「溶媒を含む溶質の塊」のことであり、溶質が結晶に取り込まれる直前の状態にあるというものである。図13に示した2次核形成モデルは、いずれも既に存在する結晶の断片や表層、あるいは表面付着微結晶が重要な役割を果たしており、しかも撹拌などによって結晶が流動している状態が想定されている。一方、DenkとBotsaris[10]は、塩素酸ナトリウム静止溶液に(+)あるいは(-)の結晶鏡像体（Enantiomorphous crystals）を種晶に用いて、2次核形成のメカニズムを検討している。その結果として、溶液の過飽和度が適度な範囲にあれば、添加した種晶の光学活性に応じた2次核が形成されたことより、静止溶液中でも種晶添加の効果が認められることを見出した。因みに過飽和度が大きすぎても小さすぎても種晶添加の効果は現れず、1次核形成が優先して(+)：(-)=50:50の結晶が得られた。Denkらの結果から考えられる2次核形成の場は種晶表面であると推察される。また、種晶が成長するとその表面近傍では溶質濃度が低下するので（溶液密度が低下するので）溶液の対流が起こる。この対流によって種晶の断片（たとえば吸着層（図13参照））が新たな核として運ばれるようなことが有るかも知れない。

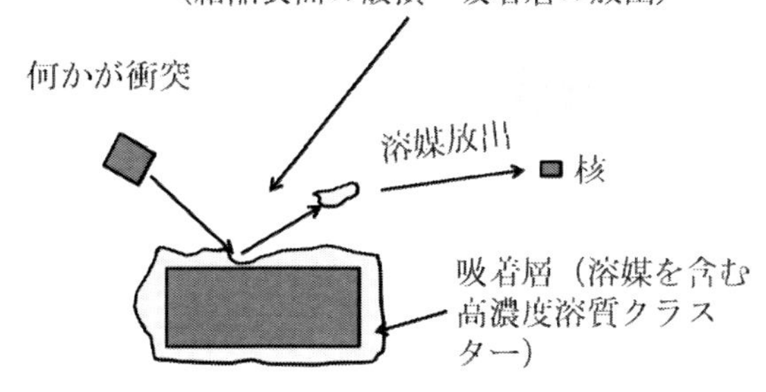

図13　提案されている2次核形成のメカニズム

著者ら[9]は、長い誘導期間の後に核形成が起こり、一旦結晶が析出し始めると急速に結晶化が進む現象に注目し、2次核形成について次のような検討を行った。内サイズ（1×1×3 cm）のガラス製セルに横に針に付けた種晶を導入するためのサイドチューブ（内径3 mm）を取り付けた晶析セルにアラニン過飽和（C/Cs=1.25）溶液を仕込み、温度を20±0.03°Cに制御することによって溶液の対流を止めた状態で（溶液静止の程度：溶液に分散した粒径0.46 μmのポリスチレンビーズの移動速度＜0.4 μm/s）、サイドチューブ内の空気相に予め待機させておいた種晶をサイドチューブ内の溶液相にモーター駆動で導入する。導入速度を60 μm/sにすることにより、導入時の溶液の振動を極力小さくした。晶析セル本体溶液にレーザー光を照射し、種晶導入直後からの結晶セル内の溶液の動き（対流）と微結晶の生成をビデオ観察し、静止溶液における2次核形成に及ぼす種晶の影響について検討した。同じ実験を5回繰り返し、次のような結果を得た。1）種晶をサイドチューブ内に導入しなければ再現性良く5時間経っても結晶は析出しなかった。2）導入した種晶の成長によって種晶近傍の溶液密度が低下し、サイドチューブ内で対流が生じたが、その対流は実験開始後1100 sまではサイドチューブ内に留まり晶析セル本体部分には拡大しなかった。その後、結晶セル本体部分にもセル壁面を上昇する対流が生じた。3）晶析セル本体部分の溶液には対流が生じていない1100 s以内に晶析セル内を落下する10個の結晶（5回実験の総数）が観察された。すなわち、1つ種晶の成長にともなって、遠く離れたところ（～1.5 cm）での核形成が誘導された。著者らは、この2次核形成のメカニズムとして、溶質の能動的拡散に伴う会合体構造転移核形成説を提案した[9]。種晶の成長によって濃度が低下した種晶周辺に向かって、晶析セル部からアラニン分子会合体が方向性を持って拡散移動する。このとき、会合体の構造が変化し、たまたま結晶構造と同じ構造になった部分で結晶核が形成されるというものである。

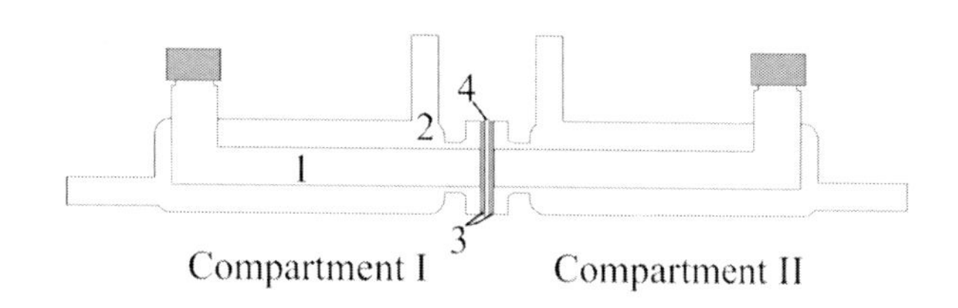

図14　会合体を形成している溶質の能動的拡散が核形成を誘導することを証明するための晶析装置
1．過飽和溶液、2．晶析温度調整用ジャケット、3．シリコンゴムガスケット、4．透析膜

能動的拡散による会合体構造転移説が正しいとすれば、溶質分子が能動的に拡散する状況さえ作れば、種晶はなくても核形成は起こるはずである。図14は、これを確認するために作成した晶析装置である。コンパートメントIに高過飽和度（C/Cs=1.25）のL-アラニン溶液を封入し、コンパートメントIIに過飽和度1.25の溶液あるいは過飽和度1.0から1.2の低濃度のL-アラニン溶液を封入して、それぞれの組み合わせで同じ実験を7回繰り返した。先ず、両コンパートメントに過飽和度1.25のL-アラニン溶液を封入したときは、5 h経過しても核形成は起こらず結晶は析出しなかった。次にコンパートメントIIに過飽和度1.0から1.2のL-アラニン溶液を封入したときは、図15に示すようにコンパートメントIに30 min以内に結晶が析出する頻度はコンパートメントIとIIの過飽和度の差に比例した。コンパートメントIからIIへL-アラニン分子が拡散移動することによって、結晶核が形成されたものと考えられる。

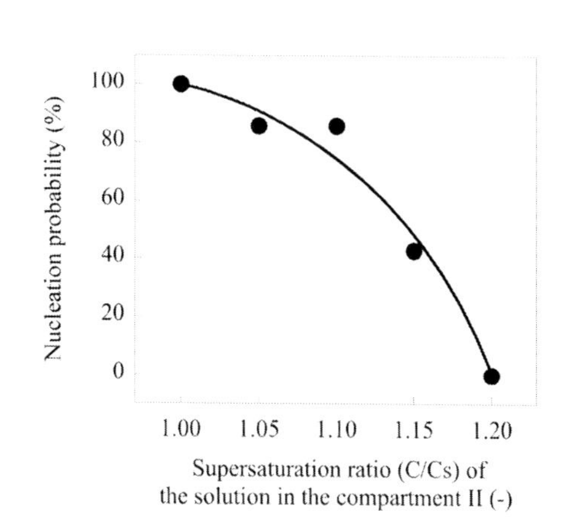

図15　晶析開始後30 min以内にコンパートメントIで核形成した確率

以上の結果、既に存在する結晶の影響を受けて核形成が起こる2次核形成のメカニズムとして、図13に示したものに加えて、「既に存在する結晶の成長に伴う溶質の能動的拡散中に起こる溶質分

子会合体の構造転移（Directional diffusion breeding）」を提案した。

4.4.3　1次核形成と2次核形成の類似点

溶液の濃度揺らぎが1次核形成を誘導するとされている。しかし、濃度の濃淡ができるだけでは核とはなり得ない。近接した溶質分子が結晶を構成するために必要な分子間相互作用を成立させて初めて結晶核なる。しかも、溶液中で溶質分子は何らかの会合体を形成しているので、濃度揺らぎによる結晶核形成とは、会合体の熱揺らぎによる構造転移であると言える。一方、2次核形成の一つのメカニズムが、既に存在する結晶の成長に伴う溶質分子の移動（方向性を持った能動的拡散）による会合体の構造転移である。したがって、1次核も2次核も核形成の本質は会合体の構造転移であり、そのトリガーは、1次核の場合は溶質の熱揺らぎであり、2次核の場合は、溶質分子の方向性がある能動的拡散であると言える。

2次核形成における会合体の構造転移については、未だ未確認の部分、たとえば会合体のサイズ、能動的拡散の濃度勾配と拡散速度などと核形成確率との関係などがあり、今後の検討が必要である。

4.5　不純物効果から見た結晶核の大きさ推定

溶液中の会合体の構造転移が核形成であるとしたが、結晶核形成にはどれほどの分子が集まらないといけないのか、すなわち結晶核は結晶格子何個で構成されているのかについて知ることは、たとえば結晶核形成におよぼす不純物の影響を評価する上でも重要である。

特定の不純物が準安定結晶から安定結晶への溶媒媒介転移を阻害することを利用して、不純物が安定結晶の核形成を完全に阻害するときの不純物1分子当たりの溶質分子数を推定した。逆に言えば、不純物に対する溶質分子数の比がそれ以上であると核形成するということなので、その溶質分子数を結晶格子数に換算することによって、不純物の影響を受けないで核形成するに必要な格子数（LN値とする）、すなわち結晶核の大きさを推算した。図16に示すAE1-923の晶析は、不純物である合成中間体AE1-923ME（AE1-923のメチルエステル体）によって大きな影響を受ける[11]。AE1-923MEは、AE1-923の不安定結晶A形の析出とA形（1格子を形成する分子数Z=8）からB形（Z=4）への転移には全く影響しないが、B形からC形(Z=16)への転移を著しく阻

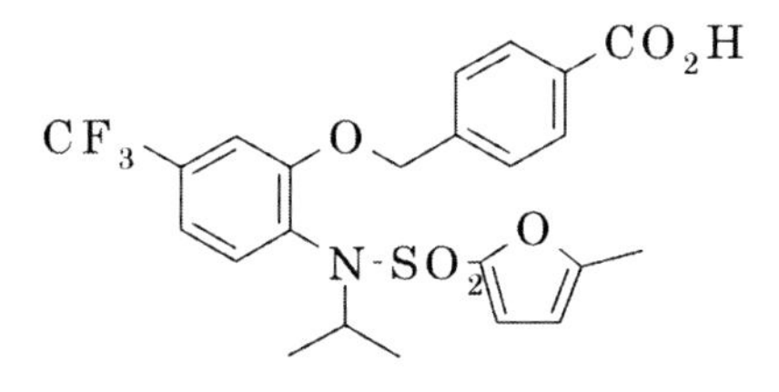

図16　AE1-923の化学構造

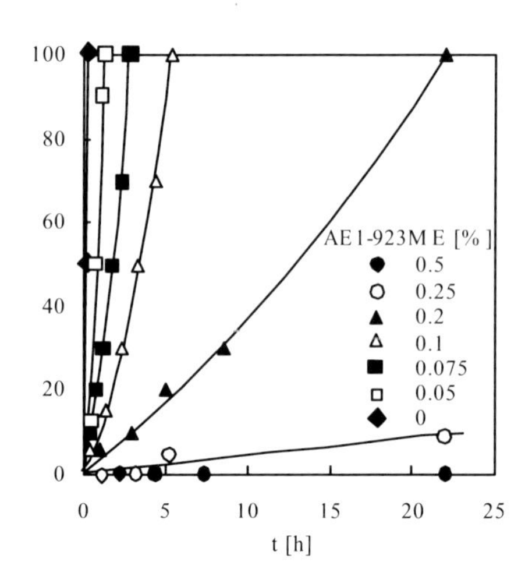

図17　AE1-923 B形からC形への転移に及ぼすAE1-923MEの影響[2]：時間tは、C形への転移が始まる時を t=0 としている。溶媒：60%エタノール、60°C

害した。図17は、その阻害を示したものである。60%エタノール水溶液を溶媒に用い、60°Cで晶析した結果が示してある。縦軸は、B形およびC形の和（全結晶）に占めるC形の割合を重量基準で表したものである[11]。B形からC形への転移速度はAE1-923ME濃度に依存し、溶液にAE1-923MEが含まれていなければ急速に転移するが、AE1-923MEが0.5%含まれると全く転移しない。すなわちC形は現れない。この間、AE1-923MEの濃度に応じた阻害が認められる。AE1-923MEによってAE1-923のB形結晶の転移が阻害されるのは、C形結晶の核形成を阻害するためである。C形結晶は、カルボン酸同士で分子間水素結合を形成しているが、この水素結合が阻害されることが核形成阻害を引き起こしていると考えられる。AE1-923のエチルエステルによる阻害はメチルエステルよりも重大であった。

さて、B形からC形への転移速度を定量化[1]し、不純物が含まれないときの転移速度定数k_{c0}に対する所定濃度の不純物が含まれるときのk_cの比を不純物1分子あたりのAE1-923の分子数（結晶格子数に換算）に対してプロットすると、$k_c/k_{c0}=1$となる結晶格子数は43だった。即ち不純物1分子に対して結晶格子が43個以上正常に集まることができればB形のC形への転移はAE1-923MEに影響を受けないという見積もりであった。エチルエステルの場合はC形の核形成が全く影響を受けないためにはAE1-923が76格子分必要であった。この結果は、核形成には結晶格子が、三次元に［4x4x3=48］から［4x4x5=80］個必要であることを示唆している。格子［3x3x3=27］個集まれば、中心の1格子が安定であると考えると、核形成には結晶格子が約60個集まることが必要であるという、ここで行った推算は妥当であると考えられる。これが結晶核の大きさである。因みに、この条件下のC形結晶の核の大きさは64格子として（18.3x3.0x10.6）nmであると推定される。

さいごに

以上、有機化合物の晶析を理解するためには、溶液中の溶質の会合とその構造およびその変化（構造転移）について理解することが重要であることを述べた。様々な晶析現象と溶液構造との関係が明らかになれば、その知見をもとに適切な晶析操作を検討することができるようになると思われる。

引用文献

1. S. Maruyama, H. Ooshima, and J. Kato, "Crystal structures and solvent-mediated transformation of Taltirelin polymorphs", Chem. Eng. J., **75**, 193-200 (1999)
2. S. Maruyama and H. Ooshima, "Crystallization behavior of Taltirelin polymorphs in a mixture of water and methanol", J. Crystal Growth, **212**, 293-245 (2000).
3. M. Hirano, K. Igarashi, K. Machiya, R. Tamura, H. Tue and H. Ooshima, "Relationship between Crystal Polymorphism and Solution Structure of an Imidazopyridine Derivative as a Drug Substance for Osteoporosis", J. Chem. Eng. Japan, **42**, 204-211 (2009)

4. G. Shan, K. Igarashi, H. Noda, and H. Ooshima, "Control of solvent-mediated transformation of crystal polymorphs using a newly developed batch crystallizer (WWDJ-crystallizer)", Chem. Eng. J., **85**, 169-176 (2002)
5. M. Okamoto, M. Hamano, and H. Ooshima, "Active Utilization of Solvent-Mediated Transformation for Exclusive Production of Metastable Polymorph Crystals of AE1-923", J. Chem. Eng. Japan, 37, 95-101 (2004)
6. Z. Xing, K. Igarashi, A. Morioka and H. Ooshima, "Repeated Cooling Crystallization for Production of Microcrystals with a Narrow Size Distribution", J. Chem. Eng. Japan, **45** (10), 811–815 (2012)
7. K. Igarashi, M. Azuma, J. Kato, H. Ooshima, "The initial stage of crystallization of lysozyme: a differential scanning calorimetric (DSC) study", J. Crystal Growth, **204**, 191– 200 (1999)
8. A. Saito, K. Igarashi, M. Azuma and H. Ooshima, "Aggregation of p-Acetanisidide Molecules in the Under- and Super-saturated Solution and Its Effect on Crystallization, J. Chem. Eng. Japan, **35**, 1133-1139 (2002)
9. H. Ooshima, K. Igarashi, H. Iwasa, R. Yamamoto, "Structure of supersaturated solution and crystal nucleation induced by diffusion", Journal of Crystal Growth 373 (2013) 2–6
10. E.G. Denk Jr, G.D. Botsaris, Fundamental studies in secondary nucleation from solution, Journal of Crystal Growth **13-14**, 493–499 (1972)
11. M. Okamoto, M. Hamano, K. Igarashi and H. Ooshima, J. Chem. Eng., Japan, 37, 1224-1231 (2004)

第５章　国際的に見た晶析工学の進展と挑戦

平沢　泉
（早稲田大学）

１．概要

プロダクトエンジニアリングへの期待に伴い、注文に応じて結晶を設計・生産する QbD（QualitybBy Design）あるいはPD（Product Design）の戦略的発想が求められてきている。晶析は、成分を分離する単位操作であると同時に、その成分を結晶の形で速度論的に積み上げて（ビルドアップ）創製する工学技術であり、結晶を自在に構築するためには、晶析工学が基盤になる。そこでは、基盤要素である核化・成長の過程を固液界面挙動に着目して、解明する新規な概念を提出する必要がある。そのような状況を背景に、多形/溶媒和物制御、核化・成長制御、新規な晶析環境場、晶析操作を支援するプロセス強化手法、結晶構造や形状の MD(Molecular Dynamics)ならびに晶析過程の予測・追跡シミュレーション研究などが増加している。

２．国内外の動き

2.1　論文からみた晶析工学の展開

晶析関連文献は、海外論文誌を中心に掲載されている [1)]。
Chemical Engineering & Technology vol.35, 6 号は、第 18 回 ISIC (International Symposium on Industrial Crystallization の特集号になっている [1)]。その他、Chemical Engineering Science Vol.70 や Journal of Crystal Growth Vol. 342 でも、晶析関連の学会の特集があり、活躍の裾野を拡大している。

装置内動的モニタリング・制御：晶析装置内の動的な粒径分布挙動を解析するためのラマンスペクトル、ATR-FTIR、Focused Beam Reflectance (FBRM)、React-IR の適用が、医薬品・食品分野における PAT（プロセス分析技術）の観点から検討されている。このようなインライン動的監視手法の進展により、核化・成長理論と組み合わせたインテリジェントシステムなど回分晶析における制御技術が急進展している。CFD 手法やヒューリスティックモデルを用いた回分晶析の最適操作やスケールアップ手法も報告されている。また、ミクロな分子シミュレーションでは、分子相互作用や熱力学的手法による多形結晶構造度予測への試みがなされ,プロセスモデリングと分子シミュレーションに基づいて、製品品質を予測しうる方向性を見いだしつつある。

晶析プロセス：種結晶添加系における回分晶析（冷却、貧溶媒添加、反応晶析）、超臨界利用（RESS や貧溶媒添加）、マイクロリアクターなどの研究開発がなされた。またプロセス強化のための蒸留、抽出、膜分離とのハイブリッド化が研究開発されている。

難晶析性結晶の結晶化：分子量の大きい物質や積み上げにくい結晶を構造化する式な手法が試みられてきている。タンパクを対象にした凍結晶析法や、複数の物資の相互作用を利用して、晶析させる Cocrystal 手法などが興味深い。

核化成長制御：古くから知られている待ち時間手法を改良し、冷却速度と待ち時間の関係から、核化・成長のパラメータを求め、シミュレーションにより、準安定域を検出感度、検出対象粒径から議論する画期的な成果も提出されている。また、結晶の外見的形状（晶癖）の分子モデリング手法による予測や、成長・溶解過程における形状解析など精緻な制御に展開している。ナノ結晶の特性への期待から、ナノ領域結晶の創製に関する多くの研究報告がある。

多形および溶媒和物制御：希望の多形結晶を得るための、操作手法など、多形転移の動的解明が進展している。多形、擬多形、CoCrystal など準安定結晶や安定晶の生成などの選択的晶析研究が報告されている。近年、溶媒の種類や溶媒分率を意識する研究が増加している。

外的新規晶析環境場：これまでとは異なる環境で、核化、成長を模索する研究が増えてきた。溶剤の種類、混合比率にとどまらず、イオン液体、高分子電解質などが検討され、また核化を誘導する物理化学的手段として、超音波、マイクロ波、磁場などが様々な分野で検討されている。

PAT ツールを活用した品質設計、操作設計：PAT 技術、個数収支式、モーメント法などを組み合わせて希望の結晶を得るための回分晶析シミュレーションが進展している。また、PAT の動的分析手法を伴って、精緻な冷却、注入制御を構築する試みが、産学で進められている。

適用分野：晶析の適用分野は、化学、食品、医薬品のみならず、環境・熱エネルギー分野、機能粒子、薄膜形成など多くの広がりを見せている。

2.2　学会発表動向

晶析関連の学会に、ISIC（ International Symposium on Industrial Crystallization: 2014 年の ISIC19 は、9/16-9/19　Toulouse/フランスで開催）、BIWIC（Bremen International Workshop on Industrial Crystallization: 2014 年は、9/10-9/12　Rouen/フランスで開催）、CGOM（Crystal Growth of Organic Materials）および ACTS（Asian Crystallization Technology Symposium）がある。医薬品分野で, FBRM, PVM, FTIR、ラマン分光法の多くの適用例が報告されている。2014 年 6 月には、ACTS2014（Asian Crystallization Technology Symposium）と CGOM の合同会議が、奈良で開催された。実用的な晶析研究は、生産拠点のアジア移転に伴い、晶析研究も欧米から、アジアの活躍が目立ってきている。産学の研究者・技術者が、晶析工学研究を深化させ、製品技術としての晶析、結晶多形の制御と予測、複雑あるいは多成分系における晶析と操作、晶析の将来がトピックスになった。一方、国内では、化学工学会や晶析分科会による晶析シンポジウムが企画され、活発な発表がなされている。その詳細は、分科会の兵庫県立大学　福井啓介代表に問い合わせいただきたい。

３．工業晶析分野における挑戦 [12)]

世界最大の工業晶析国際会議（ISIC：International Symposium on Industrial Crystallization）

は、EU で 3 年に一回、概ね 9 月に開催されており、2014 年 9 月は、第 19 回がフランスのツールーズで世界から 400 名の研究者、技術者が集まった。この ISIC を継続してきたことで、晶析に関する科学・技術は、著しく進展するとともに、晶析の基礎理論やモデルに関する理解が深まった。しかしながら、実際の晶析の実務に携わる技術者の観点からみると、依然、未解明で、十分な答えが得られているとは言えない。ISIC19 では、EFCE (European Federation of Chemical Engineering ヨーロッパ化学工学連合)の WPC (Working Party for Industrial Crystallization 晶析分科会)メンバーが、「工業晶析分野における挑戦」と題する講演を行った。

そこでは、Peter Daudey 氏（Albemarie Catalyst/オランダ）を中心に、GSK、BASF など晶析の実務に携わるメンバーが、これまでの晶析分野の進展を振り返り、今後の解決すべき課題や提言を明示した。構成メンバーと、発表のキーワードを以下に示す。日本においても、晶析に携わる様々な企業あるいは分野の実務技術者が集まり、発信できるプラットフォームを構築する必要性を感じている。

Mei-yin Lee[1], Robert Geertman[2], Matthias Rauls[3] and Peter Daudey[4],

[1]GSK, UK; [2]DSM Chemical Technology R&D, Geleen, NETHERLANDS; [3]BASF SE, GERMANY; [4]Albemarle Catalysts, Amsterdam, NETHERLANDS.

Keywords: Industrial Crystallization（工業晶析）, Solubility(溶解度), Seeding（シーディング）, Scale Up（スケールアップ）

3.1 溶解度のモデリングと予測 12)

ラボスケールで希望の多形を得ることを想定すると、そのための晶析プロセスの開発は、所望の多形を要求の純度で、かつ最大の収率で得るための溶媒の選定と、晶析法および操作の設計から始まる。特に、溶媒の選定は、きわめて大きな要素になるが、その選定は、1）多形の組成（準安定形、溶媒和物など）、2）晶析法の選定（冷却法、蒸発法、貧溶媒添加手法など）、3）SHE（ Safety Health Environment）と製品品質（溶剤の残留量など）に大きな影響を及ぼす。

また、溶媒は純溶媒に限ったものではなく、収率や結晶純度の向上を考慮して、溶媒の混合物も使用されている。特に開発初期において、純溶媒のスクリーニングに時間をかけて行うのは、実験の手間や、対象原料に対する適合性の視点から見ると現実的ではない。これに加えて重要なポイントは、反応生成物、溶媒不純物（リサイクル溶媒使用の場合など）、固形分などの不純物の溶解度や、多形の晶析に及ぶす影響や、そもそも不純物の存在による製品結晶の純度低下など、晶析過程に悪い影響を及ぼすことがある。

他の溶媒の混入が、溶解度を変化させ、晶析プロセスの堅実性（Robustness）に悪影響を与えることが、企業でしばしば経験されている。

ラボ実験と実装置での製品品質の違いは、溶解度の予測の誤りによることがある。すなわち、溶解度を低めに設定すると、添加する種結晶が溶解することがあり、また溶解度を高めに見積もってしまうと、自発核生成により、多量の核が生成してしまうことになる。従って、不純物の存在する系での実験や、リサイクル溶媒を使用した実験など、手間のかかる実験が必要になってしまう。そこで、溶解度予測のための熱力学的モデル計算が、有効な手法になる。しかしながら、昔からあるグループ寄与法では、精度が十分でない。一方、期待される手法に、量子力学計算モデルであるCOSMO-RS[13]は、各分子の電荷の分布をモデル計算するもので、化学ポテンシャルの計算に使用可能と言われている。COSMO―RSで解析した結果を図-1に示した。しかし、産業に使用するには、化学結合に関連する分子の立体配置、水素結合あるいは特異的な相互作用を考慮した計算ソフトの改善が求められる。

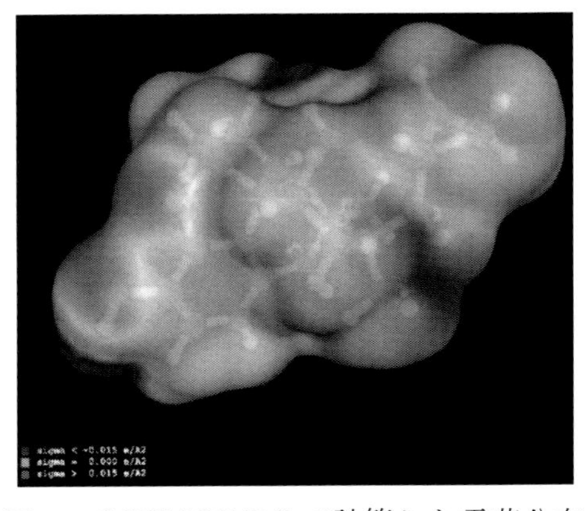

図-1　COSMOS-RSで計算した電荷分布
（赤は、負電荷、青は、正電荷の分布を示す）

3.2　回分晶析におけるシーディング[11]

フルシーディングは、岩手大学　久保田らが見出した手法で、十分な種結晶を添加することにより、二次核生成を抑制し、成長のみを進行させる有効な方法である。蔗糖の晶析でその有効性が実証されているが、多くの適用例があるとはいえない。最近の研究では、種結晶の前処理を十分に行わないと、添加した種結晶表面に付着した微結晶[4]などによる二次核発生を抑制できないことが報告されている。種結晶を添加する場合、懸濁させたうえで、十分な時間をかけて熟成することにより蔗糖の回分晶析で良好な結果が得られている。しかし、2007年からオランダで、種晶添加回分晶析法に関する二つの大きなプロジェクトが、ADD-NEOP（ステロイド中間体）とコハク酸を対象に行われた。その結果、フルシーディングは、双方ともうまくいかなかった。ADD－NEOPでは、乾燥した種結晶を使用した場合、成長速度が非常に遅くなった。そこでは、晶析槽内の濃度は、FTIR-ATR（全反射赤外分光法）と屈折率計で、オンライン計測した。過飽和度を階段状に増加させると、種結晶の成長速度が遅いため（過飽和度が種結晶で消費されず、槽内に過飽和度が残存し）、フルシーディングにかかわらず、二次核が発生した。この結果、二次核が成長するとともに、種結晶が過剰成長し、シーディングは、効果的ではないことが明示された。一方、コハク酸の場合は、粉砕した種結晶を使用した結果、種結晶の吸湿性により、飽和溶液に懸濁することができず、凝集物となり、液面に浮上する課題が生じた。種結晶を懸濁させるために、界面活性剤Tween-80の添加を要した[5]。この実験での、過飽和度の変化を図-2に示す。図に示すように、実際の過飽和度のトレンドは、赤い実線のように、増加して、その後減少するパターンになる。青い線は、成長速度が低い場合に想定される過飽和度のトレンドになる。青い線と赤い線がほぼ一致することから、コハク酸の回分晶析では、添加した種の成長速度が遅いことが実証された。ADD-NEOPの場合も、同様に、種結晶より、新たに生成した二次核の成長が速い。以上のように、種結晶の成長速度が遅くなったが、これは、1)系内の不純物による成長抑制、2)粉砕による影響が考えられている。

一方、産業では、**パーシャルシーディング**が多く利用されている。これは、所定の過飽和度溶液（一次核発生を起こさず、かつスケーリングを起こさない条件）に種結晶を添加し、二次核

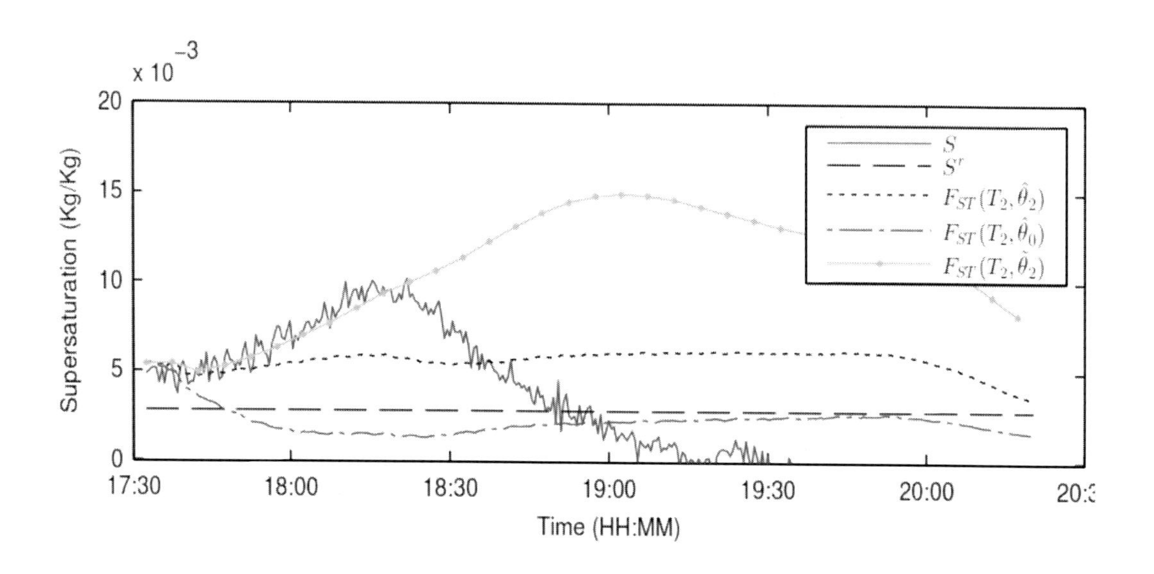

図-2　フルシーディング条件でのコハク酸の回分晶析
（赤は、過飽和度の現在値、青は。モデル予測値）

発生を生じさせる方法である[6]。二次核発生は、系にすでにある結晶に比例するので、最終的な粒径分布は、種を添加する容液の過飽和度に依存する。このように、パーシャルシーディングは、悪い方法ではない。もし、二次核発生速度が、結晶量と、成長速度で決定できれば、最終製品のメディアン径は、過飽和度の相関式により予測は容易になる。もちろん、パーシャルシーディングでは、フルシーディングに比べ、製品粒径分布が広くなるが、医薬品分野では。粒径分布の狭さより、再現性や堅実性の方がより要求される。

3.3　過飽和度および粒径分布のインライン計測[12)]

今回の最近の化学工学　晶析においても、メトラーの高井氏が、PATの展開について記載し、その利点を解説しているので参考にされたい。オンライイの計測の利点は、1)過飽和度計測と合わせて、所望粒径を得るための適切な種の添加時間を決定できる、2) 二次核発生のモニタリング、3)晶析過程での粒子生成のモニタリング、4) 過飽和度変化の計測で、成長速度、二次核発生速度の解析　などがある。したがって、産業界のオンライン計測に関する要望は大きい。

濃度のオンライン計測は数多く適用されているが、粒径分布や画像解析の使用は、まだ実用には供されていない。図-3は、FBRM、PVMによる粒径分布のトレンドと、サンプリングして計測した粒径分布のトレンドを示している。Vissers [7)]らは、このようなインラインでの計測はまだ十分ではないと結論している。画像解析を具備したオンライン計測は、固体の懸濁率１％が限界と言われている。このように、オンラインの顕微—画像解析は、さらなる開発の進展を要する。

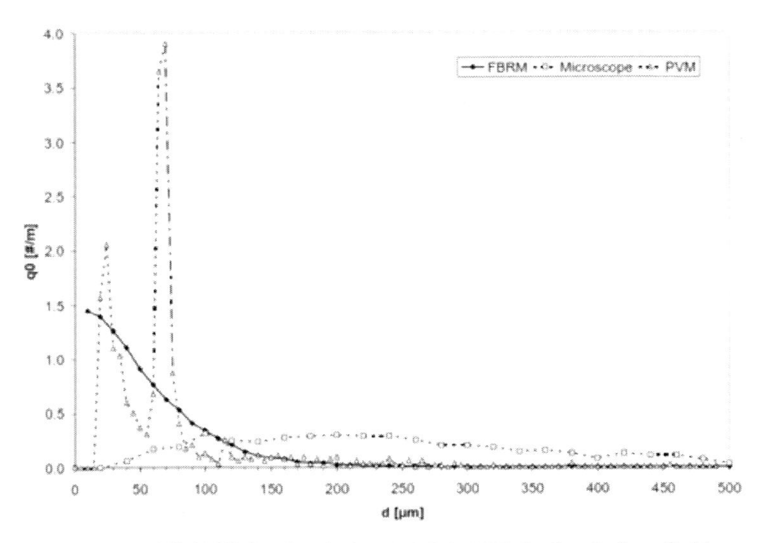

図-3　顕微鏡観察データと FBRM, PVM データとの比較

3.4　スケールアップ戦略 [12)]

初期の晶析研究は、20ml クラスで行うが、パイロット研究を通して、スケールアップ則を理解して、2000-3000 リットルの実規模にスケールアップする。二次核発生が、結晶と撹拌翼の衝突が支配的な場合、撹拌翼面での衝突を考えることになり、装置容積あたりの撹拌翼面積を一定にすることは、スケールアップ則の一つになる。また、衝突のエネルギーは、結晶と撹拌翼の相対速度に依存するので、撹拌翼の先端速度（チップ速度）を一定にすることが推奨される。

熱交換に関しては、外部冷却の場合は、伝熱速度が、装置容積あたりの伝熱面積に依存するので、スケールアップにより冷却速度が、遅くなる。ビーカーレベルでは、スケールアップを想定した冷却速度で実験データを取得しておく必要がある。

3.5　晶析速度論に基づく合理的な設計 [12)]

1962 年 Randolph & Larson [8)]によりポピュレーションバランスモデルが提出され、個数収支に基づく解析は、多くの文献に用いられている。解析研究においては、この定量的なモデル解析が成功している。それにもかからわらず、晶析装置の設計は、従来の経験則に依存しているのが実情である。回分晶析においては、従来からの経験則に基づいて、種結晶の添加量、冷却プロファイルを決定している。しかし、もし核発生速度が、過飽和度や、撹拌エネルギーなどで相関できれば、合理的な晶析装置の設計が可能であろう。近年は、簡易な実験により、核化、成長の相関を得るソフトウェアが開発されており、得られた相関を活用して、実装置の晶析装置の最適化につなげていくことになるであろう。このような事例は多くはないが、硫酸アンモニウムの連続晶析装置における粒径の振動解析に適用されている。図-4 は、硫酸アンモニウム結晶の DTB 晶析装置と、粒径振動のデータを示している [9)]。この振動現象を、PARSIVAL[10)]というソフトウェアで解析し、図に示した粒径の振動とよく一致した結果が得られている。ソフトウェアは、粒径依存のアトリッション（摩損）と、微結晶の過飽和度に依存したサヴァイバル（生き残り）を考慮している。結晶成長に関しては、gCRYSTAL のソフトウェア 10)11)が、回分晶析の粒径分布解析に利用されている。図-5 にコハク酸の回分晶析過程の濃度変化および初期の核化後の結晶写真をしました。濃度変化は、予測とよく合っているが、用いた成長、核化、凝集のパラメータの適用範囲は、きわめて限定的と言わざるを得ない。また、写真を見てわかるように、凝集現象が複雑に関与しており、実際の結果とモデルをさらに、よく対応して考える必要がある

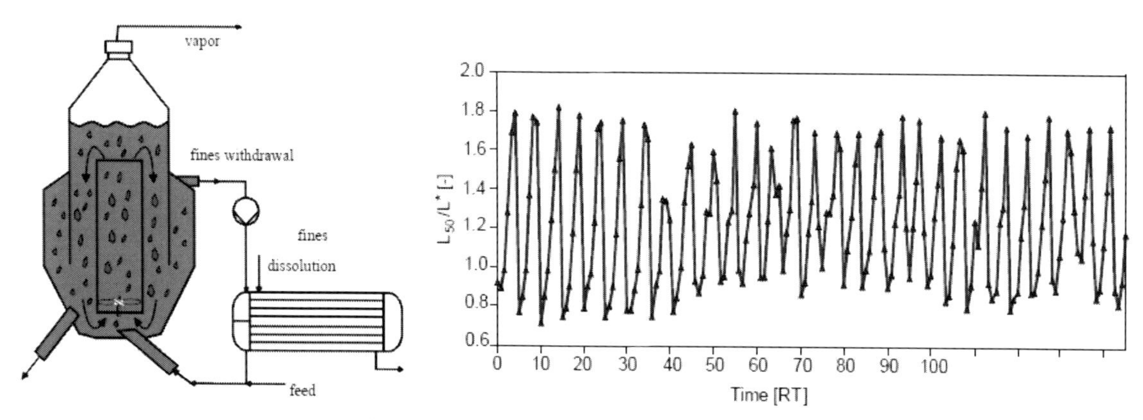

図-4　連速 DTB 晶析装置における製品粒径の振動

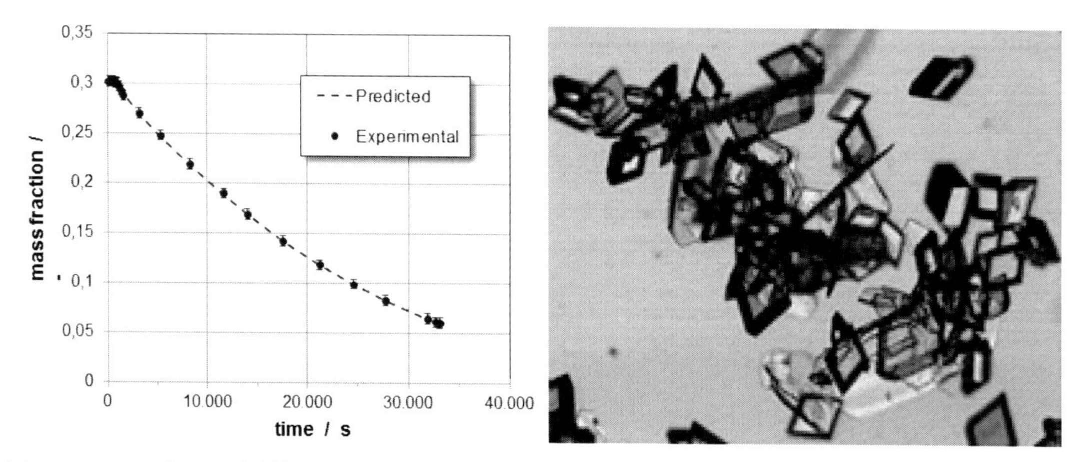

図-5　コハク酸の回分晶析過程における濃度変化（右）と初期の一次核化後の結晶写真（右）

3.6　知識、知恵の普及

晶析工学は、様々な分野で用いられる基盤的技術で、その基礎現象や速度論の解明は進展した。しかしながら、核化を含めて固液界面の挙動は複雑で、さらなら研究の深化が必要である。特に、アカデミアの研究と、産業における開発・設計研究には、かい離が散見されることも事実である。産学官が、議論できるプラット不フォームや環境をさらに整備し、その溝を埋めるとともに、晶析の専門家でない研究者・技術者に知恵・知識を普及させせることが重要である。産業においては、結晶は最終製品があり、その晶析技術はオープンにならないが、晶析技術の基礎概念は共有

でき、目標化合物あるいは結晶を具体的に示さずとも、相互に議論し、理解を深めることは可能と考える。

４．結言

国際会議おける最近の晶析工学の進展と、産業側から見た挑戦すべき課題をまとめた。晶析工学は、様々な分野に大きな広がりを見せており、希望の品質の結晶を安定して得るための最適なレシピを提供しつつある。溶解度や、核化・成長速度を解析するソフトウェアや、装置内現象を動的に分析できる PAT も開発されてきており、希望の結晶品質を得るための最適晶析操作の構築に向かってさらなる研究の進展が期待される。もちろん、不純物の影響や、核発生速度の解明など解決すべき課題も多いが、アカデミアと産業が良く議論、対話することで、晶析工学は、さらに高いレベルに進化すると考えている。

引用文献

1) 滝山博志，分離技術，Vol. 43、No.1、57-61 (2013)
2) Klamt, F. Eckert, M, Hornig M. Beck and T. Burger, J. Comp. Chem. 23 (2002) 275
3) A. Klamt, Comp. Mol. Sci. 1 (2011), 699
4) A. Kalbasenka, Model-Based Control of Industrial Crystallizers, Experiments on Enhanced Controllability by Seeding Actuation, PhD Thesis, Delft, 2009.
5) M. Forgione, Batch-to-Batch Learning for Model-based Control of Process Systems with Application to Cooling Crystallization, PhD Thesis, Delft July 2014.
6) .S. Kadam, Monitoring and Characterization of Crystal Nucleation and Growth during Batch Crystallization, PhD Thesis, Delft 2012
7) J.A.W. Vissers, Model-based estimation and control methods for batch cooling crystallizers, PhD thesis, Eindhoven 2012
8) Randolph A.D., Larson, M.A., AIChE Journal, Vol. 8 (1962), p. 639-645
Gerstlauer et al.: Chem.Eng.Sci..: Vol. 61 (2006), p. 205-217
9) PARSIVAL™ is a trademark of CiT GmbH, Germany, http://www.cit-wulkow.de.
10) gCRYSTAL™ is a Trademark of PSE Ltd, UK, http://www.psenterprise.com.
11) Kadam, S., Sansotta S., Orlewski, P.: BASF, internal study.
12) Mei-yin Lee et.al, ISIC19 (to be presented) (2014)
13) http://www.rsi.co.jp/kagaku/cs/scm/cosmo.html

第６章　ナノ・マイクロ結晶の反応晶析

三上 貴司
（新潟大学）
平沢　泉
（早稲田大学）

はじめに

製紙用軽質炭酸カルシウム充填剤の製造や、写真感光材用ハロゲン化銀乳剤の製造は、反応晶析操作を基盤とした微粒子材料プロセスの先駆的事例である。炭酸カルシウムの場合、紙の不透明度や印刷光沢度に対する最適粒径が200～500 nm程度の限られた領域で存在する[1]。さらには、充填される炭酸カルシウムの重量や形状によって最適粒径が異なる。ハロゲン化銀の場合、即席カメラ用や医療レントゲン撮影用等、要求される感度と画質がフイルム製品ごとで異なる[2]。感度は、光の吸収面積、すなわち結晶表面積に比例する為、数 μm 程度の粗結晶にすることで、高感度が得られる。画質は、結晶個数に比例する為、100 nm 程度以下の微結晶にすることで、高画質が得られる。これらの感光特性は、結晶粒子の形状や内部構造によっても異なる。炭酸カルシウムにせよ、ハロゲン化銀にせよ、所望の製品品質とするには、第一に、粒径や形状が揃った単分散結晶であることが必定となる。

反応晶析プロセスを基盤としたナノ・マイクロ寸法レベルでの結晶品質制御技術は、炭酸カルシウムやハロゲン化銀等、一部の製造品目については、経験的にも理論的にも成熟期にある。しかし、特定の対象物質に限られ、かつ分野ごとで蛸壺的に製法が検討されてきた経緯を踏まえると、晶析工学理論としての体系化や幅広い製造品目への拡張の点で検討の余地が残る。本稿では、結晶粒子群のナノ・マイクロ寸法化に関する反応晶析操作の工学的指針について、理論と実用の両面から述べる。まず、溶質供給操作に関する理論的整理を試みる。続いて、高分子添加剤を用いた筆者らの事例を紹介する。

１．溶質の供給と混合[3]

反応晶析の場合、装置外部より添加される溶質溶液を均一に混合する為の溶質供給操作（液液接触操作）が大事となる。溶質を含む二液が接触すると、間を置かずして、①反応、②過飽和度の生成、③一次核発生、が逐次的かつ迅速に進む。溶質の混合が不十分の場合、局所で過飽和度が高くなりやすく、新たな核発生が起こる原因となる。懸濁結晶粒子群の単分散性を維持するには、外部供給された溶質が装置内で均一に分布し、操作中の過飽和度が準安定域内に維持される必要がある。図１に代表的な溶質供給方法を示す。

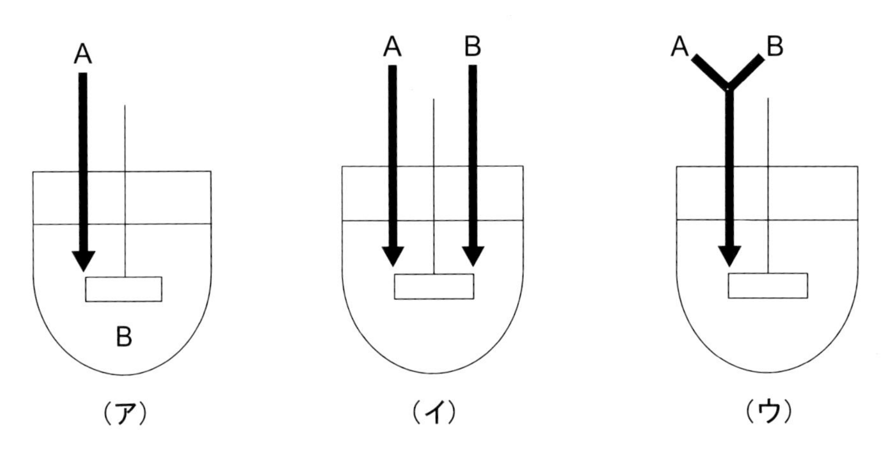

図1　代表的な溶質供給方法[3)]

(ア) のシングル・ジェット法の場合、溶質 B の全量があらかじめ装置内に仕込まれている為、過飽和度が局所で高くなり過ぎない様、供給される溶質 A の濃度をなるべく低く調製しておく必要がある。対象物質にもよるが、0.1 mol/L 以下が目安となる。溶質溶液の添加位置は、分子レベルでの精密な混合 (ミクロ混合) を利用できる撹拌翼近傍が望ましい。ただし、本法の場合、ミクロ混合の対象となるのは、撹拌翼近傍に存在する一部の溶質のみであることに留意する必要がある。一方、液面上への添加はあまり好ましくない。液面近傍では、装置内循環流による流体塊の混合 (マクロ混合) が支配的であることから、分子レベルでの効果的な混合は期待できず、局所的な過飽和生成の要因となる。

(イ) のダブル・ジェット法の場合、理想的には供給される溶質の全量を撹拌翼近傍でミクロ混合できるとともに、等モルでの混合と反応が容易であることから、シングル・ジェット法よりも効果的に混合できる。場合によっては、過剰イオンとして、少量の溶質をあらかじめ仕込むこともある。写真工業におけるハロゲン化銀乳剤の物理熟成工程では、ダブル・ジェット法が用いられており、溶質濃度を通常の反応晶析の十倍、もしくはそれ以上に高い 1～5 mol/L 程度とすることで、高い生産性を実現している[4)]。撹拌翼近傍で局所的に生成したナノ寸法の不安定なハロゲン化銀結晶は、撹拌の吐出流により液本体へ輸送され、そこで溶解する。液本体では、溶解度の粒径依存性 (ギブズ・トムソン効果) に基づく溶解度差を推進力とするオストワルド熟成が支配的となり、溶解した不安定核は安定な粗結晶の原料となる。したがって、混合部である撹拌翼近傍と液本体で核化と成長が分離されることから、単分散結晶が得られやすい[5)]。

(ウ) の混合供給法の場合、混合部と液本体が物理的に隔離されることから、ダブル・ジェット法よりも明確に核化と成長が分離される。混合は、溶質拡散機構に基づく。供給管内の閉塞に留意する必要がある。

2. 制御供給法

操作中の新たな核発生を回避するには、溶質が準安定域内において制御供給（controlled feeding）される必要がある。提案される溶質供給プロファイルを図 2 に示す。本法の考え方は、Mullin & Nývlt が提唱した制御冷却法の概念に基づく [6]。すなわち、操作初期は種晶の表面積が小さいことから溶質の供給速度をなるべく緩やかとし、種晶表面積の増大に合わせて供給速度を上げるとよい。工学的には、溶質の供給速度（過飽和度の生成）と種晶の成長速度（過飽和度の消費）が等しくなるように操作すればよい。

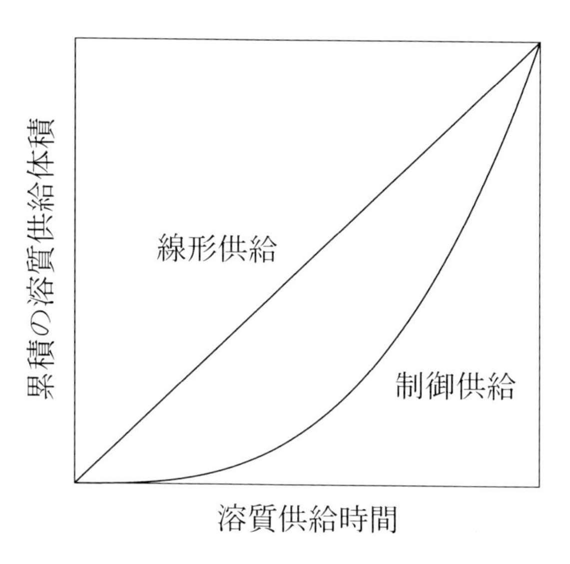

図２　溶質供給プロファイル

以下、Mullin & Nývlt による制御冷却曲線の導出手順 [6]を参考に、反応晶析操作における制御供給曲線の導出を試みる。核発生が起こらないと仮定するとき、次式が成り立つ。

$$\frac{\mathrm{d}(V\cdot\Delta C)}{\mathrm{d}t}=\frac{1}{M}\cdot\frac{\mathrm{d}W}{\mathrm{d}t} \tag{1}$$

ただし、ΔC は過飽和度[mol/m^3]、M は分子量、t は時間[s]、V は供給液体積[m^3]、W は結晶重量[kg]。

反応晶析操作の場合、対象物質の多くは炭酸カルシウムや硫酸バリウム等の難水溶性塩であり、原料溶質濃度 C_0 は溶解度 C^* よりも十分に大きいと考えることができる。このことを踏まえ、式(1)の左辺は次式のように整理される。

$$\frac{\mathrm{d}(V\cdot\Delta C)}{\mathrm{d}t}=V\cdot\frac{\mathrm{d}(\Delta C)}{\mathrm{d}t}+(\Delta C)\cdot\frac{\mathrm{d}V}{\mathrm{d}t}=V\cdot\frac{\mathrm{d}(C_0-C^*)}{\mathrm{d}t}+(C_0-C^*)\cdot\frac{\mathrm{d}V}{\mathrm{d}t}\approx V\cdot\frac{\mathrm{d}C_0}{\mathrm{d}t}+C_0\cdot\frac{\mathrm{d}V}{\mathrm{d}t} \tag{2}$$

$$\frac{\mathrm{d}(V\cdot\Delta C)}{\mathrm{d}t}=0+C_0\cdot\frac{\mathrm{d}V}{\mathrm{d}t} \tag{3}$$

ただし、C_0 は原料溶質濃度[mol/m^3]、C^* は溶解度[mol/m^3]。

式(1)および(3)より次式を得る。

$$C_0 \frac{\mathrm{d}V}{\mathrm{d}t} = \frac{1}{M} \cdot \frac{\mathrm{d}W}{\mathrm{d}t} \tag{4}$$

式(4)は次のように整理される。

$$\frac{\mathrm{d}V}{\mathrm{d}t} = \frac{1}{MC_0} \cdot \frac{\mathrm{d}}{\mathrm{d}t}\left(N \cdot \Phi_\mathrm{V} \cdot \rho_\mathrm{c} \cdot L^3\right) = \frac{1}{MC_0} \cdot \left(3 \cdot N \cdot \Phi_\mathrm{V} \cdot \rho_\mathrm{c} \cdot L^2 \cdot G\right) \tag{5}$$

$$\frac{\mathrm{d}V}{\mathrm{d}t} = \frac{1}{MC_0} \cdot \left\{3 \cdot N \cdot \Phi_\mathrm{V} \cdot \rho_\mathrm{c} \cdot (Gt)^2 \cdot G\right\} = \frac{1}{MC_0} \cdot \left(3 \cdot N \cdot \Phi_\mathrm{V} \cdot \rho_\mathrm{c} \cdot G^3 \cdot t^2\right) = k_1 \cdot t^2 \tag{6}$$

$$\frac{\mathrm{d}V}{\mathrm{d}t} = k_1 t^2 \tag{7}$$

ただし、Gは線成長速度[m/s]、k_1は定数、Lは結晶粒径[m]、Nは結晶個数[－]、ρ_cは結晶密度[kg/m^3]、Φ_Vは体積形状係数[－]。

式(7)を V＝0（t＝0）から V＝V（t＝t）の範囲で積分すると、次式を得る。

$$V = \frac{k_1 t^3}{3} \tag{8}$$

さらに、式(7)を V＝0（t＝0）から V＝V_f（t＝τ）の範囲で積分すると、次式を得る。

$$V_\mathrm{f} = \frac{k_1 \tau^3}{3} \tag{9}$$

ただし、V_fは最終の供給液体積[m^3]、τは全供給時間（バッチ時間）[s]。

式(8)および(9)より種晶添加系における制御供給曲線を得る。

$$\boxed{V = V_\mathrm{f} \cdot \left(\frac{t}{\tau}\right)^3} \quad \text{(seeded)} \tag{10}$$

種晶を外部添加しない場合は、核発生を考慮することになる。数式の上では、結晶個数 N を時間の変数 $N(t)$として扱うことで対応できる。すなわち、式(4)は次のように整理される。

$$\frac{\mathrm{d}V}{\mathrm{d}t} = \frac{1}{MC_0} \cdot \frac{\mathrm{d}}{\mathrm{d}t}\left\{N(t) \cdot \Phi_\mathrm{V} \cdot \rho_\mathrm{c} \cdot L^3\right\} = \frac{1}{MC_0} \cdot \left\{\left(\Phi_\mathrm{V} \cdot \rho_\mathrm{c} \cdot L^3\right) \cdot \frac{\mathrm{d}N(t)}{\mathrm{d}t} + N \cdot \frac{\mathrm{d}}{\mathrm{d}t}\left(\Phi_\mathrm{V} \cdot \rho_\mathrm{c} \cdot L^3\right)\right\} \tag{11}$$

$$\frac{\mathrm{d}V}{\mathrm{d}t} = \frac{1}{MC_0} \cdot \left\{\left(\Phi_\mathrm{V} \cdot \rho_\mathrm{c} \cdot G^3 \cdot t^3\right) \cdot B + (Bt) \cdot \left(3 \cdot \Phi_\mathrm{V} \cdot \rho_\mathrm{c} \cdot G^3 \cdot t^2\right)\right\} = \frac{4 \cdot \Phi_\mathrm{V} \cdot \rho_\mathrm{c} \cdot B \cdot G^3}{MC_0} \cdot t^3 \tag{12}$$

$$\frac{\mathrm{d}V}{\mathrm{d}t} = k_2 t^3 \tag{13}$$

ただし、Bは核発生速度[s^{-1}]、k_2は定数。

式(13)を上記と同様に整理すると、種晶無添加系における制御供給曲線を得る。

$$\boxed{V = V_\mathrm{f} \cdot \left(\frac{t}{\tau}\right)^4} \quad \text{(unseeded)} \tag{14}$$

3．粒径制御

回分冷却晶析における理想成長曲線の導出手順（久保田の著書）[7]を参考に、反応晶析操作における製品結晶粒径の予測式を導く。種晶または一次結晶核の理想成長により単分散結晶が得られる条件下では、二次核発生や凝集等、結晶個数が変化する過程が回避される。理想成長時の製品結晶個数は生成結晶個数と等しくなることから、次式が成り立つ。

$$N_{\mathrm{p}} = N_{\mathrm{f}} \tag{15}$$

ただし、N_{p}は製品結晶個数[－]、N_{f}は生成結晶個数[－]。
式(15)を整理すると、晶析操作一般における製品結晶粒径 L_{p}を得る。

$$\frac{W_{\mathrm{s}} + W_{\mathrm{th}}}{\Phi_{\mathrm{V}} \cdot \rho_{\mathrm{c}} \cdot {L_{\mathrm{p}}}^{3}} = N_{\mathrm{f}} \tag{16}$$

$$L_{\mathrm{p}} = \sqrt[3]{\frac{W_{\mathrm{s}} + W_{\mathrm{th}}}{\Phi_{\mathrm{V}} \cdot \rho_{\mathrm{c}} \cdot N_{\mathrm{f}}}} \tag{17}$$

ただし、L_{p}は製品結晶粒径[m]、W_{s}は種晶重量[kg]、W_{th}は理論結晶収量[kg]。

次に、反応晶析操作における生成結晶個数 N_{f}を導出する。導出にあたっては、杉本の解説論文[8]を参考にした。式(4)を以下のように変形することで、結晶個数の時間変動を表す微分方程式が導かれる。

$$C_0 \cdot \frac{\mathrm{d}V}{\mathrm{d}t} = \frac{1}{M} \cdot \frac{\mathrm{d}W}{\mathrm{d}t} \tag{4}$$

$$Q \cdot C_0 = \frac{1}{M} \cdot \frac{\mathrm{d}W}{\mathrm{d}t} = \frac{1}{M} \cdot \frac{\mathrm{d}}{\mathrm{d}t}\{N(t) \cdot w(t)\} = \frac{w}{M} \cdot \frac{\mathrm{d}N(t)}{\mathrm{d}t} + \frac{R_{\mathrm{m}}}{M} \cdot N(t) \tag{18}$$

$$\frac{\mathrm{d}N(t)}{\mathrm{d}t} + \left(\frac{R_{\mathrm{m}}}{w}\right) \cdot N(t) = \frac{Q \cdot C_0 \cdot M}{w} \tag{19}$$

ただし、Qは溶質供給流量[m^3/s]、R_{m}は質量成長速度[kg/s]、wは結晶一個の重量[kg]。
式(19)を解くと、ある時間 tにおける結晶個数 $N(t)$を得る。

$$N(t) = \left(\frac{Q \cdot C_0 \cdot M}{R_{\mathrm{m}}}\right) \cdot \left\{1 - \exp\left(-\frac{R_{\mathrm{m}} t}{w}\right)\right\} \tag{20}$$

式(20)に含まれる時間 tを限りなく無限大に漸近させることで、生成結晶個数 N_{f}を得る。

$$\boxed{N_{\mathrm{f}} = \frac{Q \cdot C_0 \cdot M}{R_{\mathrm{m}}}} \tag{21}$$

式(21)を式(17)に代入すると、製品結晶粒径 L_{p}を得る。

$$L_p = \sqrt[3]{\frac{R_m \cdot (W_s + W_{th})}{\Phi_V \cdot \rho_c \cdot Q \cdot C_0 \cdot M}} \tag{22}$$

式(22)において、製品結晶粒径 L_p は、操作前に決まる量を除けば、供給流量 Q および成長速度 R_m で操作される。このことから、製品結晶粒径をナノ・マイクロ寸法とするには、①供給流量をなるべく大きくすること、②成長速度をなるべく小さくすること、が提案される。

4．高分子添加法

前章の式(22)において、とくに成長速度の項を操作して結晶粒子群のナノ・マイクロ寸法化を図る場合、溶質イオンの濃度比や pH 等、基本となる操作条件を最適化することが第一に考えられる。しかし、筆者らの所感では、成長および凝集を阻害する第三の成分、とくに、カルボキシル基またはアミノ基を有する高分子電解質を添加する手法がより効果的かつ容易である。高分子電解質の溶存下における、難水溶性塩の沈殿析出挙動に関する報告例は、分野と目的を問わず、数多い。しかし、その多くは、晶癖制御やスケーリング抑止に関する内容である。高分子電解質を用いて粒径分布の制御を意図した事例は、写真化学分野におけるハロゲン化銀製造の事例がほぼ唯一であり、ハロゲン化銀を除く系において、高分子電解質を適用した事例は、あまり見られない。早稲田大学の晶析研究グループは、1980 年代から今日まで約三十年にわたるダブル・ジェット反応晶析研究を通じて、複数の難溶性無機塩に対する高分子電解質添加法の有用性を明らかにしている。その源流は、ハロゲン化銀プロセスで用いられているゼラチン添加剤にある。ここでは、早稲田大学での高分子添加利用に関する既往事例について、年代を追ってレビューする。

1）1980 年代後半～1990 年代前半（ゼラチン添加剤の拡張）

Stávek ら [5]は、2%のゼラチンを含む酸性の水溶液 1 L を晶析槽内に仕込み、1.0 mol/L の硝酸鉛および硫酸ナトリウム水溶液をそれぞれ毎分 10 mL にて同時添加することで、5 μm 程度の均一な硫酸鉛結晶を得ている。さらには、pH および pH 調整剤の種類等によって硫酸鉛結晶の晶癖や寸法が大きく変化することを明らかにしている。また、同様の方法で、硫酸バリウム、硫酸ストロンチウム、炭酸カルシウムの単分散微結晶を得ている。村岡ら [9]は、ゼラチン溶存下でのダブル・ジェット硫酸鉛晶析において、粒径分布や結晶個数の挙動解析を中心に、晶析速度論の整理を行っている。

2）1990 年代後半～2000 年初期（ポリエチレンイミン添加剤の発見）

生体由来の物質であるゼラチンは、ロット間でのバラツキが大きく、再現上の問題点が指摘されていた。片山ら [10]は、ゼラチンの代替添加剤として、アミノ酸および高分子電解質を中心に検討した結果、石油由来の高分子電解質であるポリエチレンイミンが単分散微結晶を得る上で最適であったことを報告している。さらには、ポリエチレンイミンを新たに添加剤として用いることで、従前のゼラチンを凌ぐ、100～300 nm 程度の非常に微細かつ均質性の高い硫酸鉛結晶（変動係数 10%以下）が得られたとしている。なお、装置の型式は、Stávek や村岡の例と同じダブル・ジェット式である。

特筆すべきは、晶析槽内部液の溶質イオン濃度が操作中のある時間になると急に低下し、内部液の速やかな白濁が起こる「屈曲点」（屈曲現象）の発見である[11,12]。屈曲点は、イオン電極等により溶質イオン濃度の時間挙動をその場計測することで認められ、核発生までの待ち時間に相当する。水溶媒の場合は、待ち時間が極端に短く、溶質供給の開始とほぼ同時に溶質イオン濃度の低下が認められ、内部液の白濁が起こる。ポリエチレンイミンの溶存下で待ち時間が増大する理由については、核発生が起こる以前にポリエチレンイミンと溶質イオンとの間に錯体が形成されることが要因のひとつとされている[11,12]。

片山らは、屈曲点到達時において、晶析槽内に存在する累積の溶質イオン量とポリエチレンイミン添加量との間には良好な相関関係があることを明らかにしており、屈曲点が溶質供給時間の目安になることを示唆している[11]。屈曲点は、核発生の開始時機に相当することから、それ以降の溶質供給は連続的な核発生ならびに粒径分布の多分散化を助長する。核発生の開始時機、すなわち屈曲現象の開始時間をあらかじめ求めておくことで、溶質供給時間の設計が可能となる。以下、片山の博士論文[11]を参考に、溶質供給時間の予測式を導く。

屈曲点到達時における溶質イオンの総量 N_{tot} は、外部供給による累積イオン量 N_{sup} と操作前にあらかじめ添加される過剰イオン量 N_{ex} の和で表される。

$$N_{\mathrm{tot}} = N_{\mathrm{sup}} + N_{\mathrm{ex}} = Q \cdot C_0 \cdot t_{\mathrm{b}} + N_{\mathrm{ex}} \tag{23}$$

ただし、N_{tot} は屈曲点到達時における溶質イオン総量[mol]、N_{sup} は外部供給による累積イオン量[mol]、N_{ex} はあらかじめ添加される過剰イオン量[mol]、t_{b} は屈曲現象の開始時間[min]。
屈曲点到達時の溶質イオン総量 N_{tot} とポリエチレンイミン添加量 W_{pe} の間には、次の相関関係がある。

$$N_{\mathrm{tot}} = 1.43 \times 10^{-2} \cdot W_{\mathrm{pei}}^{0.5} \tag{24}$$

ただし、W_{pei} はポリエチレンイミン添加量 [g/L]
式(23)および(24)より、t_{b} について整理すると、溶質供給時間 t_{sup} を得る。

$$\boxed{t_{\mathrm{sup}} = \frac{1.43 \times 10^{-2} \cdot W_{\mathrm{pei}}^{0.5} - N_{\mathrm{ex}}}{Q \cdot C_0}} \tag{25}$$

実際には、屈曲現象の開始以前に晶析槽内部液の白濁化が目視で認められることから、これよりも 1 分程度早めに溶質供給を終了することが経験的に推奨される。

３）2000 年初期～現在（ポリエチレンイミン添加剤の拡張、高分子添加法の普及）

三上らは、ポリエチレンイミンを硫酸ストロンチウム[13]、硫酸バリウム[14]、金[15]に拡張し、適用範囲を明らかにすることで、ポリエチレンイミン添加剤の幅広い有用性を確認している。加えて、溶質供給後の熟成操作が単分散性の改善策として有用であることを指摘している[13]。その他、無電解質のメチルセルロース（増粘多糖類）を用いて高分子添加剤の電解性に関する検討を行った結果、電解質であるポリエチレンイミンが単分散性ならびに成長抑制の点で良好であったことを報告している[16]。綿村ら[17]は、ポリアクリル酸を含む水溶液中で炭酸リチウムの反応晶析を試みており、高分子電解質添加による結晶品質の制御対象をこれまでの粒径分布から新たに晶癖（軸比）へと発展させている。

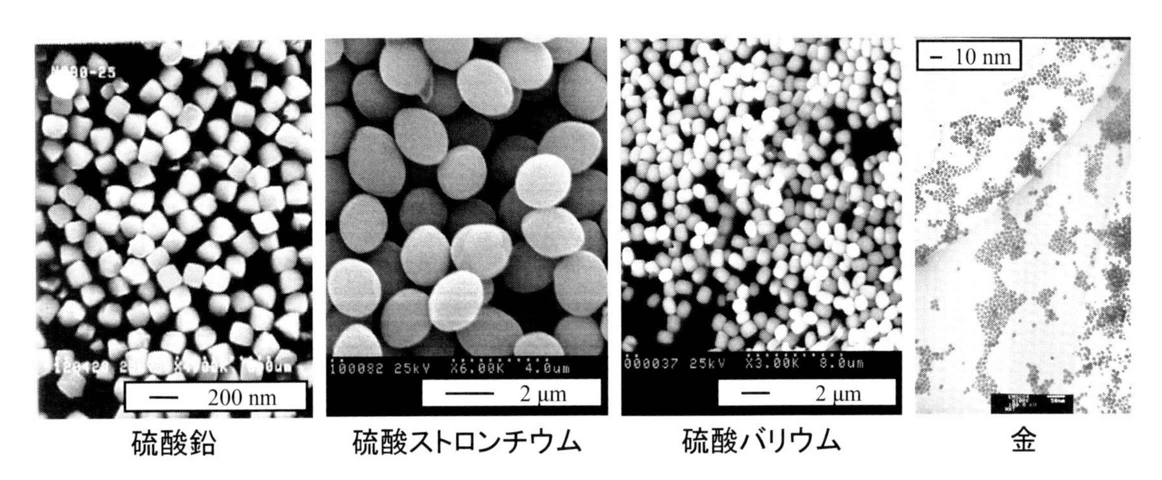

図３　ポリエチレンイミン水溶液中で反応晶析される種々の難溶性物質[10-16]

おわりに

今後の展開としては、高分子電解質を官能基と高分子鎖の部位に分け、それぞれの部位が反応晶析過程に及ぼす影響を明らかにすること、を考えている。ポリエチレンイミン溶存下において溶質供給時間の式が導かれたように、高分子電解場ならではの反応晶析現象を工学理論として整理していくことで、ナノ・マイクロ寸法の単分散結晶を幅広く製造する為の工学的な操作指針が明らかになると予想している。

参考文献

1) 無機マテリアル学会編, セメント・セッコウ・石灰ハンドブック, 技報堂出版 (1995)
2) 日本写真学会編, 改訂写真工学の基礎（銀塩写真編）, コロナ社, pp.292-302 (1998)
3) J.W. Mullin, Crystallization 4th ed., Butterworth-Heinemann, pp.340-342 (2001)
4) 日本写真学会編, 改訂写真工学の基礎（銀塩写真編）, コロナ社, p.188 (1998)
5) J. Stávek, M. Šípek, I. Hirasawa, K. Toyokura, *Chemistry of Materials*, Vol. 4, 545-555 (1992)
6) J.W. Mullin, J. Nývlt, *Chemical Engineering Science*, Vol. 26, 369-377 (1971)
7) 久保田徳昭, 分かり易いバッチ晶析, 分離技術会, pp.15-16 (2010)
8) T. Sugimoto, *Journal of Colloid and Interface Science*, Vol. 309, 106-118 (2007)
9) 平沢泉, 村岡健次, 加藤大介, 豊倉賢, 化学工学論文集, 第 21 巻 3 号, 495-501 (1995)
10) 片山晃男, 早稲田大学博士論文, pp. 15-44 (2000)
11) 片山晃男, 早稲田大学博士論文, pp. 71-102 (2000)
12) A. Katayama, T. Sakuma, I. Hirasawa, *Journal of Crystal Growth*, Vol. 260, 500-506 (2004)

13) T. Mikami, I. Hirasawa, *Journal of Chemical Engineering of Japan*, Vol. 43, 308-312 (2010)
14) T. Mikami, S. Ikeda, I. Hirasawa, *Journal of Chemical Engineering of Japan*, Vol. 43, 698-703 (2010)
15) T. Mikami, Y. Takayasu, I. Hirasawa, *Chemical Engineering Research and Design*, Vol. 88, 1248-1251 (2010)
16) T. Mikami, I. Hirasawa, *Chemical Engineering & Technology*, Vol. 33, 797-803 (2010)
17) H. Watamura, H. Marukawa, I. Hirasawa, *Journal of Crystal Growth*, Vol. 373, 111-117 (2013)

第７章　撹拌型晶析槽内における撹拌羽根への結晶粒子の衝突現象と微粒子発生

三角　隆太
（横浜国立大学）

はじめに

晶析操作は、乱流状態にある溶液中での局所的な過飽和度の変化や化学反応に伴い結晶粒子群が生成し成長する現象であるが、混相流的な観点に基づいた流動状態と結晶品質との関連性についての理解は進んでいない。とりわけ、高効率で安定した晶析操作を遂行するうえでは、結晶粒子の分散状態と挙動を的確に把握したうえで、要求される結晶の生産量(重量)と製品粒径を満足させるべく、晶析槽内に分散する結晶粒子の個数を適切な値に制御することが肝要となる[1]。

槽内の結晶粒径や懸濁密度が大きくなる場合、槽底近傍での結晶粒子の浮遊分散状態が不良となることで結晶粒子の凝集が引き起こされ、また結晶粒子どうしの衝突や結晶粒子と装置内の固体面(撹拌羽根や壁面)との衝突による結晶粒子の摩耗やそれにともなう二次核の発生などに起因して、槽内の結晶粒子個数の制御が難しくなることが知られている。これらの問題を解決するためには、種晶の添加条件[2]に加えて、撹拌翼やドラフトチューブの選定[3]、設置高さ、撹拌翼回転数の設定が重要となる。

本稿では、晶析操作において結晶個数を制御する際にとくに重要となる撹拌操作の影響に着目し、(i) 結晶の凝集抑制の観点から重要とされる槽底からの粒子の浮遊分散、ならびに(ii) 二次核発生現象との関連性が指摘されながらこれまで十分に機構が解明されていない、撹拌羽根への結晶粒子の衝突現象、さらに(iii) 結晶粒子の衝突に起因する微粒子の発生現象(コンタクト核化)に重点をおいて、撹拌技術研究の観点から既往の研究について概説する。

１．槽底からの粒子分散とスケールアップの目安

撹拌翼を回転させると、はじめ槽底に沈積していた粒子は流れによって巻き上げられ浮遊を開始し、浮遊した粒子は流れによって槽内に分散されていく。撹拌が弱い条件下においては、槽底に沈積したままの粒子が残るが、撹拌を強くするに従い、沈降粒子の量は少なくなり、やがて全ての粒子が浮遊する状態(**完全浮遊化状態**)[4, 5]となる。この場合、固体粒子の全表面積が流体にさらされており、化学反応あるいは物質移動に対して最大表面積が供与されることになる。さらに撹拌を強くすると、槽内全域において粒子濃度と粒径分布が均一となる状態(**均一分散状態**)が達成される場合もある。固体粒子の均一分散は、固液混合操作において必ずしも要求されるわけではないが、連続操作や晶析プロセスにおいて有利となる場合もある。一方、沈降性懸濁液で粒子濃度がある程度以上の場合、粒子が浮遊・分散している懸濁層と粒子がほとんど存在しない清澄層が槽内に形成され、比較的明瞭な濃度界面が認められるようになる。清澄層内の流れは極めて弱く、両層間の液の混合もほとんど期待できない[6]。

完全浮遊化状態を確認する簡便な方法として、槽底に 1 秒以上静止している粒子が存在しなくなる状態を透明槽の下側から目視により判別する方法も提案[4, 5, 7]されており、Zwietering [5]はそのときの最小の撹拌速度を完全浮遊化撹拌速度 N_{JS} と定義した。この手法は、透明槽の槽底

にハロゲン光などを照射し鏡を介して観察するだけで良く、その簡便さゆえ広く採用されている。

Zwietering [5]は、大きさの異なる 4 枚邪魔板付き円筒槽を用いて、種々の条件における N_{JS} を測定した。実験結果は次元解析も考慮されて次の相関式で整理されている。

$$N_{JS} = S\, \nu^{0.1}\, d_p^{\,0.2}\, (g\, \Delta\rho / \rho_f)^{0.45}\, X^{0.13}\, D^{-0.85} \tag{1}$$

ここで、ν, d_p, g, $\Delta\rho$, ρ_f, D は、それぞれ流体の動粘度、固体粒子の平均粒径、重力加速度、固液間の密度差、流体の密度、撹拌羽根直径である。無次元数 S は、翼形状、翼槽径比、翼取付け高さの影響を受ける係数であり、X [wt%]は(粒子の重量) / (液体の重量)×100 で定義される無次元数であり、100 以上となる場合もあるので注意が必要である。また、幾何学的に相似形状でのスケールアップの場合は、翼径 D に基づき $N_{JS} \propto D^{-0.85}$ で回転数が見積もられることになる。すなわち、撹拌所要動力一定を基準とする場合($N \propto D^{-2/3}$)より小さい回転数で、撹拌翼先端速度一定を基準とする場合 ($N \propto D^{-1}$)より大きな回転数に相当する。さらに詳しくは、化学工学便覧などの成書[8-11]を参照されたい。

2．撹拌羽根への固体粒子衝突位置および衝突頻度の測定実験

2.1 Nienow ら、高橋らによる実験的検討

撹拌羽根と固体粒子の衝突現象は、晶析装置における結晶粒子の摩耗・二次核発生や固体触媒の損傷、撹拌羽根の摩耗問題などと関連して、その定量化が試みられてきた。

Nienow ら[12]は、撹拌羽根を 1 mm の厚さで均一に覆ったシリコングリースに捕捉されたガラス粒子の数を数えることで、固体粒子と羽根の衝突頻度を計測する手法を提案し、衝突頻度と衝突確率の考え方について、次元解析を試みた (詳細は 4.2 項を参照)。

国内では高橋ら[13-17]のグループは、Nienow らの検討をふまえて、固体粒子と撹拌羽根の衝突頻度の計測方法としてクレヨン法を提案し、衝突頻度と衝突位置を定量化した。同法はガソリンに溶かした黒色のクレヨンで羽根表面を覆うことで、撹拌時に粒子の衝突痕が検出されるというもので、衝突痕が識別できる最低の衝突エネルギーは 6×10^{-7} J とされた[13]。これはたとえば、直径 1380 μm のガラス粒子(密度 2400 kg m^{-3})が、約 0.6 m/s の速度で非弾性衝突する際の衝突エネルギーに相当する。内径 0.144m の 4 枚邪魔板付き平底円筒槽に、翼径と槽径の比が 0.5 の 6 枚ディスクタービン翼を槽底から 0.036m (= 液深の 1 / 4)の位置に設置した。実験の結果、高橋らが検討した条件範囲では、衝突痕はほぼ円形であり、粒子の衝突位置は、羽根前面の先端下方に近づくにつれ増加した。また、羽根背面では衝突痕は検出されなかった。粒子衝突位置は、撹拌翼回転数 N [s^{-1}] が大きくなるにつれて羽根前面に均一に広がり、粒子径 d_p [m] が大きくなると羽根先端下方のより狭い範囲に集中する。また、粒子の密度 ρ_s [kg m^{-3}] が流体の密度に近い場合は、衝突位置は羽根前面全体に均一に広がり、粒子密度が大きいと羽根先端下方に集中する。

高橋らの定義にもとづく衝突頻度 R_I [s^{-1}]と、撹拌翼回転数 N [s^{-1}]、粒子径 d_p [m]、粒子の密度 ρ_s [kg m^{-3}]、および粒子の重量濃度 X [%] (X = 0.02 ~ 0.5%を対象)の関係は、

$$R_\mathrm{I} \propto N^\mathrm{p} d_\mathrm{p}^{-8} \rho_\mathrm{s}^{\mathrm{q}} X^{1.3} \tag{2}$$

と、報告された[13, 15]。ここで、Nのべき数 p は 6〜25 ($N = 4 \sim 4.5\ \mathrm{s}^{-1}$を対象。大きくて重い粒子ほど、$R_\mathrm{I}$の絶対値は小さいが、p は大きくなる。)、$\rho_\mathrm{s}$のべき数 q は$-7.9 \sim -10.5$ (回転数が大きいほど、傾きは小さい。) とされた。後述するように Ottens ら[18]や Nienow ら[12, 19]による衝突モデルでは、衝突頻度に対するNのべき数について、それぞれ 1 または 2 と算出しているが、高橋らの実験結果(6〜25)はそれらを大きく上回る。Ottens らのモデルは粒子の均一分散を仮定して導出されているが、高橋らの実験条件では粒子濃度の槽内分布が存在し、大きくて重い粒子ほど、回転数の増加により粒子の浮遊分散の促進効果が強く発生するためNのべき数は大きくなり、Ottens らのモデルとの差異が生まれたものと思われる。ただし、後述する東工大のグループ[20]は異なる傾向を報告しており、さらなる検討が必要といえる。また、高橋らは後述するように$N_\mathrm{JS} < N < N_\mathrm{SA}$の範囲において実験を行い、回転数に対してべき乗の相関を報告したが、一方 Mersmann ら [21]や東工大のグループは、粒子衝突頻度はある回転数以上から回転数に対して徐々に増加し、その後一定値に漸近すること(S 字カーブ)を報告しており、回転数範囲の違いにも注意が必要といえる(2.2, 2.3 項も参照)。

一般に撹拌槽のスケールアップ基準は、装置形状が幾何学的に相似であることを前提に次式で整理される[8, 9]。

$$N_\mathrm{M} D_\mathrm{M}^{\beta} = N_\mathrm{L} D_\mathrm{L}^{\beta} \tag{3}$$

添え字Mはモデル槽を、Lはスケールアップ槽を意味し、$\beta = 0$は撹拌翼回転数を一定に、$\beta = 2/3$は液単位体積あたりの撹拌所用動力(Pv)を一定に、$\beta = 1$は撹拌羽根の先端速度を一定に、$\beta = 2$は撹拌レイノルズ数を一定にしたスケールアップ基準に、それぞれ相当する。

高橋ら[14]は、内径 0.144 m に加えて、0.20 m および 0.29 m の撹拌槽を用いて、装置スケールの影響についても検討している。それぞれの槽径において$N_\mathrm{JS} < N < N_\mathrm{SA}$の範囲において実験は行われた。すなわち、すべての粒子が槽底を離れて浮遊する最低の回転数である完全浮遊化回転数N_JS (前節を参照)を下限とし、液面からの空気の巻き込みが顕著となる最低の回転数N_SAを上限として、その間の回転数にて実験は行われた。粒子の全衝突頻度 R_I [s^{-1}]と槽内に投入された粒子 1 個あたりの衝突頻度R_P [s^{-1}]を定義し、スケールアップ変数βは、それぞれおおよそ 1 (= 0.85〜1.15)、ならびにおおよそ 2 / 3 (= 0.55〜0.8)で整理できることを示した。すなわち、R_Iに対しては撹拌翼先端速度を一定に保つと、またR_Pに対しては液単位体積あたりの撹拌所要動力を一定に保つと、おおよそ同程度の衝突頻度となると、結論づけている。また、粒子 1 個あたりの衝突頻度R_Pはおおよそ、$5 \times 10^{-4} \sim 1 \times 10^{-1}\ \mathrm{s}^{-1}$の範囲であった。

Nienow ら[12]のモデルを発展させて、高橋らはR_IとR_P の次元解析を試みている[16]。Nienow らは衝突頻度を、粒子が羽根周辺を通過する頻度($\propto N D^3 / V$) (Dは翼径、Vは溶液体積)と、粒子の濃度X、羽根周辺を通過する粒子の衝突する確率pの積で近似できると仮定し、またpは$p \propto N u_\mathrm{T}$ (u_Tは粒子－流体間の相対速度であり、粒子の終末沈降速度と同程度の値と近似できる)

と近似した (詳細は、4.2 項を参照)。

$$R_{\mathrm{I}} \propto (N D^3 / V) X p \propto (N D^3 / V) X N u_{\mathrm{T}} \tag{4}$$

高橋らの手法で検出される衝突は、衝突痕を残す程度の衝突エネルギーを持っていることから、衝突頻度は粒子の平均的な衝突エネルギーe ($\propto N^2 D^2$)に比例するとして、eを積算した。また、粒子濃度Xを、分散している粒子の濃度X_{s}で置き換える必要があり、Barresi ら[22]のモデルを参考に

$$X_{\mathrm{s}} \propto X P / \rho V \propto X D^2 N^3 \tag{5}$$

とした(Pは撹拌所要動力であり、$P \propto \rho N^3 D^5$)。すなわち、

$$R_{\mathrm{I}} \propto (N D^3 / V) X_{\mathrm{s}} N u e \propto (N D^3 / V) (X D^2 N^3) N u (N^2 D^2) \propto X (N D)^7 \tag{6}$$

また、R_{P}について、

$$R_{\mathrm{P}} \propto R_{\mathrm{I}} / (X V) \propto R_{\mathrm{I}} / (X D^3) \propto N^7 D^4 = (N^3 D^{12/7})^{7/3} \approx (N^3 D^2)^{7/3} \tag{7}$$

すなわち、R_{I}については翼先端速度 ($\propto ND$)と、R_{P}についてはP_{V} ($\propto N^3 D^2$)と相関があることが次元解析からも説明されている。また、実験データにもとづき、撹拌翼形状 (ラシュトンタービン翼、傾斜翼)や槽径にかかわらず衝突頻度は同式で整理できることを示した。

2.2 Mersmann らのグループによる粒子衝突モデル

ドイツの Mersmann らのグループ [21, 23]は、ドラフトチューブ付き撹拌型晶析槽を対象に、粒子の衝突モデルを提案した。ドラフトチューブの内側では下向きに比較的均一な結晶スラリーの流れが形成されることを前提に、傾斜羽根の回転速度 ($w_{\mathrm{u}} = \pi D N$)と下降流の流速(w_{ax})の比が一定であると仮定し、粒子を巻き込んだ液流れが羽根に向かう流入速度 $\boldsymbol{w}_{\infty}(r)$ (w_{u}とw_{ax}の合成速度。rは撹拌軸からの距離。) を算出した。羽根近傍において、粒子は液流から逸れ羽根に衝突する。比重差により粒子の軌道が液流から下方に逸れる確率を target efficiency η_{t}と名付け、ストークス数Stの関数として実験相関式を作成した。

$$\eta_{\mathrm{t}} = \left(\frac{St}{0.32 + St} \right)^{2.1} \tag{8}$$

$$St = \frac{\Delta \rho d_{\mathrm{p}}^2 w_{\infty}}{18 \mu L_{\mathrm{RP}}} \tag{9}$$

このモデルの特徴的なところは、St を $w_\infty(r)$ (羽根面への流入速度)の関数として取り扱い、撹拌軸からの距離に応じて η_t が変化する効果を表現しているところにある。すなわち、流入速度が速い羽根先端ほど、target efficiency が大きくなる。また傾斜翼の傾きの影響についても、代表長さとして羽根の投影幅 L_{RP} を導入することで表現できている。ただし同モデルは、下降流の流速 w_{ax} について均一な軸流速を仮定したものであり、垂直パドル翼など輻流型のフローパターンとなる撹拌翼に対する適用には、さらに工夫が必要だといえる。

2.3 横田ら、ならびに東工大のグループによる粒子衝突頻度の測定実験

横田ら [24]は、電気化学的手法により、撹拌羽根と粒子の衝突頻度を測定した。ステンレス鋼製の撹拌羽根と銅めっきを施したプラスチック粒子、槽内液として塩化カリウム水溶液、ならびに銀ー塩化銀を基準電極として使用した。ステンレス鋼と銅の酸化還元電位差により、銅めっき粒子がステンレス製羽根に接触した際に流れる電流パルスを検出することで、ステンレス羽根と銅めっき粒子の衝突頻度を計測した。銅めっきを施された直径 d_p = 1.8 mm および 2.6 mm のポリエチレン粒子(ρ_p = 1190 kg m^{-3})、直径 3.2～5.6 mm のナイロン 66 粒子(ρ_p = 1190 kg m^{-3})をそれぞれ使用した。

検出される電流パルスに対して、一定の閾値を設けることで、粒子 1 個あたりの羽根への命中率 (target efficiency) η_{eff} [-] (= $\omega_{eff}(d_p) / \omega_{ideal}(d_p)$)を算出した。ここで、$\omega_{eff}(d_p)$ [s^{-1}]は有効衝突頻度であり、$\omega_{ideal}(d_p)$ [s^{-1}]は、撹拌羽根の枚数 p と羽根の旋回体積 $D_b^2\,u$ (D_b は羽根の特徴サイズ(= (D_1 + D_2) / 2。D_1 は羽根の横幅、D_2 は羽根の縦幅。)、u は羽根先端速度)、均一分散を仮定した粒子濃度 n_s / V (n_s は母結晶の数)に基づき、

$$\omega_{ideal}(d_p) = p\,D_b^2\,u\,(n_s / V) \tag{10}$$

で求められる。

その結果、η_{eff} [-] はおおよそ 0.05～1.0 の範囲の値となり、装置サイズごとに修正ストークス数 St (= $(\rho_p - \rho_f)\,u_\infty\,d_p^2 / (9\,\mu\,D_b)$) を用いて、

$$\eta_{eff} \propto (St / L)^3 \tag{11}$$

で整理できることが示された。ここで、L は粒子の特徴サイズ d_p と羽根の特徴サイズ D_b にもとづき d_p / D_b で定義される値である。また、電流パルスの高さは、粒子の衝突エネルギーと相関する可能性にも言及されている。

東工大のグループ[20, 25, 26]は、粒子が撹拌羽根と衝突する際の衝突音に着目し、ウェーブレット解析によるノイズ除去手法を利用した衝突音の判別方法を提案した。槽内に投入された粒子 1 個あたりの 1 秒間での羽根への衝突回数を衝突頻度 R_p [s^{-1}]と定義し、撹拌翼回転数、粒子径、粒子濃度などに対する R_p の相関式を報告した。実験は、内径 180 mm の 4 枚邪魔板付き平底円筒槽に、液深の 1 / 3 の高さに設置された直径 60 mm のステンレス製の 6 枚垂直パドル翼を用い

て行われた。衝突音を収録するマイクは液面上方 10 mm の位置に設置され、また、槽壁および邪魔板には厚さ 1 mm の天然ゴムを貼り付け、金属製の羽根に対する衝突音と区別した。直径 3.175, 3.969, 4.763 mm の 66 ナイロン製 (比重 1.15)の単分散粒子を使用し、粒子濃度は 0.01, 0.02, 0.03 wt%に設定した。

回転数の増加に伴い粒子の衝突が起き始める臨界回転数 N_{imp} を定義し、N_{imp} 以上では R_p は回転数 N に比例し、次式で整理されることを示した。

$$R_p = 130\, d_p^{1.4} (N - N_{imp}) \tag{12}$$

$$N_{imp} = 28\, d_p^{\,0.4} \tag{13}$$

この相関式の特徴は、R_p は N に比例することを示した点であり、衝突頻度が N の 6～25 乗に比例するとした高橋らによる相関式 [13, 15] と異なり、粒子の均一分散を前提とした Ottens ら[18]や Nienow ら[12, 19]による衝突モデルにおける N のべき数、1 または 2 に近いものとなる。これは、高橋らの実験は比較的浮遊しにくい粒子を使用しているのに対して、東工大の実験では、比重の小さいものを使用しており、N_{imp} 以上の回転数では、均一分散に近い状態で実験が行われたためと考えられる。比例係数は $d_p^{1.4}$ に比例するとされ、粒子径が大きいほど衝突頻度の増す傾向が顕著であることを示している。大きな粒子ほど慣性力が大きく、吐出領域で流体の流れに乗らずインペラーに衝突しやすくなるためと説明されている。

槽壁に対する粒子の衝突頻度について報告しているのは東工大のグループだけである。N_{imp} と同様に、槽壁との粒子衝突が起き始める臨界回転数 N_{wall} を定義し、次式で整理されることを示した。

$$R_p = 1.5 \times 10^7\, d_p^{4} (N - N_{wall})^2 \tag{14}$$

$$N_{wall} = 35\, d_p^{\,0.4} \tag{15}$$

また衝突頻度は、撹拌羽根への衝突と比較して約 1 / 3 程度であった。

さらに、多くの既往研究で導入されている衝突確率に関して、槽内における粒子の分散状態と、粒子と羽根の連続衝突現象の効果を加味することを提案している[20]。また、衝突音のピーク高さと羽根面に対して法線方向の粒子の衝突速度の関連性にも言及し、衝突速度と相関があると考えられる衝突音のピーク高さの確率密度分布が対数正規分布となることを示した。衝突確率分布の積分値に相当する衝突頻度 κ について、Kee and Rielly [27]が提案した乱流条件への拡張を意図した修正ストークス数と、Zwitering の N_{JS} の相関式[5]を組み合わせることで、比重や粒径の異なる種々の粒子条件に関する κ の予測手法を提案した。

3・撹拌羽根への固体粒子の衝突エネルギーの CFD による定量化

3.1 粒子の衝突エネルギーに関する既往研究

撹拌羽根への粒子の衝突頻度ならびに衝突位置については、実験により定量化する試みが報告されている。一方、多くの二次核発生モデルでは粒子の衝突頻度に加えて、羽根に対する結晶粒子の衝突エネルギーについても重要な因子であるとされているが、その実測は困難であり、モデルの中では粒子衝突時の速度は単に撹拌羽根の先端速度に比例すると仮定され、そのエネルギーは回転数 N の 2 乗もしくはべき乗として取り扱われている。

粒子衝突に関する既往の研究では、粒子の衝突エネルギーの定量化に結びつく実験的知見がいくつか報告されている。例えば高橋ら[13]はクレヨン法において、粒子の衝突痕を検知できる最小の衝突エネルギーを 6×10^{-7} J と報告した。横田ら [24]は、電気化学的手法により、金属製の撹拌羽根と金属めっきを施した粒子の衝突を電圧値で検出する手法を提案し、電圧値と衝突速度の相関性について言及した。東工大のグループ[20]は、撹拌羽根への粒子の衝突時の音響信号を wavelet 解析し、衝突音の大きさから衝突エネルギーを算出できる可能性を示している。

固液撹拌操作で汎用される邪魔板付き撹拌槽では、固体粒子は撹拌羽根から吐出されて槽内を上方または下方に大きく循環する流れに同伴され、撹拌羽根近傍へ再び流入する。撹拌羽根近傍での粒子の挙動は、羽根前面において急激に向きを変える流れや羽根背面に形成される Trailing vortex に影響されることが知られているが、高速で回転する羽根近傍での粒子の挙動について、実験的に観察・測定することはきわめて難しいといえる。

3.2 横浜国大のグループでの粒子の衝突現象の CFD による定量化の試み

近年 CFD (Computational Fluid Dynamics) 技術の発展にともない、撹拌槽の中の固体粒子の運動を、混相流モデル[28]や個々の粒子に着目したラグランジアン的手法により解析する試みがいくつか報告されている[29-34]。横浜国大のグループでは、撹拌槽内の流動の LES (Large Eddy Simulation)解析に、粒子の運動のラグランジアン解析、および粒子間相互作用の DEM (Distinct Element Method)によるモデル化を組み合わせることで、槽底からの粒子の浮遊現象[33]、固体粒子の溶解現象[31]、撹拌羽根への粒子の衝突現象[32, 34]などの、固液撹拌槽内での結晶粒子の挙動について解析を進めている。

図 1 に、羽根幅 b が異なる 3 種類のパドル翼と、ディスクタービン翼の羽根の前面に対する固体粒子の衝突位置、および衝突速度の分布を、図 2 に羽根前面に対する粒子の衝突速度の法線方向成分 $v_{\mathrm{coll,f,n}}$ の確率密度分布の一例を示す[34]。固体粒子はガラス粒子を模擬して直径 100 μm、密度 2500 kg m^{-3} とし、撹拌翼直径 D は 0.05 m、回転数 N は 6 s^{-1} であり、羽根の先端速度は 0.94 m/s となる。図 1 より、粒子は羽根前面で広く衝突するわけではなく、羽根形状にかかわらず羽根の縁に沿って衝突し、羽根の先端に向かうほど衝突速度が大きくなることがわかる。また図 2 より、衝突速度の確率密度は対数正規分布に近い分布形状を示し、羽根の面積に対する縁の長さの比率が大きいほど、衝突速度の確率密度は速度が大きい方へ広がることがわかる。

また、同グループでは、粒子径、粒子密度が衝突頻度に及ぼす影響に関する検討[35]や、CFD 結果の検証に不可欠な実測データを取得するために、撹拌羽根と同期回転する高速度ビデオカメ

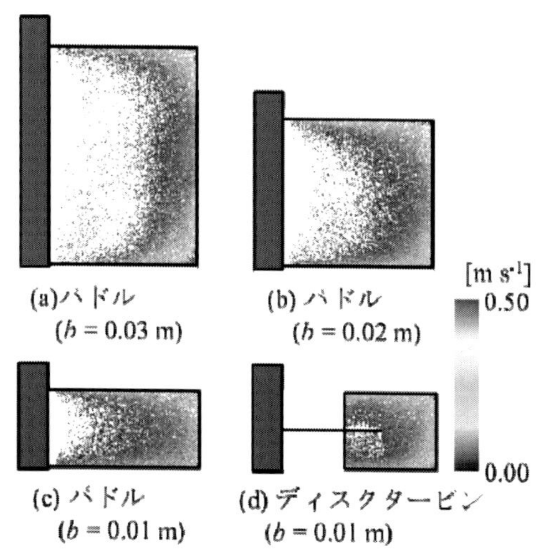

図1 撹拌羽根前面に対する粒子の衝突位置の分布
($N = 6\ \mathrm{s}^{-1}$, $D = 0.05$ m)

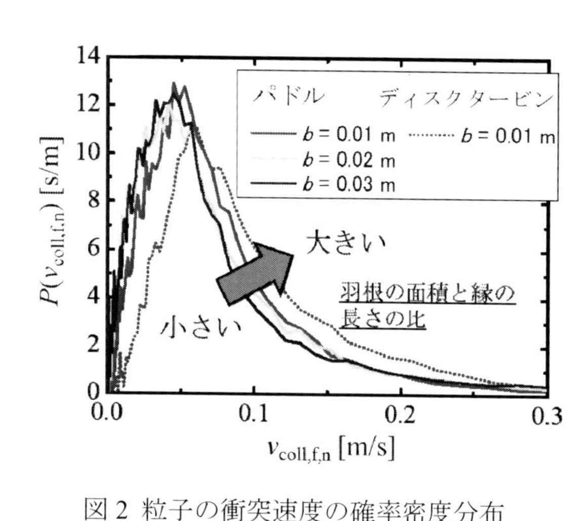

図2 粒子の衝突速度の確率密度分布
($N = 6\ \mathrm{s}^{-1}$, $D = 0.05$ m)

ラを用いた動画撮影システムを構築し粒子の衝突速度の実測[36]を進めており、今後の報告が待たれる。

4．結晶粒子の撹拌羽根への衝突による二次核発生現象の数式モデル

4.1 二次核発生機構の分類

二次核の発生機構については多くのモデルが提出されているが、工業晶析では次の３つの機構に分類されるものが重要とされる[37]。(i) 種晶添加時に起きる**イニシャルブリーディング**は、種晶表面に付着している微結晶が過飽和溶液内で結晶表面から離脱する現象である。比較的小さな生産規模であれば、種晶の添加前に未飽和溶液で洗浄するなどの前処理によりこの発生を抑制することができる。(ii) **流れの剪断応力(シアストレス)による核化**は、成長している結晶表面上の微結晶が溶液流によって過飽和溶液中に懸濁するようになり、この微結晶が臨界粒径より大きい場合に核となる現象である。比較的小さな結晶の場合、支配的な機構となりやすいとされる[38]。(iii) **結晶粒子の衝突による核化** (collision breeding (de Jong [18]) または contact nucleation (McCabe [39]))は、比較的小さな過飽和度の溶液内において二次核の主要因となる。collision breeding は、さらに (iii-a) 結晶粒子が撹拌槽やポンプの回転羽根などの移動物体と衝突する場合、(iii-b) 結晶が槽壁や邪魔板などの静止物体と衝突する場合、(iii-c) 結晶が他の結晶と相互に衝突する場合とに分類される[18]。これらの発生機構のうちどれが重要となるかは、晶析装置の型(撹拌槽型か、外部循環式かなど)や結晶粒径、過飽和の大きさや発生方法、さらには種晶の取り扱いなどにより大きく変化する。

これらの二次核発生機構は、いわゆる‘べき乗則モデル’を用いて発生機構を区別せずに表現されることが多いが、上述のように二次核発生には多様な発生機構が想定されていることから、べき乗則モデルの‘べき数’について、改めて考えることは重要といえる。次項以降では、多様な発

生機構の中でもとくに撹拌操作との関連性が大きいと考えられる、(iii-a) 結晶粒子と撹拌羽根の衝突による二次核発生現象を中心に関連する数式モデルについて整理した。

4.2 McCabe ら、de Jong ら、Nienow らのモデル

Clontz and McCabe [39]は、硫酸マグネシウムの単一結晶と金属棒の衝突実験から、個数基準の核発生速度は、粒子の衝突エネルギーと過飽和度に比例するとのモデルを提示した。Ottens and de Jong [18]は、McCabe らのモデルを発展させて、結晶の粒径分布と装置内の流動状態の影響を簡便な統計モデルで表現した。粒径 d_p～$d_p + d(d_p)$の範囲にある $n_o\ d(d_p)$個の結晶群による核発生速度 ($d\,J_{c\text{-}i}$) について、粒子の撹拌羽根への衝突頻度 ω_{dp}、羽根への衝突時のエネルギーE_{imp}および過飽和度のべき乗 $(\Delta C)^p$ の積によって決まると考え、次式を提出した。

$$d\,J_{c\text{-}i} = k_1\,(\Delta C)^p\,\omega_{dp}\,E_{imp}\,n_0\,d(d_p) \tag{16}$$

Ottens らは、固体面への粒子衝突はおもに結晶の端や角で起きるものと考え、(16)式の中には結晶表面積に関連する項を含んでおらず、$J_{c\text{-}i}$ の単位は[number (m-slurry) $^{-3}$ s $^{-1}$]となっている。

さらに、粒子の衝突頻度 ω_{dp} については、晶析槽内に結晶粒子が均一に分散している場合、槽内液量 V を撹拌翼からの吐出流量 ϕ_{vp} ($\propto N D^3$)で除してして求められる循環時間 t_c ($= V / \phi_{vp}$)の逆数に比例すると考え、$\omega_{dp} \propto 1 / t_c \propto N D^3 / V$ と仮定した。一方、粒子の羽根への衝突は、様々な進入角度および速度で発生し、衝突時に粒子が持っている運動エネルギーの一部が衝突エネルギーとして、２次核発生に寄与することになる。ここで、統計的に大多数の粒子衝突を平均値で考えると単に撹拌羽根の先端速度に比例するものと仮定すると、その比例定数は k_1 に含めることができる。すなわち、衝突エネルギーを $E_{imp} \propto m_{dp}\,v_t^2$ ($v_t = \pi D N$)と仮定した。これらの仮定を考慮して、(14)式を全粒径範囲で積分すると、全粒子を対象にした撹拌羽根への衝突による核発生速度 $J_{c\text{-}ms}$ [number m $^{-3}$ s $^{-1}$]として、次式が得られる。

$$J_{c-ms} = k_2(\Delta C)^p \int_{d_x}^{d_{max}} \omega_{dp} E_{imp} n_0 d(d_p) \tag{17}$$

$$= k_3(\Delta C)^p \frac{N^3 D^5}{V} M_x \tag{18}$$

ここで、d_x は collision breeding に寄与する最小の粒径であり、d_x の存在は多くの研究者らによって指摘されている。さらに、撹拌所要動力 P ($= P_0\,\rho_l\,N^3\,D^5$ (P_0は動力数であり、乱流撹拌の場合は定数))、結晶スラリーの単位質量あたりのエネルギー散逸量 ε ($= P / \rho_l\,V_c = P_0\,N^3\,D^5 / V$)を用いて次式のように簡略化される。

$$J_{c-ms} = k_4(\Delta C)^p \varepsilon M_x \tag{19}$$

ここで、動力数 P_0 および吐出流量係数 $(= \phi_{vp} / N D^3)$ は撹拌翼や装置形状に依存して変化するため、注意が必要である。

Nienow ら[12, 19]は、粒子の衝突頻度 $\omega_{dp} \propto N D^3 / V$ に対して、比例定数を衝突確率 α と定義し、$\alpha \propto (N D u_T / L g) \propto N u_T$ と導出した。u_T は静止流体中での粒子の終末沈降速度である。α を(18)式に代入すると、次式となる。

$$J_{c-ms} \propto (\Delta C)^p \frac{N^3 D^5}{V} M_x \alpha \propto (\Delta C)^p \varepsilon_T M_x N \qquad (20)$$

すなわち、Ottens のモデルに対して、N が積算された形となる。

結晶粒子が高濃度で存在する場合、粒子ー粒子間の衝突の影響が大きくなる。Ottens ら[18]の二次核発生モデル、および Nienow ら[40, 41]の摩耗モデルについて、ここではモデル式のみを紹介する。

Ottens らのモデル
$$J_{c-c} = k_5 (\Delta C)^p \varepsilon \, M_x^2 \qquad (21)$$

Nienow らのモデル
$$J \propto C_s^2 \varepsilon_T^{3/2} d_p^6 \qquad (22)$$

Cs は、粒子濃度 [kg m^{-3}]であり、また Nienow のモデルは摩耗(Abrasion)モデルであるため過飽和度項はない。

4.3 豊倉らのモデル

豊倉らは、二次核発生現象に対する撹拌操作、過飽和度の影響について、種晶(母結晶)の大きさによって区別して検討している。比較的小さな種晶の場合は流れのシアストレスにより誘起される機構が支配的であると考えられ、撹拌翼回転数の 3 乗に比例し(撹拌装置の所要動力が回転数の 3 乗に比例する)、過飽和度の 3.3 乗に比例する相関が得られている[38]。一方、懸濁している結晶の粒径が大きくなると、羽根との衝突による核発生が無視できなくなる。豊倉ら[42]は、de Jong らのモデルに対して、さらに平羽根翼の羽根の傾き θ (垂直パドルの場合、$\theta = \pi / 2$) を考慮して、衝突頻度を $\omega \propto N D^2$ として取り扱ったモデルを提案し、また過飽和度項のべき数 p について検討した。

$$N_{NS} = K (\Delta C)^p N^3 D^4 (\sin\theta)^2 \qquad (23)$$

N は撹拌翼回転数、D は翼径で、K, p は定数である。過飽和度のべき数 p については、1.3〜1.6 と報告し、この値は成長速度に対する過飽和度のべき数に近いものであるとされている。また、種晶が小さくなるにつれて、べき数 p がシアストレスによる発生機構に対するべき数 3 に近づく傾向があることも報告されている[43]。粒子衝突またはシアストレスによる核化の影響の割合が変化しているためと考えられる。なお、N_{NS} [number m $^{-2}$ s $^{-1}$]は、単位時間、単位結晶表面積あたりの核発生速度と定義してあり、Ottens らや Nienow らによる J とは少し定義が異なる。この違いは、Ottens らの'collision breeding'は結晶の端や角の衝突から発生する現象をモデル化した一方で、McCabe や豊倉ら[38]は結晶の表面からの核発生を想定しているために生じたものと思われる。前述したようにシアストレスによる核化は、結晶表面積が影響することから、同現象も含めて議論するうえでは、N_{NS} [number m $^{-2}$ s $^{-1}$]の利便性が高いといえる。

4.4 Gahn and Mersmann の結晶摩耗モデル

ドイツの Mersmann のグループ [44-48] による結晶摩耗(attrition)モデルは、1 回の粒子の衝突エネルギーと微粒子(fragment)の発生個数や粒径分布との関係について、結晶の材料特性 (結晶の硬度、ヤング率)を考慮に入れてモデル化を試みている点で、大変興味深い。

同モデルでは、結晶の角が金属製の羽根などの結晶より固い物質の平面に衝突して局所的な破壊が起きるケースを想定し、微粉砕現象に適用される Rittinger の理論に基づき、微粒子の生成により新たに形成される表面積の総和は、結晶に負荷されたひずみエネルギーに比例するとして、導出されている。また、粒子が持つ運動エネルギーのうち、一部が衝突エネルギーとして寄与し、さらに衝突エネルギーは、塑性変形と弾性変形への寄与分に分けられるが、Gahn ら[47]によると、晶析操作で対象とする物質の場合、弾性変形分は多くても 15%程度であるので、同モデルでは衝突エネルギーのすべてが塑性変形に寄与するものとして取り扱われている。生成された微粒子の個数密度分布 $q_0(L)$、微粒子の総数 N、微粒子の最小粒径 L_{min} および最大粒径 L_{max} は、それぞれ以下の式で表される。

$$q_0(L) = \frac{2.25}{L_{\min}^{-2.25} - L_{\max}^{-2.25}} L^{-3.25} \tag{24}$$

$$N = \frac{\pi}{21} \frac{H^{1/2} K_r^{3/4}}{\alpha \mu^{3/4} \Gamma^{3/4}} \left(\frac{1}{L_{\min}^{2.25} - L_{\max}^{2.25}} \right) W_p \tag{25}$$

$$L_{\min} = \frac{32}{3} \frac{\mu \Gamma}{H^2 K_r} \tag{26}$$

$$L_{\max} = \frac{1}{2} \left(\frac{H^{2/3} K_r}{\mu \Gamma} \right)^{1/3} W_p^{4/9} \tag{27}$$

ここで、E, H, K_r, W_p, α, Γ, μ は、それぞれ、ヤング率、動的硬度、効率定数、粒子の衝突エネルギー、体積形状係数、破砕抵抗、剪断弾性係数である。なお、動的硬度 H は、ひずみ速度に依存するが、ビッカース硬度 H_v で代用できるとしている。同モデルの適用範囲は、ヤング率Eとビッカース硬度H_vで指標化される材料のもろさによって分類されるので注意が必要である。$15 < E / H_v < 100$が適切な範囲とされ、共有結合系の結晶がこれに該当する。一方、イオン結合系や金属結合系の結晶の場合はE / H_vが250程度となり、体積粉砕的な挙動を示す、もしくは延性が強いため、Rittinger理論にもとづく同モデルは適用できない。$E / H_v < 15$の場合は、石英などが該当し、結晶が硬すぎて同モデルが適さない。

4.5 CFDおよびポピュレーションバランス解析への二次核発生モデルの導入事例

オランダDelft工科大学のBerminghamらのグループ[49, 50]は、Gahnらによる二次核発生モデルをポピュレーションバランス解析に組み込むにあたって、CFDに基づいて晶析槽内をいくつかの領域に分けるコンパートメントモデルをあわせて導入し、ドラフトチューブ付き晶析槽での結晶粒径の振動現象の再現を試みた。また、アスペクト比の大きな結晶の摩耗・成長の解析事例も報告している[51]。なお、Berminghamらの解析手法は、現在gCRYSTALまたはgPROMSとして製品化されている。Mersmannのグループ[52]も、Gahn and Mersmannの結晶摩耗モデルと、Ploß and Mersmann [21]による粒子衝突モデルを組み合わせて、ドラフトチューブ型晶析槽に関するポピュレーションバランス解析を試みている。

固体粒子のラグランジアン解析と晶析操作を結びつけた研究例はまだ報告されていない。これは、現在の計算機性能では、ラグランジアン的手法で解析できる時間スケールが、ビーカー程度の大きさを対象にしても数十秒オーダーであるのに対して、実際の晶析反応は数十分から数時間継続するプロセスであり、この差異が大きな壁になっているといえる。この課題に対しては、ポピュレーションバランス解析とCFD、さらにはラグランジアン解析をうまく連携させることが有効であると考えられ、今後の研究の進捗が待たれる。

5. むすびに

本稿で紹介した二次核発生モデルの多くは、撹拌所要動力やストークス数による相関に帰着しているが、その導出過程で用いられた比例係数(動力数や吐出流量係数など)は撹拌翼形状や装置形状ごとに変化するものであり、スケールアップに際して装置形状が変化するようなケースでは、取り扱いに注意が必要である。この問題は、二次核発生現象だけでなく、撹拌操作全般において抱えている問題であるといえる。二次核発生モデルに関しては、槽全体での循環流や撹拌羽根周辺での粒子の挙動などの流体工学的な現象が、上述の比例係数を決定づける要因であると考えられ、今後CFDを援用した研究により、より汎用的な現象モデルが構築されることを期待したい。

本稿では紹介しきれなかったが、多くの研究者らにより、二次核発生現象に対する結晶表面の荒れの進行による影響[53]や、結晶の角の修復効果が重要な因子となる[46]ことが指摘されており、その影響についても考慮に入れながら、モデルの改良に取り組む必要があるといえる。また、例えば塩化ナトリウム[47]などが該当すると予想される体積粉砕に近い機構に分類される二次核発生に関するモデルはいまだ提案されておらず、新たなモデルの提案が待たれる。

本稿で概説した内容の一部は、文部科学省科学研究費補助金の支援を受けた研究課題 (Nos. 23760147 and 25420108)の成果をふまえたものである。記して謝意を表する。

引用文献

1) Misumi, R., S. Kato, S. Ibe, K. Nishi and M. Kaminoyama: J. Chem. Eng. Jpn., **44**(4), 240 (2011)
2) Misumi, R., T. Toyoda, R. Katayama, K. Nishi and M. Kaminoyama: J. Chem. Eng. Jpn., **44**(4), 233 (2011)
3) Misumi, R., M. Tsukada, K. Nishi and M. Kaminoyama: J. Chem. Eng. Jpn., **41**(10), 939 (2008)
4) 永田, 横山, 北村: 化学工学, **17**(3), 95 (1953)
5) Zwietering, T.N.: Chem. Eng. Sci., **8**(3–4), 244 (1958)
6) Bujalski, W., K. Takenaka, S. Paoleni, M. Jahoda, A. Paglianti, K. Takahashi, A.W. Nienow and A.W. Etchells: Chem. Eng. Res. Des., **77**(3), 241 (1999)
7) Nienow, A.W.: Chem. Eng. Sci., **23**(12), 1453 (1968)
8) *撹拌・混合*, "化学工学便覧 改訂七版", 6 章, p. 329, 丸善 (2011)
9) *撹拌*, "化学工学便覧 改訂六版", 7 章, p. 421, 丸善 (1999)
10) 三角: *固液混合*, "最新 ミキシング技術の基礎と応用", 基礎編第 6 章, p. 53, 三恵社 (2008)
11) Nienow, A.W.: *The suspension of solid particles*, "Mixing in the process industries, 2nd edition", Ch. 16, p. 364, Butterworth Heinemann (1992)
12) Nienow, A.W.: Trans. Instn. Chem. Engrs., **54**, 205 (1976)
13) Takahashi, K., Y. Gidoh, T. Yokota and T. Nomura: J. Chem. Eng. Jpn., **25**(1), 73 (1992)
14) Takahashi, K., Y. Nakano, T. Yokota and T. Nomura: J. Chem. Eng. Jpn., **26**(1), 100 (1993)
15) Takahashi, K., Y. Nakano, Y.F. He, T. Nomura and K. Shimizu: J. Chem. Eng. Jpn., **27**(5), 598 (1994)
16) He, Y.F. and K. Takahashi: J. Chem. Eng. Jpn., **28**(6), 786 (1995)
17) Takahashi, K., Y. Nakano and K. Hokkirigawa: J. Chem. Eng. Jpn., **29**(4), 733 (1996)
18) Ottens, E.P.K., A.H. Janse and E.J. De Jong: J. Cryst. Growth, **13–14**(0), 500 (1972)
19) Nienow, A.W.: *The mixer as a reactor: liquid/solid systems*, "Mixing in the process industries, 2nd edition", Ch. 17, p. 394, Butterworth Heinemann (1992)
20) 伊佐地, 大川原, 小川: 化学工学論文集, **32**(4), 315 (2006)
21) Ploß, R. and A. Mersmann: Chem. Eng. Technol., **12**(1), 137 (1989)
22) Barresi, A. and G. Baldi: Chem. Eng. Sci., **42**(12), 2949 (1987)
23) Pohlisch, J. and A. Mersmann: Chem. Eng. Technol., **11**(1), 40 (1988)
24) Yokota, M., E. Takezawa, T. Takakusaki, A. Sato, H. Takahashi and N. Kubota: Chem. Eng. Sci., **54**(17), 3831 (1999)
25) 深谷, 大川原, 小川: 化学工学論文集, **29**(5), 685 (2003)
26) Isaji, M., S. Ookawara and K. Ogawa: J. Chem. Eng. Jpn., **40**(1), 12 (2007)

27) Kee, K.C. and C.D. Rielly: Chem. Eng. Res. Des., **82**(A9), 1237 (2004)
28) Liiri, M., T. Koiranen and J. Aittamaa: J. Cryst. Growth, **237–239, Part 3**(0), 2188 (2002)
29) Rielly, C.D. and A.J. Marquis: Chem. Eng. Sci., **56**(7), 2475 (2001)
30) Derksen, J.J.: AlChE J., **49**(11), 2700 (2003)
31) Misumi, R., N. Nakamura, K. Nishi and M. Kaminoyama: J. Chem. Eng. Jpn., **37**(12), 1452 (2004)
32) Misumi, R., R. Nakanishi, Y. Masui, K. Nishi and M. Kaminoyama: 2nd Asian Conference on Mixing, 269 (2008)
33) Misumi, R., T. Sasaki, H. Kato, K. Nishi and M. Kaminoyama: 14th European Conference on Mixing, 299 (2012)
34) Misumi, R., H. Kato, H. Iijima, K. Nishi and M. Kaminoyama: 4th Asian Conference on Mixing, 201 (2013)
35) 飯島, 三角, 仁志, 上ノ山: 化学工学会第46回秋季大会講演要旨集, B316 (2014)
36) 戸村, 三角, 仁志, 上ノ山: 化学工学会第46回秋季大会講演要旨集, B315 (2014)
37) 豊倉: *晶析操作と攪拌*, "撹拌技術 改訂版", 3.10節, p. 378, 佐竹化学機械工業 (1995)
38) Toyokura, K., J. Mogi and I. Hirasawa: J. Chem. Eng. Jpn., **10**(1), 35 (1977)
39) Clontz, N.A. and W.L. MaCabe: Chem. Eng. Prog. Symp. Ser., **67**, 6 (1971)
40) Nienow, A.W. and R. Conti: Chem. Eng. Sci., **33**(8), 1077 (1978)
41) Conti, R. and A.W. Nienow: Chem. Eng. Sci., **35**(3), 543 (1980)
42) 豊倉, 内山, 平沢, 河合: 化学工学論文集, **5**(6), 596 (1979)
43) 豊倉, 上野, 内山, 河合: 化学工学論文集, **9**(5), 569 (1983)
44) Gahn, C. and A. Mersmann: Powder Technol., **85**(1), 71 (1995)
45) Gahn, C., J. Krey and A. Mersmann: J. Cryst. Growth, **166**(1–4), 1058 (1996)
46) Gahn, C. and A. Mersmann: Chem. Eng. Res. Des., **75**(2), 125 (1997)
47) Gahn, C. and A. Mersmann: Chem. Eng. Sci., **54**(9), 1273 (1999)
48) Gahn, C. and A. Mersmann: Chem. Eng. Sci., **54**(9), 1283 (1999)
49) Bermingham, S.K., P.J.T. Verheijen and H.J.M. Kramer: Chem. Eng. Res. Des., **81**(8), 893 (2003)
50) Bermingham, S.K., H.J.M. Kramer and G.M. van Rosmalen: Comput. Chem. Eng., **22, Supplement 1**(0), S355 (1998)
51) Sato, K., H. Nagai, K. Hasegawa, K. Tomori, H.J.M. Kramer and P.J. Jansens: Chem. Eng. Sci., **63**(12), 3271 (2008)
52) Mersmann, A., B. Braun and M. Löffelmann: Chem. Eng. Sci., **57**(20), 4267 (2002)
53) 平沢: 化学工学論文集, **25**(4), 549 (1999)

第８章　固液分離から晶析を考える

入谷　英司
（名古屋大学）

１．はじめに

液相から結晶を析出させる晶析操作は、高純度の結晶を得たり、母液を回収したりすることを目的として、ファインケミカルズ、医薬品、バイオ関連製品、食品添加物などの製造過程で、近年ますます重要となっている。晶析操作は、次工程として固液分離を必要とすることが多く、その分離性能の良否がこれら一連のプロセスの優劣を左右する主要な因子となる。固液分離特性は、生成する結晶粒子の粒径や形状などの影響を大きく受けるため、晶析条件と結晶性状の関係を知ることと同様に、結晶性状と固液分離特性の関係を把握することが極めて重要となり、固液分離性能を高めるための晶析操作の最適化という観点から、晶析操作を考えることも必要となる。

筆者は、この成書の前のシリーズで同様な寄稿[1]をさせていただいたが、10 年以上経った現在もなお、固液分離の観点から晶析操作を捉えた研究報告は驚くほど少ない。本稿では、この観点から、濾過を中心に固液分離特性に及ぼす結晶粒子性状の影響を平易に解説するとともに、私共の研究室で得た事例を紹介し、また世界の研究動向にも触れてみたい。

２．濾過操作

2.1　濾過プロセスの解析法

濾布、濾紙、膜などの濾材を用いる濾過操作は、最も代表的な固液分離法であり、濾材面上に固体粒子が堆積して濾過ケークが生成し、濾過の進行とともにケークが成長する。このケークは濾液の流動抵抗となり、濾過圧力が一定の定圧濾過では濾過速度が次第に減少し、濾過速度が一定の定速濾過ではケーク圧損が次第に増加し、濾過性能の低下を引き起こす。

定圧濾過では、濾過速度 u_1、単位濾材面積毎の濾液量（濾液量は濾液体積を指す）v、濾過時間θの間に、次の関係が成り立つ[2,3]。

$$\frac{1}{u_1} = \frac{\mathrm{d}\theta}{\mathrm{d}v} = \frac{2}{K}\left(v + v_\mathrm{m}\right) \tag{1}$$

$$\frac{\theta}{v} = \frac{1}{K}v + \frac{2}{K}v_\mathrm{m} \tag{2}$$

ここで、v_m は、濾材抵抗と等しい抵抗をもつ仮想的な濾過ケークを得るための単位濾材面積毎の濾液量であり、K は Ruth の定圧濾過係数[2,3]で次式で定義され、濾過期間中、一定値を示す。

$$K = \frac{2p(1-ms)}{\mu\rho s\alpha_\mathrm{av}} \tag{3}$$

ここで、p は濾過圧力、m はケークの湿乾質量比（湿潤ケークと乾燥ケークの質量比）、s はスラリー中の固体の質量分率、ρは濾液密度、α_{av} は平均ケーク比抵抗である。したがって、Ruth の濾過速度式 [2,3](1)に従って、定圧濾過実験データを濾過速度の逆数($d\theta/dv$) 対 v としてプロット（Ruth プロット [2,3]）すると、**図 1** に示すように直線関係が得られ、その勾配より K の値が求められる。また、Ruth の濾過式 [2,3](2)に従って、実験データを平均濾過速度の逆数(θ/v) 対 vのようにプロットしても、図 1 のように直線関係が得られ、その勾配から K の値が求まる。

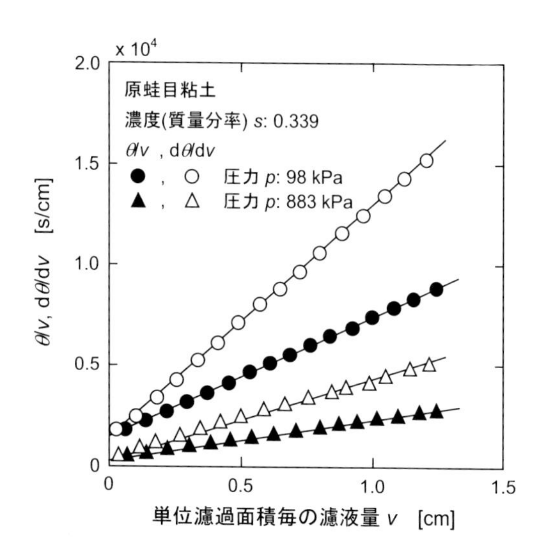

図 1　定圧濾過データのプロット法

2.2　ケーク圧縮性の取り扱い

いま、m の値が既知なら、式(3)の関係からα_{av}の値を求めることができる。したがって、圧力を種々に変化させた一連の定圧濾過実験を行うと、比抵抗α_{av}と圧力 p の関係が求められる。比抵抗α_{av}は圧力 p に依存し、一般に、圧力の増加に伴いケークは圧縮され、濾液流動に対する比抵抗は増大して、次の実験式で表される [4]。

$$\alpha_{av} = \alpha_1 p^n \tag{4}$$

ここで、α_1、n は実験定数で、特に n は圧縮性指数といい、非圧縮性ケークでは $n = 0$ で、n の値が大きいほど、ケークの圧縮性は大きくなる。比抵抗の値が、10^{11} m/kg 程度以下では易濾過性であり、10^{13} m/kg 程度以上では難濾過性と言える。圧力が小さくなると、式(4)の関係は成立しないので、幅広い圧力範囲で成り立つ、次の実験式も近年よく利用される [5]。

$$\alpha_{av} = a_1 \left(1 + \frac{p}{p_a} \right)^{n_1} \tag{5}$$

ここで、a_1、p_a、n_1は実験定数である。

式(4)の n を種々に変化させたときに、同一の濾液量が得られた時点で、100 kPa の圧力での濾過速度に比べて圧力 p での濾過速度が何倍に増加するかという濾過速度比 R を圧力 p に対して**図 2** に示した。式(1)、(3)、(4)を用い、濾材抵抗を無視し、希薄スラリーの条件（$1 - ms \approx 1$）で計算を行った。$n = 0$ の非圧縮性ケークでは圧力に比例して濾過速度比 R は増大するが、$n < 1$ では n が大きいほど圧力の増加に対する R の増加は小さくなる。$n = 1$ では、濾過速度は圧力によって変化せず、$n > 1$ では圧力の増加とともに R は減少するようになり、その傾向は n が大きいほど顕著となる。

比抵抗の圧力依存性を求めるには、定圧濾過では圧力を種々に変化させて濾過実験を行う必要があるが、濾過速度 u_1 が一定の定速濾過では、濾過圧力の経時変化を測定し、**図 3** のように、

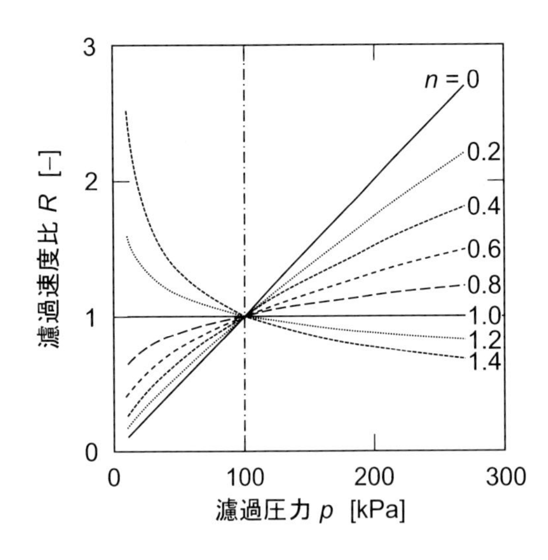

図 2　濾過速度に及ぼすケーク圧縮性の影響

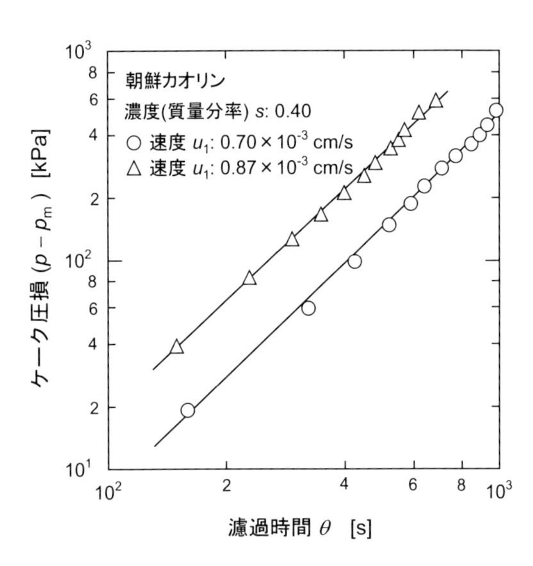

図 3　定速濾過データのプロット法

ケーク圧損$(p-p_{\mathrm{m}})$ 対 濾過時間θを両対数プロットすると、直線関係を示すことから、次式に基づき、一回の濾過実験から式(4)の n、α_1 を求めることができる。

$$\left(p-p_{\mathrm{m}}\right)^{1-n}=\left(p-\mu R_{\mathrm{m}}u_1\right)^{1-n}=\frac{\mu\alpha_1\rho s}{1-ms}u_1{}^2\theta \tag{6}$$

ここで、p_{m} は濾材圧損、R_{m} は濾材抵抗である。濾過試験法には、そのほか、濾過性の圧力依存性を求めることはできないが、濾過性を簡便に比較できる CST（Capillary Suction Time）法が、固液分離に適した晶析条件を手早く決定するのに便利である [6]。最近、濾材抵抗の大きな濾材を用いて定圧濾過や階段状圧力増加型濾過を行うことによって、一回の濾過試験から幅広い圧力範囲における比抵抗の圧力依存性が求められることが明らかにされ、試験の省力化に寄与する [7]。

ケークの平均空隙率$\varepsilon_{\mathrm{av}}$ も圧力 p によって変化し、一般に、圧力の増加に伴いケークは圧縮され、空隙率は減少して、次の実験式で表される。

$$1-\varepsilon_{\mathrm{av}}=Bp^{\beta} \tag{7}$$

ここで、B、βは実験定数であり、βも n と同様にケーク圧縮性の指標となるが、n に比べ小さな値を示す。空隙率の場合にも、より幅広い圧力範囲で成立する式として、次の実験式が利用できる。

$$1-\varepsilon_{\mathrm{av}}=\left(1-\varepsilon_0\right)\left(1+\frac{p}{p_{\mathrm{a}}}\right)^{\beta_1} \tag{8}$$

ここで、ε_0、β_1 は実験定数である。なお、空隙率$\varepsilon_{\mathrm{av}}$ は式(3)の湿乾質量比 m と次の関係をもつ。

$$m=1+\frac{\rho\varepsilon_{\mathrm{av}}}{\rho_{\mathrm{s}}\left(1-\varepsilon_{\mathrm{av}}\right)} \tag{9}$$

ここで、ρ_sは固体粒子の真密度である。

2.3　濾過ケーク性状に及ぼす諸因子の影響

いま、非圧縮性ケークが形成される場合には、α_{av}、ε_{av}は圧力pに依存せず、それぞれ一定値（α、εで表す）を示す。このとき、濾過ケーク内の濾液流動には、粒状層内層流流動のKozeny-Carman式が適用でき、αとεとの間には次の関係がある。

$$\alpha = \frac{kS_0^{\ 2}(1-\varepsilon)}{\rho_s \varepsilon^3} \tag{10}$$

ここで、kはkozeny定数といい、通常5.0の値を示すが、粒子形状の影響も受ける。また、S_0は固体粒子の有効比表面積であり、球形粒子の場合、粒径をd_pとすると、比表面積は$6/d_p$で与えられるが、非球形粒子の場合には、粒子の形状係数を考慮する必要がある。

晶析で生成した結晶粒子の径や形状などの諸特性がケーク比抵抗にどのように影響するかを調べることは、固液分離を視野に入れた晶析プロセスの設計において、極めて重要である。式(10)に基づき、濾過特性に及ぼす諸因子の影響を大まかに評価することができる[8)]。**図4**には、$\rho_s = 2$ g/cm^3、$\varepsilon = 0.5$の場合のケーク比抵抗αと粒径d_pとの関係を両対数で示した。既に述べたように、球形粒子では$S_0 = 6/d_p$の関係があるため、式(10)から比抵抗αは粒径d_pの2乗に反比例することがわかる。したがって、粒径が小さくなるにつれ、ケーク比抵抗は顕著に増大し、濾過性が著しく悪化することがわかり、晶析操作で、より大きな結晶径の粒子を得ることが重要となる。次に、**図5**に、$\rho_s = 2$ g/cm^3、$d_p = 2$ μmでの比抵抗αと空隙率εとの関係を示した。空隙率の減少とともに比抵抗が顕著に増加することがわかる。したがって、濾過において空隙率の大きなケークを得ることのできる晶析操作も重要となる。粒子形状も濾過特性に影響を及ぼす。粒子の体積が同じでも、粒子形状が異なると比表面積S_0の値に差が生じるので、式(10)から明らかなように、比抵抗αの値も異なることになる。**図6**には、$\rho_s = 2$ g/cm^3、$d_p = 2$ μm、$\varepsilon = 0.5$の場合の比抵抗αに及

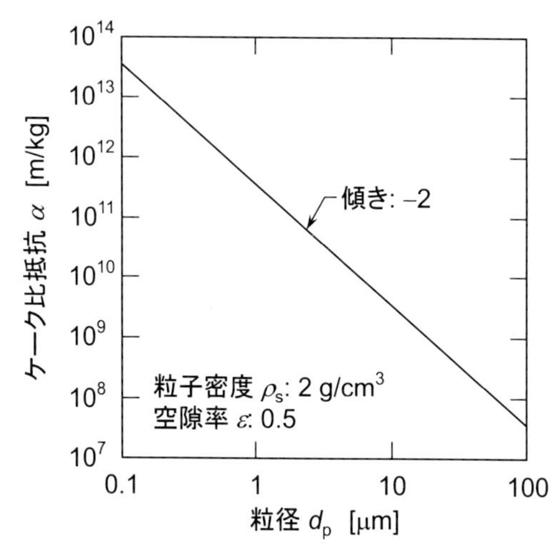

図4　ケーク比抵抗αに及ぼす粒径d_pの影響

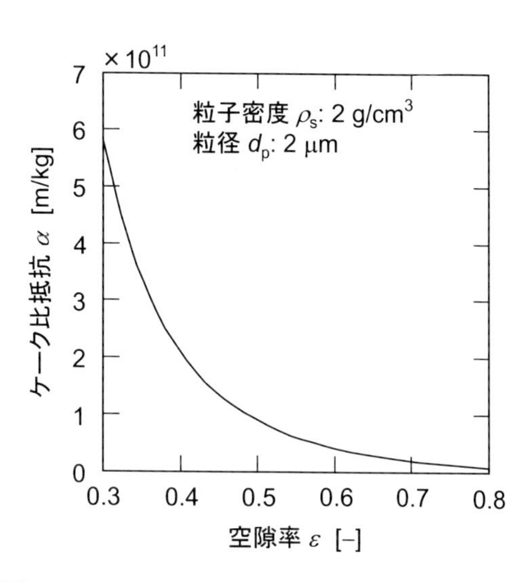

図5　ケーク比抵抗αに及ぼすケーク空隙率εの影響

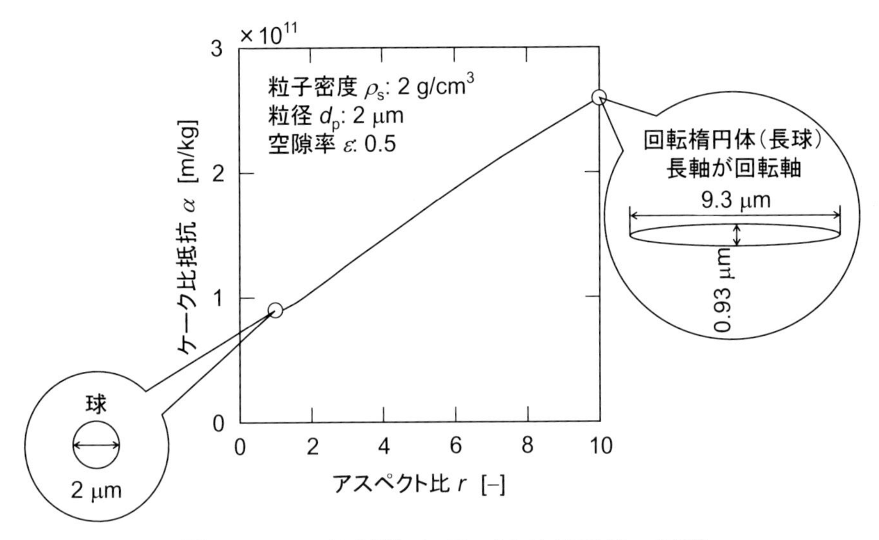

図 6　ケーク比抵抗αに及ぼす粒子形状の影響

ぼす粒子のアスペクト比（粒子の長径と短径の比）rの影響を示した。アスペクト比の増加とともに比表面積 S_0 が増大するため、ケーク比抵抗が増大することがわかる。たとえば、アスペクト比が 10 で長軸を回転軸とする回転楕円体（長球）では、同じ体積の球に比べて 2.9 倍の比抵抗のケークを生成する。すなわち、濾過速度は、正確には、粒子のサイズではなく、粒子の比表面積に影響されることに注意する必要があり、粒子が小さくなると濾過性が落ちるのは、粒径の減少に伴い、比表面積が増加するためである。スラリー中に少量の細粒が含まれると濾過性が著しく悪化することは、よく知られているが、これを Kozeny-Carman 式に基づいて考察してみよう。この場合には、式(10)の比表面積 S_0 として、ケークを構成する粒子全体の表面積を粒子全体の体積で割ったものを考えれば良い。**図 7** は、そのようにして求めた計算値で、2 μm の大粒子と 0.2 μm の小粒子からなるスラリーにおいて、両者を合計した体積濃度を一定にして、小粒子の体積割合 X_v [vol%]を種々に変化させたときの比抵抗αの変化を示した。上に凸の曲線形状を示すことから、僅かな細粒の含有により、αが大きく増加することがわかる。なお、細粒は濾材閉塞の原因にもなり、濾過速度を著しく悪化させることもあるので、留意する必要がある[9]。

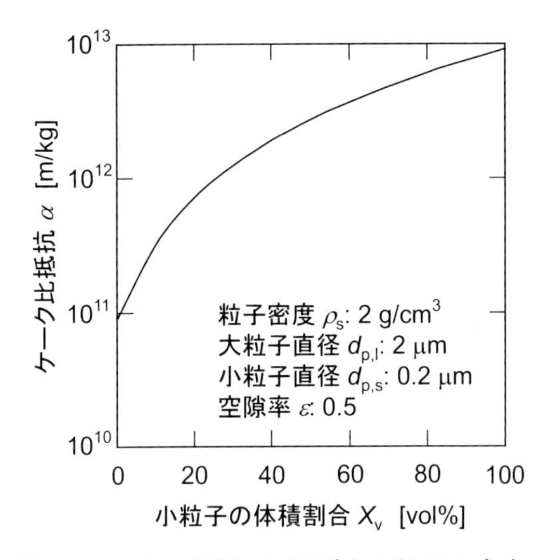

図 7　ケーク比抵抗αに及ぼす小粒子の含有割合の影響

濾過特性には、粒子の表面電荷も大きな影響を及ぼす。**図8**には、二酸化チタンのスラリーを定圧濾過したときのケークの平均比抵抗α_{av}と平均空隙率ε_{av}をpHに対してプロットした[10]。pH 8でα_{av}が最小、ε_{av}が最大となる。pH 8は二酸化チタンの等電点であり、粒子は荷電を帯びておらず、そのため粒子間に静電的反発力が働かないため、粒子間に働くファンデルワールス引力により粒子が凝集し粗大化する。凝集したフロック粒子は、空隙の大きな緩い構造となるため、これらのフロックからなる濾過ケークの空隙率ε_{av}も大きくなり、この結果と粒子の粗大化による比表面積 S_0 の減少の両者の影響を受けて、比抵抗α_{av}は小さくなる。pH 8より酸性側では正、アルカリ性側では負の電荷を粒子はもつため、荷電による静電的反発力がファンデルワールス引力を上回り、粒子は分散状態を保ち、その結果、ε_{av}は小さく、α_{av}は大きくなる。

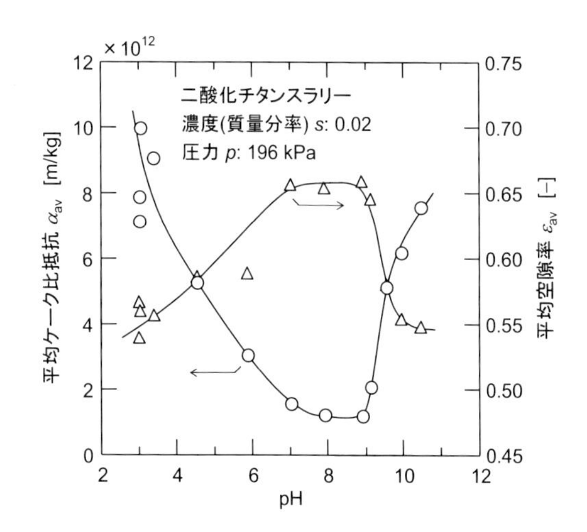

図8　ケーク特性に及ぼすpHの影響

2.4　濾過における沈降の影響

晶析操作で大きな結晶粒子を得るのは、その後の固液分離操作にとって望ましいことであるが、結晶粒子の大きさが10 μmを超えると、濾過中に生じる粒子の沈降の影響が無視できなくなることに注意する必要がある。この場合、沈降によって沈積した粒子群も濾過ケークに含まれることになるため、その分だけ濾過速度は小さくなる。沈降速度を u_g とすると、濾過速度 u_1 は次式で表される[11]。

$$\frac{1}{u_1}=\frac{d\theta}{dv}=\frac{2}{K}\left(v+u_g\theta+v_m\right) \tag{11}$$

したがって、沈降の影響が無視できない場合の濾過データを $d\theta/dv$ 対 v としてプロットすると、**図9**のように下に凸の曲線状を示すことになる。あらかじめ沈降試験を行って沈降速度 u_g を求めておけば、ケークの特性値がわかれば、式(11)から濾過挙動を推算できる。

スラリー上部には、沈降によって清澄な上澄液層が生成するので、スラリーがすべて濾過され、濾過ケークの成長が止まると、この上澄液が濾過ケーク層を透過するようになり、図9に示すように透過速度 u_p は一定値を示し、次式で

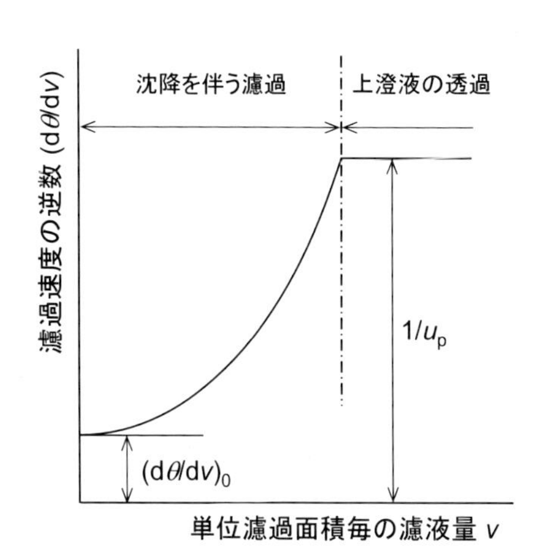

図9　沈降を伴う濾過における濾過速度の逆数プロット

表される[10)]。

$$\frac{1}{u_{\mathrm{p}}}=\frac{\mu}{p}\alpha_{\mathrm{av}}w_0+\left(\frac{\mathrm{d}\theta}{\mathrm{d}v}\right)_0 \tag{12}$$

したがって、透過速度 u_{p} を測定すると、単位濾材面積あたりのケーク固体質量 w_0 がわかれば、式(12)から平均ケーク比抵抗 α_{av} を求めることができる。

３．その他の固液分離操作

晶析に続く分離精製操作としては、上述の濾過操作のほか、沈降、遠心分離、圧搾、ケーク洗浄などの諸操作があり、目的に応じて使い分けられている。100 μm 程度以上の粗大な結晶粒子は、十分な時間をかければ、沈降操作でも容易に分離でき、沈降速度 u_{g} は次式で表される。

$$u_{\mathrm{g}}=\frac{{d_{\mathrm{p}}}^2(\rho_{\mathrm{s}}-\rho)g\varepsilon^{4.65}}{18\mu} \tag{13}$$

ここで、ε はスラリーの空間率（スラリー中の溶媒の体積分率）、g は重力加速度である。したがって、沈降においてもできるだけ大きな結晶粒子を得ることが望ましい。ただし、一次粒子の凝集体からなる凝集フロックは、沈降速度は大きくなるが、沈積物の凝集粒子間や凝集粒子内部の空隙が大きくなることも多く、母液の除去という観点からは劣る場合もある。また、スラリー濃度が増加すると、空間率 ε が減少するため、式(13)から明らかなように、沈降速度は減少することがわかる。粒径が小さくなると、沈降操作での結晶分離が困難となるため、遠心力を作用させて行う遠心分離が有力な手法となる。遠心沈降では、沈降速度は次式で表される。

$$u_{\mathrm{c}}=Zu_{\mathrm{g}}=\frac{r\omega^2}{g}u_{\mathrm{g}}=\frac{{d_{\mathrm{p}}}^2(\rho_{\mathrm{s}}-\rho)r\omega^2\varepsilon^{4.65}}{18\mu} \tag{14}$$

ここで、r は回転中心から半径方向の距離、ω は角速度で、遠心加速度 $r\omega^2$ と重力加速度 g の比を遠心効果 Z といい、重力沈降速度を Z 倍したものが遠心沈降速度となり、回転数の二乗に比例して沈降速度が増加する。

圧縮性の大きな濾過ケークが形成される場合には、濾材面近傍で空隙率が極めて小さなスキン層が生成し、それ以外の部分での空隙率は比較的大きいままであることが多い。こうした高圧縮性ケークの含液率を低減させるため、濾過操作に続いて圧搾操作を行うことがある。濾過終了後にケークをさらに機械的に圧縮し脱液するものであり、濾過圧に比べ、より高い圧搾圧が利用されることが多い。同じ平均空隙率まで達するのに要する圧密時間は、固体体積の二乗に比例することが理論的にも実験的にも明らかにされており、圧搾試料の厚さはできるだけ薄い方が有利である。

濾過ケークにせよ、圧搾ケークにせよ、ケーク中には多かれ少なかれ母液が含まれるため、ケーク中の結晶粒子が製品となる場合、母液中の溶存不純物を除去して結晶粒子の純度を高める必要がある。一方、濾液を製品とする場合にも、収率の向上のため、ケーク中に残留する母液の回収が重要となる。このような見地から、ケーク洗浄は、晶析後の分離精製における重要な操作の一つになっている。ケークに洗浄液を混ぜ、撹拌してスラリー化しながら洗浄し、これを再び濾過するスラリー化洗浄が最も効果的であるが、コストが高いため、一般にはケーク中に洗浄液を透過させて洗浄する置換洗浄が行われる。濾過終了後直ちに置換洗浄を行う場合、洗浄によるケーク構造の変化が無視できるとすると、母液の粘度μと洗浄液の粘度μ_wが同じであれば、洗浄速度 u_wは最終濾過速度 u_fに等しいと考えて良い。母液と洗浄液の粘度が大きく異なる時には、その補正を行う必要があり、洗浄速度 u_wは次式で与えられる。

$$u_w = \frac{\mu}{\mu_w} u_f \tag{15}$$

濾室の両面が濾材となるフィルタープレスでは、濾液は濾室厚さの 1/2 のケーク層を通るのに対して、完全洗浄を行う場合には、洗浄液は濾室厚さに等しいケーク層を通らねばならないので、洗浄速度は最終濾過速度の 1/4 となることに留意する必要がある。

濾過工程の後、洗浄工程を経て、乾燥工程へと続く操作が、晶析で生成した懸濁結晶粒子の分離精製過程の一般的な流れであるが、濾過から乾燥までの工程を一台の容器内で行うフィルタドライヤも広く利用され、設備の簡略化、省スペース化のみならず、コンタミの軽減にも役立っている。**図 10(a)**のように、下部に濾材を設けた容器内にスラリーを供給し、ガス圧を作用させて加圧濾過を行った後、置換洗浄とそれに続くスラリー化洗浄を行う。その後、図 10(b)のように、ジャケットに温水または蒸気を通して、撹拌機でケークをほぐしながら伝熱または真空乾燥を行った後、ケークを側面の排出口から抜き取る。

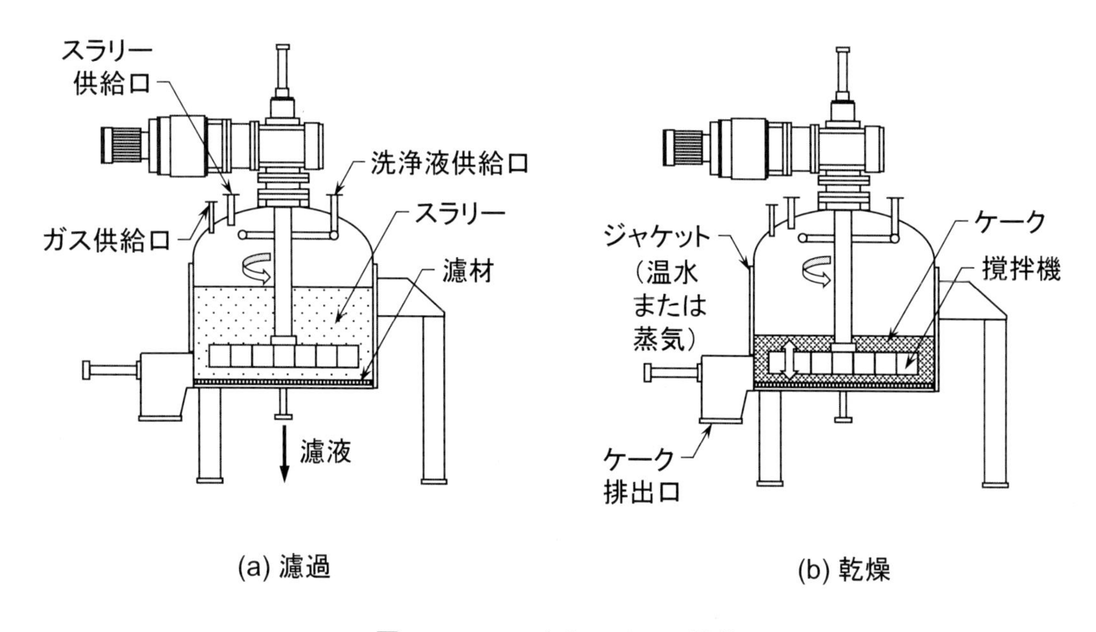

図 10　フィルタドライヤの機構

4. 結晶粒子懸濁液の濾過に関する研究事例

以上のように、固液分離に関して多くの知見がこれまで蓄積されてきたが、晶析操作と関連づけた報告は、その重要性にもかかわらず、極めて少ない。本節では、一つの事例として、我々の研究室で行った貧溶媒晶析で得たアミノ酸結晶粒子懸濁液の濾過特性に関する結果を報告するとともに、海外の研究報告についても概観する。

4.1 貧溶媒晶析で得たアミノ酸結晶粒子懸濁液の濾過特性

試料にアミノ酸のグリシンを選定し、二種の溶媒への溶解度の差を利用した貧溶媒晶析により結晶粒子を生成させた後、定圧濾過を行い、濾過特性と晶析条件との関係を検討した[12)]。また、顕微鏡で結晶性状の観察を行い、これに基づき濾過特性を評価した。

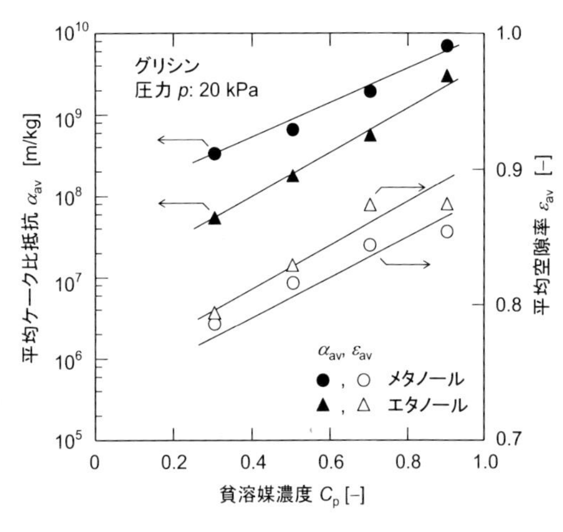

図 11　ケーク特性に及ぼす貧溶媒濃度の影響

低温恒温槽で 5℃に冷却したメタノールまたはエタノールの貧溶媒に、25℃で飽和になるように調製された 45℃の未飽和グリシン水溶液を 600 rpm の回転数で撹拌しながら混合して貧溶媒晶析を行い、懸濁液が 20℃になるまで恒温槽内で撹拌を続けた。貧溶媒濃度（体積分率）C_p は貧溶媒とグリシン水溶液との混合比によって決定される。得られた結晶懸濁液を濾過器に入れ、窒素ガス圧を作用させて定圧濾過を行い、濾液量の経時変化を測定した。濾材には、孔径 5 μm の四フッ化エチレン樹脂製ポリフロン精密濾過膜（アドバンテック東洋製）を用いた。

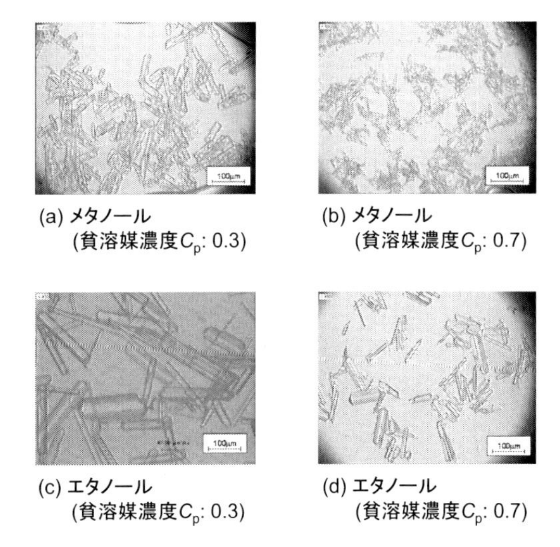

図 12　グリシン結晶の顕微鏡写真

貧溶媒晶析で生成したグリシン結晶懸濁液を圧力 $p = 20$ kPa で定圧濾過して得た濾過速度の経時変化に基づき、平均ケーク比抵抗α_{av}を求め、湿潤ケークと乾燥ケークの質量を測定して平均ケーク空隙率ε_{av}を得た。**図 11** には、このようにして求めたα_{av}とε_{av}をメタノールまたはエタノールの濃度 C_p に対して片対数プロットした。なお、いずれの条件においても、濾過速度は定圧濾過速度式(1)に従う挙動を示した。メタノールとエタノールの結果を比較すると、いずれの濃度についても、エタノールの方がα_{av}

は小さく、またε_{av}は大きくなり、生成結晶懸濁液の濾過性が高いことがわかる。メタノール、エタノールの両者ともC_pの増加とともにα_{av}、ε_{av}は増大する傾向を示した。

図 12 には、図 11 より選んだ 4 つの晶析条件について、生成グリシン結晶の顕微鏡写真を示した。いずれの晶析条件でも針状結晶が得られたが、粒径は条件によって大きく異なり、図 11 と対照させると、粒径が小さいほどα_{av}は大きく、濾過しにくいことがわかる。C_pが大きいほど結晶粒子の粒径は小さくなっているが、これは、溶解度の減少により過飽和度が大きくなり、結晶の成長より核発生が支配的となるためと考えられる。

生成ケークの圧縮性を理解するため、圧力pを種々に変化させて定圧濾過を行い、得られた平均ケーク比抵抗α_{av}と平均ケーク充填率$(1-\varepsilon_{av})$をpに対して**図 13** に両対数プロットした。いずれのプロットも直線で近似でき、式(4)、(7)の関係が成り立つことがわかった。α_{av} 対 p の直線の傾きから、式(4)に基づきメタノールとエタノールの場合の圧縮性指数nはそれぞれ0.359、0.411と算出され、ともに中程度の圧縮性をもつことがわかった。

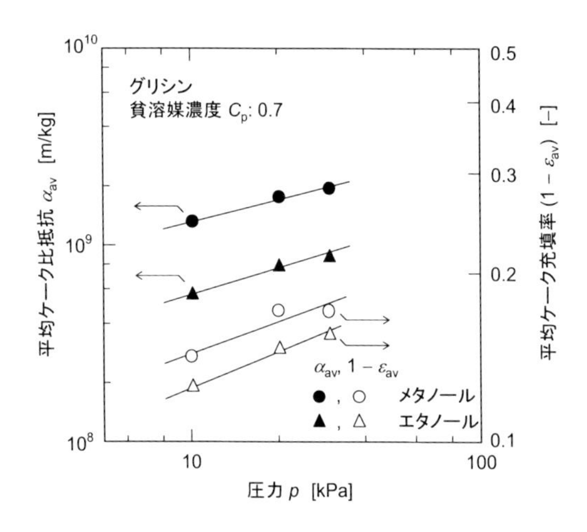

図 13　グリシンのケーク特性に及ぼす圧力の影響

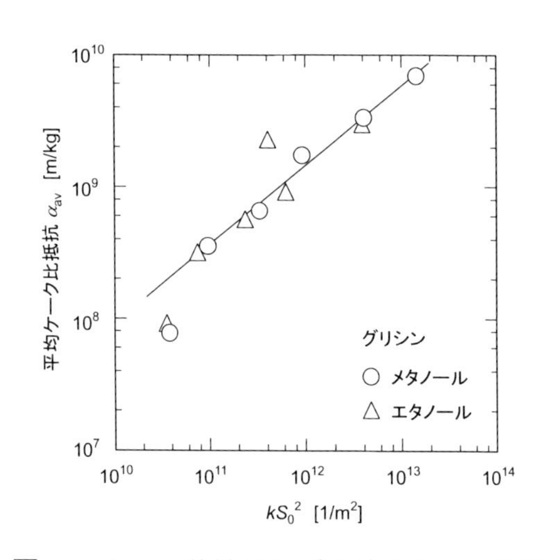

図 14　ケーク特性に及ぼす結晶性状の影響

濾過特性と結晶性状との関係を明らかにするため、Kozeny 定数kとケーク層の比表面積S_0を用いて、α_{av} 対 kS_0^2を**図 14** に両対数プロットした。kとS_0を算出するにあたり、500 個の粒子の顕微鏡写真から、それらを長方形に近似して短辺長aと長辺長bを測定した。比表面積S_0は、結晶形状を断面が正方形（$a \times a$）の直方体と捉え、500 個の粒子の総表面積と総体積の比と定義して次式より求めた。

$$S_0 = \frac{\sum\left(2a^2 + 4ab\right)}{\sum\left(a^2 b\right)} \tag{16}$$

Kozeny 定数k（$=K_0T^2$）は、球形粒子の場合、定数$K_0 = 2.5$、屈曲率$T = \sqrt{2}$として$k = 5$で与え

られるが、粒子が球形から大きく離れている場合には、形状指数φを用いて屈曲率をφTとし、Kozeny 定数を$k = 5\varphi^2$で与える。ここでは、形状指数φを粒子500個の平均フェレ径d_Fの総和と投影面積円相当径d_Aの総和の比と考え、次式で与えた。

$$\varphi = \frac{\sum d_F}{\sum d_A} = \frac{1}{\sqrt{\pi}} \cdot \frac{\sum (a+b)}{\sum \sqrt{ab}} \tag{17}$$

図 14 のように、プロットは貧溶媒の種類や濃度によらずほぼ一本の直線で近似でき、濾過性の指標となるα_{av}はkS_0^2によって評価可能であることが示された。

4.2 その他の研究報告

ここでは、晶析と濾過を関連づけた報告の中から主要なものを取り上げる。リゾチーム結晶の濾過については、比較的多くの研究例が見られる[13,14]。カールスルーエ工科大学の Nirschl らのグループは、塩析法で得たリゾチーム結晶の濾過および圧搾実験を行い、濾過ケークや圧縮ケークの比抵抗、空隙率の圧力依存性を調べている。タンパク質の結晶が無機の結晶に比べ破砕されやすく、針状結晶のスラリーが等軸結晶の場合より、高い比抵抗と圧縮性を示すことを明らかにしている[15]。彼らは、高速濾過が可能なクロスフロー濾過における粒子破砕の影響について報告するとともに[16]、濾過装置のスケールアップで重要となる濾過面積の影響についても考察している[17]。MacLeod と Muller[18]は、濾過中における針状結晶の破壊モデルを提案している。Beck ら[19]は、API 生産を目的に、L-グルタミン酸や芳香族アミン誘導体の結晶粒子の径や形状と濾過特性の関係について詳細な検討を行っている。API 生産のための晶析装置と濾過・乾燥機の複合化に関する研究報告も見られる[20]。そのほか、ジアステレオマー塩法[21]や冷却法[22]における結晶スラリーの濾過性の向上のための冷却プロフィールの最適化、乳脂肪成分の分画における晶析の撹拌条件[23]や温度、滞留時間[24]が濾過特性に及ぼす影響、アクリル酸結晶について過冷却度が結晶粒度や濾過特性に及ぼす影響[25]、セルロース結晶の濾過・圧搾・沈降特性[26]、晶析・濾過の複合化による黒液からの有用成分の分画[27]、晶析と濾過の複合システムの設計と操作[28]などの研究が報告されている。

5. おわりに

本稿では、晶析操作の次工程として重要な固液分離操作の中から、主に濾過操作に焦点を当て、結晶粒子の性状がどのように濾過特性に影響を及ぼすのかを平易に解説し、次工程を考えた晶析操作の設計指針の一助とならんことを願って記した。晶析操作条件と生成する結晶の粒径や形状との関係を検討する研究はこれまでに極めて多く報告されているものの、それらの知見を濾過などの固液分離特性と関連付ける研究報告は非常に少ないのが現状である。晶析操作を含む一連の分離精製システムの設計において、固液分離操作を視野に入れた晶析操作の最適化は、今後ますます重要となるものと予測され、今後の展開に期待したい。

文　献

1) 入谷英司, 向井康人: 最近の化学工学 53 晶析工学・晶析プロセスの進展, 化学工業社, pp. 60-68 (2001)
2) Ruth, B.F.: *Ind. Eng. Chem.*, **27**, 708-723 (1935)
3) Ruth, B.F.: *Ind. Eng. Chem.*, **38**, 564-571 (1946)
4) Sperry, D.R.: *Ind. Eng. Chem.*, **13**, 1163-1164 (1921)
5) Iritani, E., N. Katagiri, Y. Takaishi, S. Kanetake: *J. Chem. Eng. Japan*, **44**, 14-23 (2011)
6) Baskerville, R.C., R.S. Gale: *Water Pollut. Control.*, **67**, 233-241 (1968)
7) Iritani, E., N. Katagiri, M. Tsukamoto, K.J. Hwang: *AIChE J.*, **60**, 289-299 (2014)
8) 入谷英司: 絵とき 濾過技術 基礎のきそ, 日刊工業新聞社 (2011)
9) Iritani, E.: *Drying Technol.*, **31**, 146-162 (2013)
10) Iritani, E., Y. Toyoda, T. Murase: *J. Chem. Eng. Japan*, **30**, 614-619 (1997)
11) 入谷英司, 向井康人, 寄田浩: 化学工学論文集, **25**, 742-746 (1999)
12) 土屋陽亮, 向井康人, 入谷英司: 化学工学会第35回秋季大会研究発表講演要旨集, P208 (2002)
13) Hirschler, J., M.H. Charon, J.C. Fontecilla-Camps: *Proten Sci.*, **4**, 2573-2577 (1995)
14) Chayen, N.E.: *J. Appl. Cryst.*, **42**, 743-744 (2009)
15) Cornehl, B., A. Overbeck, A. Schwab, J.P. Büser, A. Kwade, H. Nirschl: *Chem. Eng. Sci.*, **111**, 324-334 (2014)
16) Cornehl, B., T. Grünke, H. Nirschl: *Chem. Eng. Technol.*, **36**, 1665-1674 (2013)
17) Cornehl, B., D. Weinkötz, H. Nirschl: *Eng. Life Sci.*, **13**, 271-277 (2013)
18) MacLeod, C.S., F.L. Muller: *Org. Process Res. Dev.*, **16**, 425-434 (2012)
19) Beck, R., A. Häkkinen, D. Malthe-Sørenssen, J.P. Andreassen: *Sep. Purif. Technol.*, **66**, 549-558 (2009)
20) Wong, S.Y., J. Chen, L.E. Forte, A.S. Myerson: *Org. Process Res. Dev.*, **17**, 684-692 (2013)
21) Lerond, L., H. Muhr, E. Plasari, M. Hassoun, E. Valery, O. Ludemann-Hombourger: *Powder Technol.*, **190**, 236-241 (2009)
22) Matthews, H.B., J.B. Rawlings: *AIChE J.*, **44**, 1119-1127 (1998)
23) Patience, D.B., R.W. Hartel, D. Illingworth: *J. Am. Oil Chem. Soc.*, **76**, 585-594 (1999)
24) Vanhoutte, B., K. Dewettinck, B. Vanlerberghe, A. Huyghebaert: *J. Am. Oil Chem. Soc.*, **80**, 213-218 (2003)
25) Hengstermann, A., S. Harms, P. Jansens: *Chem. Eng. Technol.*, **33**, 433-443 (2010)
26) Mattsson, T., E.L. Martínez, M. Sedin, H. Theliander: *Chem. Eng. Res. Des.*, **91**, 1155-1162 (2013)
27) Niemi, H., J. Lahti, H. Hatakka, S. Kärki, S. Rovio, M. Kallionen, M. Mänttäri, M. Louhi-Kultanen: *Chem. Eng. Technol.*, **34**, 593-598 (2011)
28) Ward, J.D., C.C. Yu, M.F. Doherty: *Ind. Eng. Chem. Res.*, **50**, 1196-1205 (2011)

第９章　医薬品分野における晶析

高須賀　正博
（武田薬品工業株式会社）

1.　緒言

医薬品製造において、晶析は広く用いられている単位操作である。医薬品の製造では、市販されている主原料を用いて、試薬や副原料と化学合成を繰り返し、最終的な原薬（医薬品有効成分）となるまでに、長ければ10ステップ以上となることもある。化合物が溶液状態で次ステップへ移行する場合を除き、各ステップで晶析操作を実施し、結晶として単離することが一般的である。晶析によって得られる結晶の物性は、後工程であるろ過、乾燥操作にも大きな影響を与える。また、製薬会社は医薬品の品質を保証し、安全性、有効性を確保していくことが要求される。医薬品として市場に出るまでには、様々な製造設備及び異なるスケールで製造を行う必要があり、各製造において得られる結晶の品質は同等でなければならない。このような背景から、結晶を単離する晶析操作は非常に重要視されている。

2.　医薬品に対する様々な規制

製薬会社は、医薬品原薬に混入し得る不純物や溶媒等の徹底した管理が求められる。また、医薬品のバイオアベイラビリティ（生物学的利用能）の同一性を保証する必要があるため、最終原薬となる時の晶析は特に重要視される。不純物は安全が保証されている規格以下となるように制御する必要がある[1]。溶媒については、その種類によって毒性が異なるため、ICH*のガイドライン上でクラス分けされており、各溶媒に対する管理値以下に抑制しなければならない[2]。また近年、遺伝毒性に関する懸念が高まっており、ガイドライン上では比較的低毒性とされるクラス３に入るアルコール系溶媒でも、塩酸等との併用において遺伝毒性物質を生成する懸念があることから、使用の際は注意が必要となってきている。同じくクラス３であるアセトン等でも、その製造方法によってはクラス１のベンゼンを含有し得るため、厳格な管理が求められることがあり、必ずしも使いやすい溶媒とは言えなくなってきているのが現状である。それらの規制をクリアしても、晶析工程の生産能力に見合わなければならない。溶解力が低く、使用溶媒量が多くなる場合では生産効率が悪くなり、逆に溶解力が高すぎても回収率が低くなり、コスト面の問題が生じる。

医薬品開発の初期段階や出発原料に近い工程であれば、使用する溶媒を変更することは比較的可能である。しかしながら、開発後期段階や原薬に近い工程になればなるほど、品質の確保にリスクを負うという観点から、変更は容易ではなく、限られた範囲内で晶析プロセスを改善することも必要となってくる。また近年、Quality by Designという概念が導入されつつある[3-6]。

---

*ICH (International Conference on Harmonisation of Technical Requirements for Registration of Pharmaceuticals for Human Use)

試験によってのみ医薬品の品質や安全性、有効性を担保していくのではなく、製造工程をこれまで以上に深く理解することにより、製品の品質を作りこんでいくという概念である。こうした様々な規制がある中で、これまで以上に晶析の現象を理解する必要があり、より堅牢なプロセスを構築していくことが求められている。

3. 医薬品原薬の晶析検討

3.1. 医薬品原薬製造におけるトラブル

図1は弊社における医薬品原薬製造のトラブル事例（合計150事例）を単位操作毎に集計したグラフである。図1から、晶析操作でのトラブルが非常に多く起こっていることが分かる。図2に示すように、トラブル内容としては多形に関する問題が最も多く、他に品質や収率、流動性に関するトラブルが起こっていることが分かる。特に最終原薬において、多形が得られてしまうと薬の有効性に大きく影響するため、非常に問題となる。純度や粒径といった品質や収率についても、ラボスケールと異なる結果が実機製造で得られてしまうこともある。また、スラリーの流動性が悪いことで、排出に問題が生じ、晶出槽に結晶が残留してしまうトラブル等も起こる。

晶析操作以降の工程、例えばろ過や乾燥、粉砕においても晶析操作が何らかの影響を与えている場合がある。図3、4はろ過、乾燥操作におけるトラブル内容を示している。ろ過操作においては、ろ過時間が大きな問題点として挙げられており、これに密接に関係しているのは結晶の粒度である。結晶がろ布を通過してしまうケース（図中のろ過漏れ）についても、結晶の粒度が細かい時によく起こる問題である。乾燥操作においても、粉体の乾燥機内への固着や乾燥時間、残留溶媒、造粒（粉体がだまになる現象）といった問題点の多くは、結晶に問題があり、微細結晶であればより頻繁に起こる。粉砕操作において、粉砕前の粒度が問題になることもある。粉砕前の粒度が製造ロット毎にばらついていると、毎回粉砕条件の設定が必要となってしまい、生産効率が悪化する。また、粉砕前の結晶の物性によっては、原料を投入するホッパーや粉砕室に供給するためのフィーダー部分で結晶が滞留して、うまく供給できないトラブルも発生する。これらの結晶の物性は晶析操作の影響を受けていることが多く、晶析以降の工程におけるトラブルも、晶析工程の改良によって解消することが多々あることから、晶析操作の重要性が分かる。

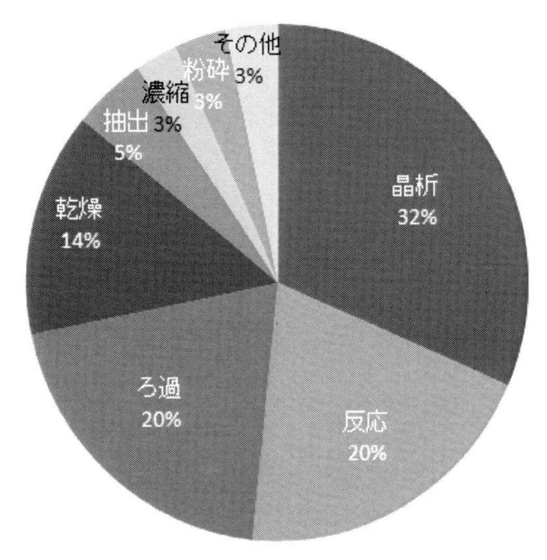

図 1. 医薬品原薬製造におけるトラブル頻度

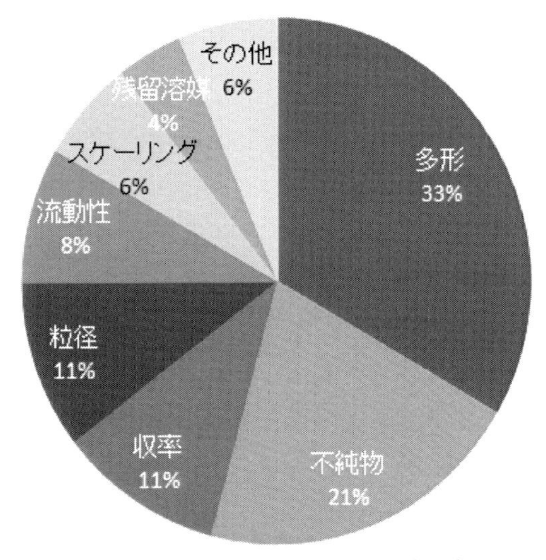

図 2. 晶析操作におけるトラブル内容

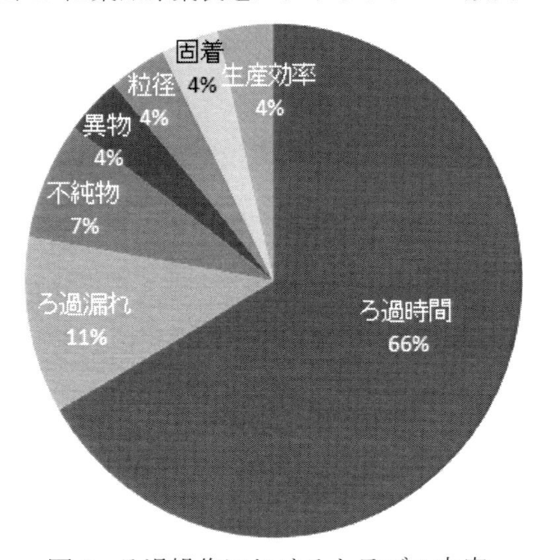

図 3. ろ過操作におけるトラブル内容

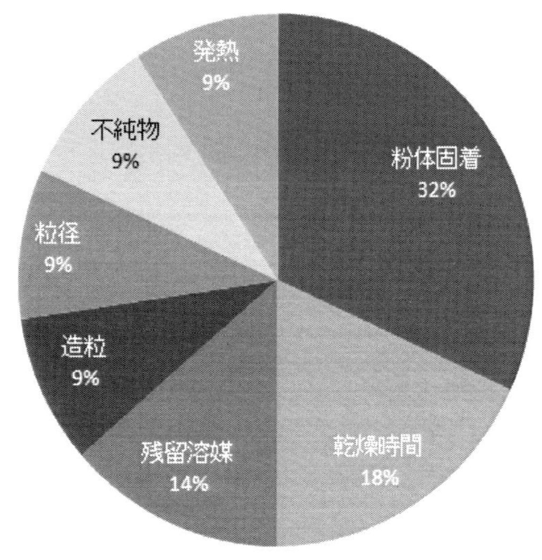

図 4. 乾燥操作におけるトラブル内容

3.2. トラブルの原因と対処

前述したように原薬製造におけるトラブルの多くは、晶析操作が密接に影響している。弊社は図 1-4 で示すトラブル事例に対して、原因を究明し、対処してきたが、トラブルの原因は結晶の大きさであることが多かった。多くのケースで結晶の粒径を大きくすることで、ろ過性の向上だけでなく、乾燥時間短縮、残留溶媒や不純物の低減、造粒の抑制や流動性の改善につながった。また粒径及び多形の問題は、晶析操作中の過飽和度を制御することで解決することが多く見られた。体内の溶解性向上のため、原薬は粒径を小さくすることが多いが、これは粉砕操作によっても可能である。前述のように、長ければ 10 ステップ以上ある原薬製造において、最終原薬ステップ以外の晶析操作では、結晶を小さくする必要はあまりない。結晶粒径が大きすぎることでスラリーが均一に浮遊しにくくなる懸念もあるが、トラブルの割合から考えても、結晶粒径は大きい方が無難ではないかと考えられる。結晶が大きく成長するかどうかは、その化合物自体や使用する溶媒にも影響を受ける。ただし、前述のように溶媒選定には様々な規制があるため、晶析プロセス自体の改良により、結晶を成長させることが求められることが多い。弊社の経験上、トラブルの原因となる微細結晶は、高過飽和状態で析出することが多かった。高過飽和度では、発生する1次核が小さくなること及び結晶成長よりも核発生が起こりやすい傾向があるためではないかと考えられる。我々が実際に直面する問題点として、どの程度の冷却速度であればよいか、貧溶媒晶析であれば、どの程度の滴下速度であれば問題ない過飽和度で結晶が析出するのかということであるが、それらは核発生速度や結晶成長速度に依存する。しかし、医薬品原薬及びその中間体は概ね新規の化合物であるため、速度論の情報は通常は既知ではなく、結晶化するかどうかも不明であることが多い。そのため、まずは小スケールの実験にて結晶化を試み、得られた結晶の品質を確認し、収率にも問題なければ、その条件を製造法とすることが多い。その場合、ろ過はグラスフィルター等で行われるが、スケールが小さいため、ろ過性を問題視することはあまりない。ところが、実際に実機スケールで生産を行う場合、ろ過に何時間も（場合によっては何日も）かかってしまい、生産効率に大きな影響を与えることが後で判明する。ろ過時間が長くなることで、不純物などを新たに生成してしまい、品質の同等性が保てなくなる場合もある。弊社では、ろ過性の判断基準として、平均ろ過比抵抗という尺度を用いて、ラボスケールの実験から、工場スケールのろ過時間を予測することで、まずはろ過性が問題であるかどうかを早期に判断している。ろ過性が悪いことが分かれば、晶析工程の改良を試みる。冷却晶析であれば、冷却速度を、貧溶媒晶析であれば、貧溶媒滴下速度や晶析時の内温を検討し、ろ過性が向上すれば、その条件を製造法に組み込んでいる。

3.3. ろ過性改善検討事例

3.2で述べたように晶析プロセスの改良法が簡単に見つかる場合もあれば、なかなか改善が見られない場合もある。結晶化自体が難しい場合、即ち準安定域が広い場合にそのようなケースをよく見かける。準安定域が広いと、冷却速度や貧溶媒滴下速度を多少変更したとしても、高過飽和状態からの結晶化となり、細かい結晶が得られてしまう。他には、塩化を含めた反応晶析でろ過性が悪いケースもよく見受けられる。近年、医薬品は難水溶性化合物が多くなってきているため、体内の溶解性向上のために、塩化するケースが多い。中間体などでも結晶化を行いたい場合や品質向上など、様々な理由で塩化することがある。

ここで弊社におけるろ過性改善事例を示す。事例は塩化による晶析であり、さらに結晶化自体が起こりにくいケースであるため、上述した二つの内容が合わさっている。図5で示すように従来法で得られる結晶は非常に微細であった。図6は原薬とそのフリー体のアセトンに対する溶解度を示している。原薬は塩であり、フリー体のアセトン溶液に、無機塩を含んだ溶液を滴下し、塩化することで結晶化する。フリー体はアセトンに対して溶解度が高く、また温度が高くなるとより溶解する。ところが、原薬は溶解度が低い上、高温でもそれほど溶解度は高くならない。

またこの晶析は結晶化が起こりにくく、滴下時間を変えても、析出するのは滴下終了間際か、滴下終了後であるため、過飽和度としてはあまり変わらず、また温度を変えても、溶解度から分かるようにそれほど大きく過飽和度が変わらない。滴下終了後でも析出していない場合に、種晶を用いたが、結晶化はするものの過飽和度は変わらないため、同様の微細結晶が得られてしまっていた。

そこで過飽和度を低くするべく、無機塩をフリー体に対して 0.18 当量という非常に少ない量を加えた段階で、種晶を加えて結晶化させることとした。種晶添加後の残りの無機塩溶液滴下時の塩としての過飽和度の推移を図 7 に示す。従来法については種晶を用いておらず 20 分かけて滴下しており、その間は結晶が析出していないため、過飽和度は徐々に上昇し、全量滴下した時点で最大となっている。析出するタイミングは実験ごとに異なるが、ほとんどが全量滴下後であるため、析出する時の過飽和度は非常に高いことが分かる。Run 1、2、3 は種晶を用いた改良法で、それぞれ滴下時間のみ異なり、10、60、140 分で滴下した実験である。全ての改良法の実験で過飽和度が低く抑えられていることが分かる。最も低い過飽和度で推移した Run 3 の結晶写真を図 5 に示す。非常に大きな結晶へと成長し、ろ過比抵抗から予測されるろ過速度は 1000

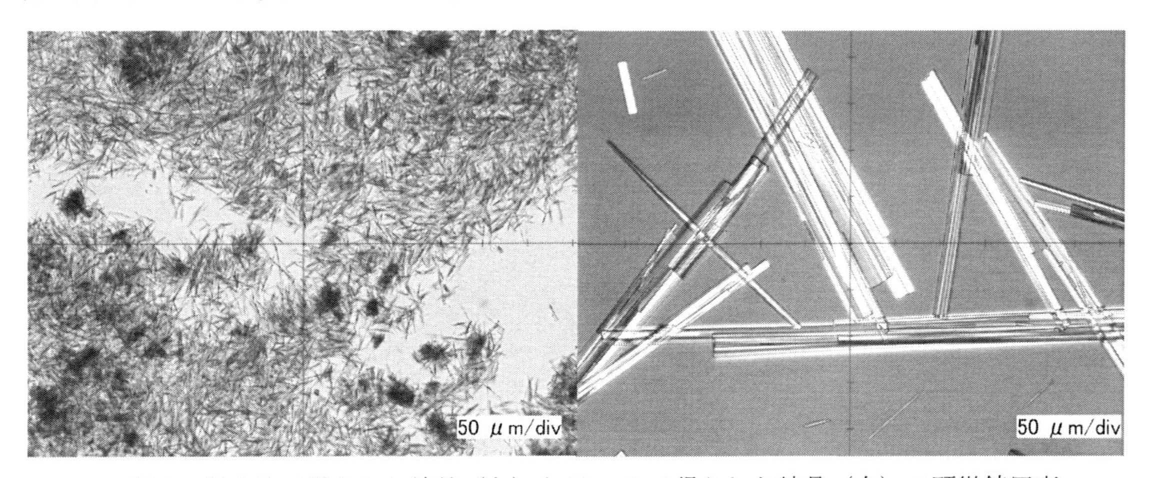

図 5. 従来法で得られた結晶（左）と Run 3 で得られた結晶（右）の顕微鏡写真

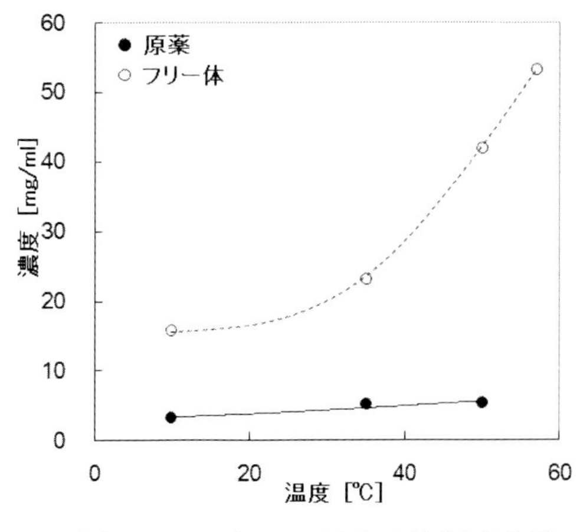

図 6. アセトンに対する溶解度曲線

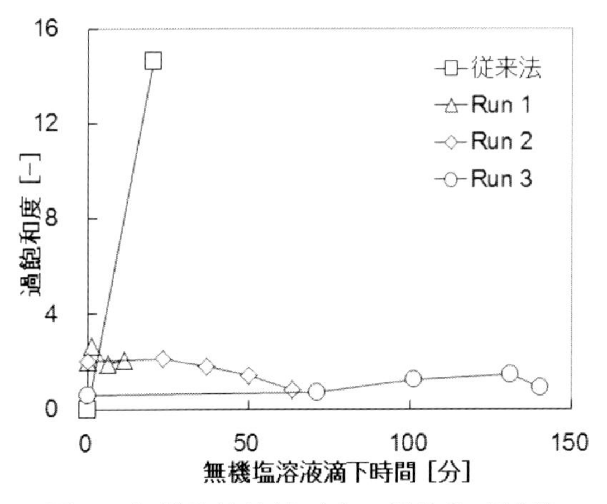

図 7. 無機塩溶液滴下中の過飽和度推移

倍向上したため、生産効率には十分な結果となった。なお結晶形は従来法で得られたものと同じであった。当初のろ過性では、所望の生産計画に適合するには、製造サイトを増やさなければならず、コスト面で非常に厳しいことが予想されていた。

本事例とは別に、塩化晶析でろ過性が悪いことの原因の一つに、前述したフリー体と塩の溶解度の差以外に、塩化に使用する滴下量が少ないことも考えられる。例えば濃塩酸による塩酸塩化であれば、ごく微量の塩酸で十分であるため、一度に添加してしまうことがよく見られる。また、有機塩などは固体であることが多いが、固体の場合も一度に添加してしまうことがよく見られる。もちろんこれらの場合も、過飽和度を考慮することで結晶成長を促すようにプロセスを構築することは十分可能であるため、品質や粒径に大きな影響を与えているような場合は、特に注意が必要と考えられる。

3.4. 多形制御事例

図2に示したように、弊社の晶析におけるトラブルで(微細結晶によるろ過性は別とすると)最も多いのが結晶多形のトラブルであった。医薬品開発において、原薬の多形制御は極めて重要となる。何故なら多形は化学組成は同じでも結晶構造が異なることから、バイオアベイラビリティや安定性等が異なってしまうからである。そのため、製薬会社は細心の注意を払って開発を進めている。しかし、多形の問題は実は原薬に限ったことではなく、中間体においても多形が発生して問題となることが多々ある。多形は化学組成自体は同じであるため、中間体であれば次工程で溶解させてしまえば、反応は問題なく進むこともあり、通常は原薬ほどケアされていないのが実情である。しかし、前述のように多形というのは、その物性が異なる。つまり粒子形状や粒径が異なり、晶析過程で取り込み得る不純物の量や乾燥後に残留する溶媒量等も変わる可能性がある上、そもそも溶解度が異なるため、工程収率も変わり得る。一例として、ある中間体の多形析出トラブルを紹介する。所望の結晶形（安定形）は非常に大きな板状結晶であるのに対して、準安定形である結晶は非常に微細な結晶であった（図8)。

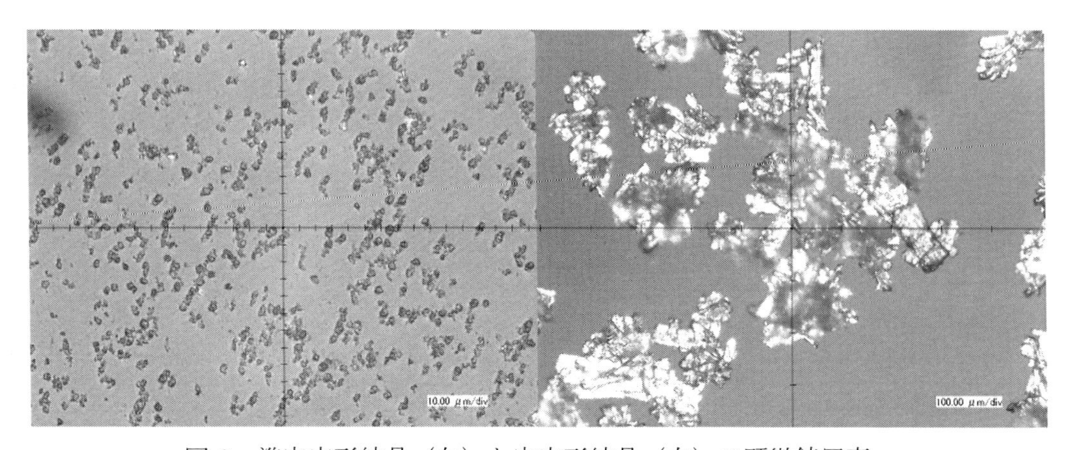

図8. 準安定形結晶（左）と安定形結晶（右）の顕微鏡写真

準安定形である微細結晶は非常にろ過性が悪く、また乾燥も長時間かかってしまい、さらに造粒してしまうといった問題点があった。これは実機製造で起こったトラブルであるが、実験室では、何故か安定形である大きな結晶が得られており、実機製造を再現することが出来なかった。様々な原因調査を行った結果、晶析の前に行われている反応工程に原因があることが判明した。実機操作では安全上の対策として、通常反応釜を窒素置換する。実験室においては、反応溶媒が水であったため、窒素置換を十分に行っていなかった。そのため、反応工程で生成する不純物が酸化されていることが分かった。その時の反応溶液は着色しており、得られる結晶も黒色混じりに着色されていた（図 9：実験室品、低純度、安定形）。晶析前の液をよく観察するとわずかではあるが、黒色の物質が浮遊していることも分かった。本晶析は中和晶析であり、塩酸を滴下することで pH を酸性側にすると結晶化する。図 10 に準安定形と安定形の溶解度を示す。塩酸滴下中の濃度推移を同じく図 10 に示す。塩酸を滴下すると、pH が 4.9~5.0 になった時点で結晶化することがあり、この時は安定形が取得される。一方で pH が 4.6 付近になるまで結晶化しないこともあり、この場合は準安定形が取得されることが多かった。もちろん、塩酸の滴下速度にも依存するが、実験室での滴下速度は、実機と同等にしており、また撹拌効率も実機と同等で行っていた。結晶化の違いは、恐らくこの黒色の不純物が安定形結晶の核発生を助長し、準安定形の析出する過溶解度に到達する前に過飽和度がリリースされたのではないかと考えられた。実機では黒色の不純物が析出していないので、準安定形の過溶解度を超え、準安定形が析出したのではないかと考えられた。

検証のため、実験室においても窒素置換を十分に行い、結晶化を同条件で行うと、ろ過性の悪い微細な準安定形結晶が得られた。反応溶液は澄明で結晶も白色であり、実機製造で得られた結晶形と同じで、再現に成功した（図 9：実験室品、高純度、準安定形）。尚、窒素置換が不十分である場合、黒色物質などの不純物を含んでおり、最終原薬の品質に影響することも分かった。そのため、品質面からも窒素置換を十分にすることが必要であった。しかし、前述のように窒素置換を十分に行うと、微細な準安定形が得られてしまう。そこで、晶析工程を改良し、窒素置換されていても安定形が取得できるように改良した。具体的には塩酸の滴下中に pH 調整を導入し、準安定形の溶解度以内で結晶化を行い、安定形を得るように製造法を設定した。その結果、窒素置換を行っても安定形である粗大結晶が得られ、純度も高いものとなった（図 9：実験室品、高純度、安定形）。

図 9. 実機製造と実験室で得られた各結晶

スケールアップ実験を経た後、15 m^3 スケールの実機製造で同製法を検証した。ところが、またしても準安定形である微細な結晶が得られ、ろ過に 36 時間、乾燥に 49 時間かかり、乾燥中に結晶も造粒してしまった。実機製造は 4 バッチあったため、製造法を少し修正し、より過飽和度の低い状態での結晶化となるように試みたが、結果はあまり変わらなかった。最後の4バッチ目で初めて撹拌速度の変更を試みた。この理由は、スケールや撹拌の違いによる混合時間の違いが影響していると予想したためである。実験室では塩酸が液面に滴下されると、瞬時に混合されるが、15 m^{3}のスケールになるとその混合時間は長くなると考えられる。つまり、混合時間と1次核発生速度との競争であり、15 m^{3}のケースでは、混合時間が長くなってしまっていたため、pHが低い局所的な部分において、準安定形の1次核発生が起こったと考えられた。3バッチ目までの撹拌速度50 rpmに対して、4バッチ目は70 rpmにて実施したところ、安定形である板状結晶が得られた。その結果、ろ過は6時間で終了し、乾燥は11時間で造粒することも無く、無事に製造が終了した。撹拌速度を上げることで、混合時間を短く出来て、1次核発生が起こる前に、局所的なpHの低下は解消されたのではないかと考えられる。本ケースでは70 rpmで十分な撹拌効果が得られたと推察するが、もし70 rpmでも十分でなかったら、このスケールで製造する場合は何らかの対処が必要になってくる。その場合はプロセスの改良というよりも製造設備における工夫が必要であると考えられる。

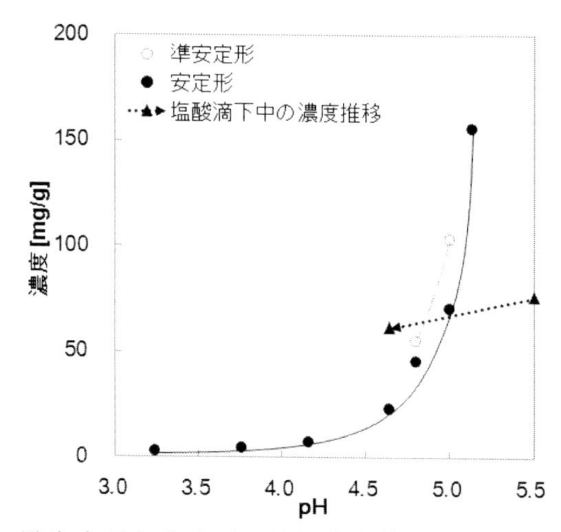

図10. 準安定形と安定形の溶解度曲線と塩酸滴下中の濃度推移

3.5. 懸濁液の流動性やスケーリング

多形や粒径、不純物といった品質への対処は常に必要となってくるのだが、図2でも示したように、製造上でも解決すべき問題点がある。例えば流動性やスケーリングと呼ばれるものである。結晶化を行う際に、ある時点で急激に結晶が析出してしまい、撹拌しても全体が流動しなくなることがよく見受けられる。この場合は撹拌翼に負荷がかかる等の問題がある。また、撹拌槽の壁面にリング状に結晶が堆積してしまうスケーリングと呼ばれる現象は、結晶がはがれおちず、収率が低下する問題も引き起こす。こうした問題は、晶析の理論だけではなかなか解決することが難しく、様々な要素が複雑に絡んでいるため、厄介なトラブルと言える。実験室で用いる晶析装置も様々であり、例えば、フラスコを用いた実験で、撹拌はマグネティックスターラーや半月形の撹拌翼などで行っていれば、流動性はそのスターラーや翼径の大きさにも依存し、フラスコのサイズに対して大きい翼径を使用していれば、あるいは流動性に問題ないと判断されてしまう可能性もある。そのような場合には実機をスケールダウンした相似形の容器で行う方が、より正確に流動性を判断することが出来る。ただし、スケールによって周速度が違うことに起因して、スラリーの粘性が大きく変わってしまうことに注意が必要である。つまり、実験室スケールで流動性が悪くても実機製造を行うと、問題なく流動することもあるため、必ずしも小スケールだけでは判断しにくい。この場合はある程度のスケールアップ検討が必要になる。まずは小スケールで問題ない流動性を確保できているかを確認することが重要ではないかと考えられる。

結晶粒径が小さい場合には、結晶の粒径を大きくすることで解決できることもある。また、結晶が析出するタイミングに問題がある場合は、液量が多くなった段階で結晶化をさせると、流動性が向上する場合もある。図 11 に流動性が悪いスラリーの様子と、結晶化のタイミングを変更し、流動性が改善された様子を示す。スラリー濃度が高すぎてしまう場合は、溶媒変更も含めてプロセスを大きく変更することを余儀なくされる。例えば、DMSO、DMAc といった有機化合物に対して非常に溶解力の高い溶媒を用いると、化合物をわずかな液量で溶かすことが出来る。ここに、溶解力の非常に低い水などを貧溶媒として用いると、溶解度が急激に下がり、細かい結晶が急激に析出してしまうことが多い。この時、液量が少ないため、スラリー濃度は非常に高くなってしまう。そのため、流動性が極めて悪くなり、撹拌翼近辺の中心部分しか流動しなくなることがある。良溶媒の量を増やすことで改善するが、収率が低下するため、その量の最適化も重要である。このようなケースでは、貧溶媒を多く使用して、化合物を溶解した良溶媒を貧溶媒に逆滴下することで結晶化時のボリュームを増やすことが出来、一時的な流動性の悪化は避けることも出来る。しかし、逆滴下は晶析場の溶解度が低くなるため、滴下速度によっては過飽和度が高くなりやすく、細かい結晶や多形析出の懸念が高くなるため、留意が必要である。

図 11. スラリーの流動性の悪い状態（左）と流動性の良い（改善された）状態（右）

3.6. 開発品化合物の結晶化とオイルアウト

医薬品原薬は前述のようにその中間体も含めて、新規な化合物であることが多い。中間体を溶液状態で次反応工程へ導く場合もあるが、品質管理の観点から、結晶化が望まれることが多い。新規化合物をどのように結晶化するかは、多くの実験者が苦労するところである。いくつかのケースにおいては、塩化することで結晶化が可能となることもある。結晶化困難である原因の一つに無機化合物や金属類等の不純物の存在が影響している場合がある。反応工程において、類縁化合物といわれる原薬や中間体に構造が類似した有機化合物も不純物として生成する。類縁化合物は構造が類似しているため、原薬や中間体の結晶格子にも含まれやすいためか、核形成を妨げたり、結晶の成長を阻害する事例などもある。この場合は何らかの手段で純度を向上させることが必要と考えられる。

結晶化検討をしている際に、オイルアウトと呼ばれる相分離を起こす現象も見受けられる。オイルアウトは、化合物を含んだ所定濃度の溶液を冷却すると、ある決まった温度で相分離する現象である。融点の低い物質や分子量の大きい物質で比較的多く見られる。オイルアウトは大きく分けて 2 パターンあるとされ、化合物が各相に異なる比率で存在するケース（混合溶媒系に多い）と、どちらかの相の化合物濃度が極端に高いため粘性が非常に高く、結晶化しにくいケースがあるとされている[7]。またオイルアウトしてしまう、非常に結晶化しにくい場合の対処として、種晶を用いることで結晶化を促すことがあるが、最初の種晶の取得方法として、凍結乾燥による方法等が提案されている[7]。いずれの場合についても、まずその相図を取得することが非常に重要である。

4.　新技術や今後の展開

4.1.　分析装置

分析装置の発展により、近年ではインラインでの粒度モニタリング、濃度分析等が可能になってきている。これらの装置は通常の実験業務でも、製法構築の最適化までの期間を短縮するためにも用いられる上、実機製造に導入することで、より堅牢な製造を行うためにも用いられる。一連の分析装置とその使用は、医薬品業界でも注目を集め、Process Analytical Technology として各社が検討を進めている。晶析工程においても FBRM®や IR、NIR、RAMAN といった機器等がインラインで用いられ、粒度や結晶化の進行、濃度追跡や多形制御といった検討がされている。インライン機器の使用は、Quality by Design の概念に非常に密接に関係しており、これらのツールを活用することで、より工程が理解され、堅牢なプロセスの構築と継続的な製造法の改良がより確実になるとされている。

4.2.　晶析装置

製薬業界では、バッチ晶析が通常用いられる晶析方法である。近年では、他にも様々な手法を用いて結晶化する技術が開発されてきている。例えば、超音波を利用した取り組みである。超音波により誘導期間が変わってくることや、分散や破砕等に影響することがあるため、これらの現象をどのようにプロセスに活用していくかが重要である。高速混合技術についての研究も多くされており、医薬品の晶析に導入するための様々な装置や方法の開発がされてきている[8,9]。また連続晶析の試みも行われている[10]。連続プロセスは医薬品業界では新規技術であり、設備の新規化が必要な上、後工程であるろ過や乾燥などの製造技術も合わせて開発が必要なため、導入するためのハードルは非常に高く今後の動向が注目されるところである。

4.3. 原薬のナノ化

原薬をナノサイズにすることで、バイオアベイラビリティを向上させる試みが各製薬会社によってこれまでになされてきている。2000年頃からファイザー、メルクなどの海外製薬会社が、湿式ボールミル等で、原薬をナノレベルにすることを行ってきた[11]。これらは晶析によるものではないが、最近では、晶析によるナノ化も検討されてきている[12]。ナノサイズの結晶の固液分離は極めて困難であるため、特殊な製剤化が必要となる。晶析でナノ粒子を得るには、過飽和度を高めて核のサイズ自体を小さくすることが必要と考えられるが、その場合は結晶の安定性もさることながら、準安定形の析出や結晶化度にも留意が必要ではないかと考えられる。

4.4. コクリスタル

難溶性医薬品の溶解性向上の新たな手段として、近年特に注目を浴びているのが、コクリスタルと呼ばれるものである。コクリスタルとは同一格子内に異なる2つの物質を含む結晶であり、医薬品においては、原薬と他の物質の複合体であり、溶解性の改善が期待されている。溶液からの晶析や粉砕などによって得られるが、医薬品製造のスケールアップを考慮すると晶析操作で得る方が好ましいと考えられる。晶析の場合は、所望の比率で得られるかどうかが重要となってくる。また、それぞれの結晶に多形が存在している場合は、その分配慮すべき多形の数も多くなると考えられるため、今後の晶析工程における課題は多く、これまで以上の工程理解が求められるところである。

5. 結言

医薬品の開発は市場へ出るまでに10数年かかるといわれているが、実際には商用生産に耐えうる製造法開発にかけられる期間はそれほど長くはない。開発初期はその合成ルートを構築することが最優先となる。全ての合成ルートはほとんどが新規の方法であり、ようやく完成した合成ルートでも、安全面やコスト面から何度も見直され、よりよいプロセスへと改良していかなければならない。その度に晶析操作も検討が必要となる。より早く薬を市場に出すことが製薬業界に課せられている使命であり、開発期間は常に短縮することが求められている。近年の様々な規制の中、製薬会社はこれまで以上に短い検討期間で、晶析工程をより堅牢で洗練されたプロセスにするために、新規技術も含めて晶析に対する技術を蓄積し、研究開発に役立てることが非常に重要となってくるのではないかと考えられる。

参考文献

[1] ICH Q3A (R2), Impurities in New Drug Substances, **2006**.

[2] ICH Q3C (R5), Impurities: Guideline for Residual Solvents, **2011**.

[3] ICH Q8 (R2), Pharmaceutical Development, **2009**.

[4] ICH Q9, Quality Risk Management, **2006**.

[5] ICH Q10, Pharmaceutical Quality System, **2009**.

[6] ICH Q11, Development and Manufacture of Drug Substances, **2012**.

[7] Chem. Eng. Res. Des. **2010**, *88*, 1174-1181.
[8] AIChE J. **2003**, *49*, 2264-2282.
[9] Org. Process Res. Dev. **2007**, *11*, 699-703.
[10] Org. Process Res. Dev. **2009**, *13*, 1357-1363.
[11] Int. J. Pharm. **2013,** *453*, 142-156.
[12] Ind. Eng. Chem. Res. **2009**, *48*, 1761-1771.

第 10 章　晶析装置の展開

須田 英希
（月島機械株式会社）

1. 晶析装置の歴史

晶析操作そのものは古くは塩や砂糖を釜で煮詰めて結晶を得ることなどで行われていた。
近代工業における晶析装置の使用が始まったのは２０世紀に入ってからになる。いくつかの晶析装置のタイプごとにその歴史を概説するが詳細は参考文献[1][2]を参照してください。

1.1 自然循環型濃縮晶出機

２０世紀初期に使用され始めた砂糖用晶出機は加熱機構を内蔵した蒸発濃縮結晶缶であり、加熱によるマグマの自然循環を利用して撹拌が行われていた。加熱機構はカランドリア式、コイル式などが用いられた（図１）。この晶析装置は砂糖以外の塩や無機化学薬品へも使用されていった。この当時スラリー搬送に適したポンプが少なかったこともありこの装置は回分式で操作されることが多かった。液の供給と蒸発操作は連続で行い結晶の取り出しも回分操作で行う方法や、所定の結晶量になったら缶内のスラリー全体を結晶ミキサーに落とすなどの方法が行われていた。この装置では液面を適正範囲に保ち自然循環でスラリーが十分循環していれば伝熱係数は中程度、結晶付着はそれほど激しくないため使い勝手がよく広く使われた。

1.2 内部強制循環型濃縮晶出機

前項の自然循環型濃縮晶析装置では自然循環を利用しているため、砂糖のような高粘度スラリー等の結晶沈降速度が小さい系であればスラリーの比較的均一な循環が行えていた。しかし食塩や無機化学品などで比重や結晶が大きく液粘度が小さいような系では結晶が沈降しやすく結晶堆積等の問題があった。

１９３０年代になって日本では技術的な進歩もあり当時の専売公社が主導して製塩用のカランドリア結晶缶のダウンテーキ内にマリンタイプのプロペラを取り付けた。これにより缶内のスラリー循環を促進させて缶内壁等への結晶スラリー付着防止や底部への結晶堆積防止を図って生産効率を上げた（図２）。この攪拌機を取り付けたタイプが砂糖用に使われだしたのは１９６３年ころからであり、撹拌による内部循環量を多くすることにより伝熱性能が大幅にアップしたり結晶核のコントロールがしやすくなったりして生産効率が大幅に向上した。最近ではハニカム構造の加熱機構を内蔵したタイプが砂糖用などで使われ始めている。

1.3 外部強制循環（FC）型晶析装置

このタイプは１９３５年頃に登場し壁面への結晶付着防止の効果があるということもあり普及しだした。蒸発結晶缶からスラリーをポンプで循環させ加熱器あるいは冷却器を通って蒸発結晶缶に戻る方式（図３）でありシンプル、安価であるため食塩用など多用されている。

1.4 間接冷却晶析装置

一方、冷却晶析によって結晶析出させる方法として使用されたのがSwenson Walker型晶析装置（図４）に代表される横型スクリュ一撹拌型晶析装置である。横長のトラフ型の槽にジャケットを付け冷却できるようにし､内部にはリボンスクリュ一型の攪拌機をゆっくり回転させながら結晶を析出させる方式｡冷却面への結晶付着や晶析後の結晶排出に難はあるものの回分式での使用ではバッチごとに残留結晶も溶解除去できるため大きな問題にはならず安価でシンプルな装置のため近年に至るまで使用されてきた。

同じく横型ではセンターシャフトを通しそのシャフトに複数枚の冷却ディスク（ワイパー付)を取り付けたCDC型晶析槽が近年使用されている（図５)。各冷却ディスクごとに晶析槽を仕切り､冷却ディスクと晶析スラリーを段階的に温度コントロールできるため結晶粒径をコントロールしやすい。

一方縦型撹拌槽にジャケットを付けて間接冷却晶析を行う方法では同様に冷却面での付着による結晶塊の形成で定期的な結晶溶解操作が必要であった｡冷却面への結晶付着を減らすために冷却面を常時掻き取る機構を付けた掻き取り型間接冷却晶出機（図６）が使用されている。

1.5 クリスタルオスロ型（図７）

1919年にノルウェーで開発され、連続運転で比較的大きな結晶を得られることから世界中に広まり、日本でも硫安、硫酸ニッケル、硫酸銅、塩素酸ソーダなど比較的沈降性の良い結晶に適用されてきた｡しかし外部循環流量と結晶槽内の分級層の形成条件との組み合わせの難しさや蒸発量とそれによる過飽和度の結晶粒径への影響と結晶粒径の安定性の確保の難しさ､生産性の低さなどの課題があった。この生産性を改善するために日本で逆円錐型晶析装置が開発[3]された。

1.6 反応晶析槽型

肥料を生産する装置としてアンモニアガスを硫酸やリン酸で吸収させ硫安やリン安の結晶を製造する直接反応晶析法が１９３０年前半から行われ､攪拌機を使わず空気撹拌やスチーム撹拌で生成した結晶を流動させていた（図８)。この方法を応用して現在でも製鉄所のCOGガスから硫安結晶を生産するプロセスに使われているところがある。

1.7 DTB型晶析槽

1950年代に開発され懸濁晶析装置の一つの代表機種として現在でも多く採用されている（図９)。円筒縦型槽内部にドラフトチューブという円筒を置きその内部に上昇流を起こさせる攪拌機をつけ､槽外周部に結晶沈降ゾーンをつけバッフルで仕切って清澄母液を取り出せるようにしたものである｡結晶の性状や必要過飽和度によって比較的自由なサイジングが可能であるため多くの物質に適用されてきた。

このDTB型の改良型として1960年代後半にDP型晶析槽（図１０）が開発された[4]。これは攪拌機としてドラフトチューブの一部を輪切りにし内部および外部にひねりが逆の羽根を取り付け、１本のシャフトで回転させるものである。この独特の羽根によりドラフトチューブ内部と外部に逆向きの流れを起こさせ、羽根径がシェル内径に近い大型羽根のため回転数が少なく大量の循環量が得られるタイプである[5]。この装置は大循環量ゆえに槽内が均一な混合状態が得られるため局部的に過飽和が過大になりにくく均一な粒径の結晶が得られるなどの特徴がある。この装置は１９７２年にドイツ企業（当時の Sulzer Escher Wyss 社）に技術供与され、ヨーロッパを中心に実用化された。

一方ドイツでは 1970 年前半に DTB 型の下部に分級層が形成できるようにしたタービュレンス型が登場。粒径の細かいものが循環する部分と粒径の大きいものが流動する部分があり、DTB 型とオスロ型を組み合わせたようなコンセプトになっている。撹拌機を通過するスラリーの粒径が小さく濃度も薄いので破砕による二次核発生が抑えられ粒径が大きくできる。ただし２つの循環流の最適化のための設計や運転上の調整が必要になる。

２. 晶析方式と適用装置の種類

晶析方法や晶析装置については化工便覧[6]や各種資料に紹介されているのでここでは近年代表的に使用されている装置を簡単に紹介する。

2.1 冷却晶析方式

2.1.1 間接冷却晶析

縦型撹拌槽のサイドシェルをジャケット付にしたり、槽内にパイプコイルやプレートコイルを設置して冷却面積を多くしたりするケースもある。冷却面への結晶付着を減らすために冷媒～スラリー間の ΔT を小さくしたり冷却面上のスラリー流速を大きくしたりする工夫が必要。DTB 型の改良型である DP 型晶出機に冷却エレメントを組み込んだタイプ（図１１）では内部循環流量が大きく、ジャケットや冷却コイルの冷却面上のスラリー流速が大きくとれる。そのため結晶付着が少なく、高スラリー濃度でも十分なスラリー循環が確保できる。

1.4 項で紹介した掻き取り型間接冷却晶出機には冷却面に樹脂製スクレーパーを直接接触させるタイプと金属スクレーパーを冷却面とわずかなクリアランスをとるタイプがある。結晶の付着強度や性状によって使い分けられるが、総じてともに有機物結晶に使用されることが多い。

ＦＣ型も熱交換器を冷却器として使用することで間接冷却晶析にも適用されている。但し、冷却器での結晶付着が起こりやすく、数日～数週間毎に加熱による付着結晶除去操作が必要になることが多い。

2.1.2 冷媒直接冷却方式

プロパンやブタンなどの液化冷媒を溶液中に投入しその顕熱や気化熱で溶液を冷やし結晶を析出させる方式である。伝熱面がないため結晶付着トラブルが起こりにくく、冷媒の直接接触のため伝熱性能は良好でありパラキシレンやカプロラクタムなどの有機物や海水淡水化などで使われている。装置形式は撹拌槽型、DTB 型など晶析槽内部で十分な撹拌ができればよいが、冷媒の吹き込み口近傍での結晶塊が形成されやすいので吹き込み口を分散させたり吹き込みノズル形状を工夫する必要がある。また液化冷媒の回収、コンプレッサーシステムなど付帯設備が大きくなるため経済的ではないケースが多く近年では適用は少ない。

2.1.3 断熱冷却方式

供給液の溶質濃度が飽和濃度に近く、供給液温度が高い場合に使われる。供給液をその溶媒(一般的には水が多い)が沸騰する圧力(一般的には真空下)の撹拌槽に供給し、溶媒の沸騰による蒸発潜熱で溶液を飽和温度以下まで冷却し結晶を析出させる方式。供給液濃度、温度、飽和圧力・温度、溶解度の温度勾配が大きいなど条件をそろえる必要があるが、真空撹拌槽でも適用できる簡単な方式である。ただし、要求される結晶品質のために局部的に過大な過飽和度を抑えたい場合(特に母液より溶解度の高い液が供給される場合など)には撹拌条件の良いDTB型、DP型の清澄ゾーン・バッフルのないタイプが適する。

2.2 蒸発濃縮晶析方式

2.2.1 スラリー循環型

撹拌機やポンプでスラリーを循環させて結晶を均一懸濁状態にして蒸発濃縮晶析を行う方式。以下に一般的によく使われる晶析槽のタイプとそれぞれの特徴を紹介する。

(1) FC(外部強制循環)型:スラリーごと蒸発晶析缶と加熱器の間をポンプ循環させるシンプルな機器構成で安価な装置である。ポンプによる結晶破砕が多く大粒径結晶生産には適さないが塩、芒硝など多くの物質で使われている。なおこのタイプには循環スラリーの蒸発結晶缶への戻し方法にいくつかの方法がある(図3)。一般的に多いのは蒸発結晶缶下部から抜き出し、蒸発結晶缶の蒸発界面付近に旋回流を起こさせるように戻す方法であり、液面付近の結晶付着防止効果が高い方式である。但し旋回流が強いとサイクロン効果が働き、缶内中心部分のスラリー濃度が極端に薄くなって核発生が過大になってしまう可能性がある。

(2) DTB型:ある程度の大きさで粒径の比較的揃った結晶を生産することに適したタイプで世界的に広く使われている装置。清澄母液をポンプ循環するためポンプによる結晶破砕はないが沈降性の良い結晶ではドラフトチューブを循環させる流速を速くするため撹拌機回転数を速くする必要がありこれによる結晶破砕が考えられる。

(3) DP(ダブルプロペラ)型:DTB型より槽内部循環量を多くでき、局部過大過飽和度ができにくく結晶核発生が抑えられる。またプロペラ回転数やプロペラ先端スピードが小さくてすむため結晶破砕が少なくできる。そのためDTB型より大きな結晶、より粒度分布のシャープな結晶、不純物巻き込みの少ない結晶が得られやすい。

(4) カランドリア型:昔は無機化学品などでも使用されたが現在は製糖用が主流。しかも製糖用は回分式であるため蒸発速度の調整、種晶の作成や添加タイミング、差し水の量や投入タイミング、最終煮詰め具合など短時間の間にいろいろな状態確認や作業が必要であり、長年の経験と熟練が必要な操作になっている。

2.2.2 分級層型

結晶が分級された状態で懸濁している晶析槽内に、蒸発濃縮して過飽和状態にした溶液を通過させてその過飽和で結晶を成長させるタイプであり、クリスタルオスロ型に代表される。

（1）オスロ型：溶液を蒸発させる蒸発室と結晶を成長させる晶析槽が分離されている。晶析槽上部で清澄母液が取り出され循環ポンプで加熱器を通って蒸発室に送られ、そこで溶媒が蒸発する。この過飽和になった濃縮液がテールパイプを通って晶析槽下部に導入され結晶と接触して脱過飽和し結晶を成長させる。濃縮液は徐々に脱過飽和しながら結晶層内を上昇する。この晶析槽は上広がりの構造になっており、上部に行くにつれ徐々に濃縮液の流速が低下するため結晶層下部には粗大結晶、上部には細かい結晶と分布ができる分級層状態になっている。従って下部より結晶を抜き出すことにより粗大結晶を得られやすい（図7）。

（2）逆円錐型：基本的にはオスロ型の特徴と同様であるが分級層部分の懸濁密度を高くするなどして生産効率をアップし、また分級層部分の流速を速くしてオスロ型より均一な分級が行えるようになっている。

2.3 反応晶析

2.3.1 気液反応晶析（硫安、リン安）

1.6 項に紹介した COG に代表されるアンモニアを含むガスを硫酸で吸収させその反応熱や硫酸濃度調整などで一気に硫安を析出させる方式やアンモニアガスをリン酸溶液で吸収させリン酸アンモニウムを直接晶析させる方法などが行われている。いずれもガス吸収、反応、晶析が同時に起こっているため、物質移動をよくするための撹拌がしっかり行われているほど結晶粒径を大きくできたり結晶付着トラブルが少なくできている。

2.3.2 固液反応晶析（リン酸石膏）

リン酸プラントではリン鉱石中の主成分であるリン酸カルシウムを硫酸に溶かして硫酸カルシウム（石膏）にしてフリーのリン酸を得ている。この場合副生成物である石膏を晶析させて除去している。初期のリン酸プラントではリン酸を取るのが目的であり、副生石膏は不純物やリン酸含有のため埋め立てなどにしか使えなかった。第二次大戦後日本でもリン酸プラントが多く建設されたが、副生石膏の使い道が無く問題であったため、石膏品質を改善できるプロセスを考案し石膏ボードやセメント添加材に利用出来るようにした[7]。このプロセス改善では石膏を反応晶析させる条件や２段晶析方式の採用など石膏晶析条件の改善がなされた。

2.3.3 液液反応（リン酸カリウム、硝酸ナトリウム等）

酸・アルカリ反応を中心に多くの実施例がある。溶解度や回収率、反応熱と濃縮度などとの関係で操作温度や圧力を設定することになる。濃厚な酸やアルカリを直接使用すると過飽和度が高く結晶が細かくなったり母液包含が多くなったりするため、最適な反応条件や供給条件の設定とともに十分な撹拌が行われる必要がある。

2.4 貧溶媒晶析、塩析晶析

2.4.1 貧溶媒晶析

飽和に近いあるいは過飽和の溶液に適した溶媒を混合することにより溶質の溶解度を低下させ結晶を析出させる方式であるため、十分な混合が行えるタイプの晶析槽が用いられる。単純撹拌槽型がよく用いられるが FC 型やバッフル・清澄ゾーン無しの DTB 型が使用されることもある。医薬関連などでは均一な品質の結晶を取り出すため回分式の撹拌槽が多用されている。いずれのタイプでも溶媒の注入部分での局部過大過飽和が起こりにくいような工夫が必要である。

2.4.2 塩析晶析

貧溶媒の代わりに何らかの塩（水）溶液を晶析目的成分溶液に混合させることにより目的成分溶解度が低下して析出することを利用する方式。排煙脱硫設備で SOX を苛性ソーダで吸収し硫酸ナトリウム（芒硝）として回収した液を濃縮し、その濃縮液に苛性ソーダ（NaOH）を添加させるとその NaOH の濃度の増加によって芒硝の溶解度が低下し結晶析出する。結晶分離後の母液は NaOH を数%含んでいるので SOX の吸収液として使用され芒硝リッチな水溶液になって再び晶析装置に戻ってくる。貧溶媒などと同様に塩析用溶液の投入口での局部過大過飽和の生成を防ぐ必要がある。

2.5 溶融晶析

溶質が溶媒に溶けている溶液系でなく、その成分自信が融解する複数の成分の混合液から 1 成分を結晶化させる方式であり、オルソ・パラ・メタの異性体があるキシレンなどに代表されるように多くの場合有機物で適用されることが多い。一般的には間接冷却晶析方式の適用が多いが、直接冷却や断熱冷却の方法が適用されることもある。近年ではリン酸の精製での適用が検討されている。

2.5.1 結晶懸濁方式

懸濁スラリー状態で冷却晶析を行わせる場合、間接冷却方式が多いが、直接冷却、断熱冷却の方法が適用されることもある。間接冷却方式ではジャケットやプレートコイル方式、掻き取り冷却方式などが適用されることが多い。断熱冷却方式では若干の冷媒を添加して減圧下で蒸発させることにより冷却晶析を行わせ、冷媒はコンデンスされまた晶析槽へ戻される。カプロラクタムの水を使った断熱冷却溶融晶析などが行われている。

2.5.2 結晶非懸濁（静置）晶析方式

結晶を懸濁させずに冷却面に目的成分を優先的に結晶付着させることにより母液と分別し、母液を抜き出したのち付着結晶を溶融して仕込み液より目的成分濃度の高い液として取り出す方法が行われている。融液中にプレート状やパイプ状の冷却部を浸漬させるタイプや落下液膜タイプなどがある[8]。付着結晶の間に母液が取り込まれやすく懸濁晶析で得られる結晶より不純物が多くなる。しかし付着結晶を溶融させる時の発汗効果や結晶を溶融した液で置換洗浄を組み合わせ同様な晶析操作を繰り返し行うことにより不純物を低下させることができる。

2.5.3 溶融精製方式

懸濁晶析でも静置晶析でも得られた結晶を単に固液分離するだけでなく精製して高純度の結晶あるいは結晶溶融液として取り出すことが行われている。

(1) 向流冷却晶析精製（4C）装置：Union Carbide Australia 社から技術導入した Brodie Purifier[10]を改良して縦型の掻取り型冷却晶析装置と縦型精製塔の組み合わせた装置（図１２)。溶融晶析された結晶で精製塔内で結晶ベッドを形成させ、底部の加熱器で結晶を溶融させる。その溶融液が還流液として塔内を上昇しながら母液を置換する効果と結晶が融点付近で保持されることによる発汗効果の相乗効果で高純度製品を取り出す装置。

(2) KCP 装置：溶融晶析された結晶を 2 軸の縦型スクリュウコンベアで結晶だけを塔内を上昇させ、その間塔内を若干結晶が融ける程度の温度に保持することにより発汗効果と結晶溶融液による上昇結晶の洗浄効果により高純度結晶を得る装置（図１３)。

(3) スルザー薄膜降下式晶析プロセス：縦型多管式熱交換器と複数の受けタンクとその切り替えシステムにより構成されている（図１４)。供給液を熱交換器との間でポンプ循環させながら冷却し伝熱面に結晶を付着成長させたのち液循環と冷却を停止。脱液後付着結晶が一部融ける程度に熱交換器をわずかに暖め溶融液による付着母液置換と発汗効果により不純物を減少させる。その後加熱して付着結晶を融解させて別の受けタンクに受ける。この液は供給液より高純度になっており、これと同様な操作を数回繰り返すことにより高純度融液を得るものであるが、晶析と融解を複数回行うためエネルギー効率は他の２装置に較べるとやや劣る。

2.6 特殊な晶析装置例

一般的な晶析装置、晶析方法とは異なる装置・方法で晶析操作を行っている例をいくつか紹介する。

2.6.1 高圧晶析装置 [13]

高圧下において固液平衡が常圧下とズレることを利用して晶析分離する装置であり、系によっては大気圧下では分離できない成分を取り出すことができるユニークな装置。固溶体を形成する物質や多形物質の分離などにも有効。

2.6.2 排水処理

近年問題となっている下水中のリンの除去に晶析操作が利用されている例[14]がある。MAP（リン酸マグネシウムアンモニウム）結晶と下水を混合撹拌している反応槽にマグネシウムと下水を連続的に供給する。過飽和度、核発生をうまくコントロールする事によって排水中のリンが MAP 結晶の成長に使われて排水中から除去される方式である。MAP の代わりにヒドロキシアパタイト(HAP)を使う方法もある。

その他排水中のフッ素をカルシウムと反応させフッ化カルシウムとして固定化させる方法やホウ素をナトリウム塩で固定化させる方法も晶析現象を利用したものである。

2.6.3 アスパルテーム

甘味料として使われているアスパルテームはその特異な晶癖のため細かい結晶にしかならず固液分離、乾燥の負荷が大きかった。その晶癖を利用してパイプ内に溶液を入れたまま冷却晶析する静置晶析法により固液分離以降の操作が容易になる結晶が得られることを見いだし、工業生産レベルの装置にまでスケールアップした例がある[15]。まったく結晶を撹拌させないで晶析させ、固液分離が容易なスラリーを得る珍しい例であるが、結晶の特性をしっかりとらえて装置化に成功した代表例である。

3. 晶析装置の最近の話題

晶析装置や晶析操作を利用した最近の話題をいくつか紹介する。

3.1 電池材料

近年、電気自動車、太陽電池、燃料電池などが発達普及しているが、それらの二次電池に用いられる正極材用の前駆体（プレカーサー）の製造にも晶析（反応晶析が主流）が使われている。一般的にはこの正極材プレカーサーは複数種類の金属塩一次粒子の凝集体であり、この一次粒子の形・粒度分布や二次凝集体の凝集密度、形、大きさなどが電池性能を左右する。要求される電池性能からこれらの要素を晶析装置（形状や構造等）や操作条件（温度、ｐH、撹拌状態等）でどのようにコントロールできるかがポイントであり、各メーカーのノウハウとなっている。

3.2 潜熱型蓄熱システム

固液の相変化における潜熱を利用した蓄熱材（PCM）の利用は冷暖房や輸送分野などで利用されている。その蓄熱材としては氷（水）、エリスリトール、酢酸ナトリウム３水和物などが使われているがいずれも固液相変化時の潜熱が大きい。最近ではこの PCM をコンテナにして熱発生場所と熱利用箇所の間を行き来させる熱移送システムが実用化されつつある。この際 PCM が固化（結晶化）する際に過冷却を容易にブレークして結晶化できる必要があり、そのための核化促進剤添加や超音波による脱過飽和促進などの検討が行われている。

3.3 マイクロリアクター

マイクロリアクターは反応容量が小さいため反応時間が短い、反応熱の影響が少ないなどの特性により選択的な反応が行なえたり逐次反応の抑制がおこなえるなどの特徴をもつ。マイクロリアクターで晶析を行わせ微粒粒子やナノ粒子などの粒径の揃ったものを作ろうという検討が行われている。従来の晶析とは異なる手法であるためその理論解析や流路での結晶付着や閉塞対策などの設備対応など様々な検討が行われている。

3.4 インライン測定器

いろいろな種類のインライン型測定器があるが、晶析操作ではインライン粒度分布測定装置（FBRM 等）により結晶粒径、形状、個数のインラインでのモニタリングが行われている。特に回分晶析での核発生や結晶成長のモニタリングを行うことにより品質確保のための最適晶析操作条件を求めようとしたりしている。

<参考文献>

1）化学工学会編　日本の化学産業技術　第６章　工業調査会 (1997)

2）月島機械編　百年の技術　73-78 月島機械 (2005)

3）青山吉雄　工場操作シリーズ No.14　41 化学工業社 (1983)

4）河西達之　硫安技術　23(3) (1970)

5）須田英希　分離技術 35 (6) 62 (2005)

6）化学工学会編　化工便覧７版　598-599 図 11.24、図 11.25 (2011)

7）日本化学会編　化学便覧　応用化学編 I　プロセス編　169-171 (1986)

8）M. Stepanski, E.Schafer, Melt Crystallization 167-175 Shaker Verlag (2003)

9）大田原健太郎　分離技術 35 (6), 46 (2005)

１０）Brodie, J.A.,　Mech.Chem. Eng. Trans. Inst. Eng. Aust., MC 7, 37 (1971)

１１）大田原健太郎　分離技術 35 (6), 47 (2005)

１２）足立義憲　分離技術 35 (6), 57 (2005)

１３）守時正人ら：化学工学 51(6), 428-433, (1987)

１４）島村和彰ら、化学工学論文集 35 (1), 127-132 (2009)

１５）岸本信一ら、分離技術 26 (4) 227-232　(1996)

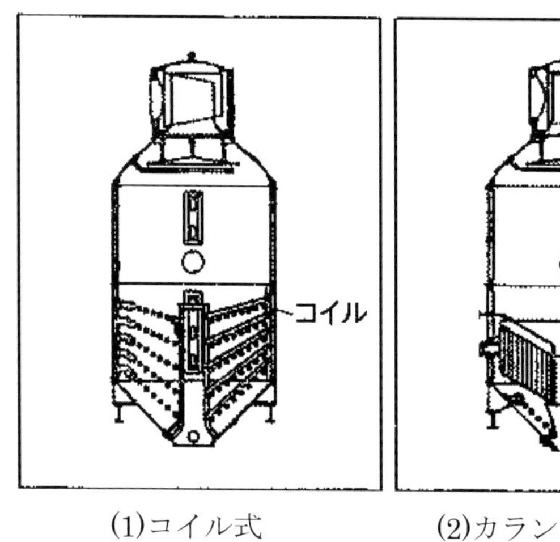

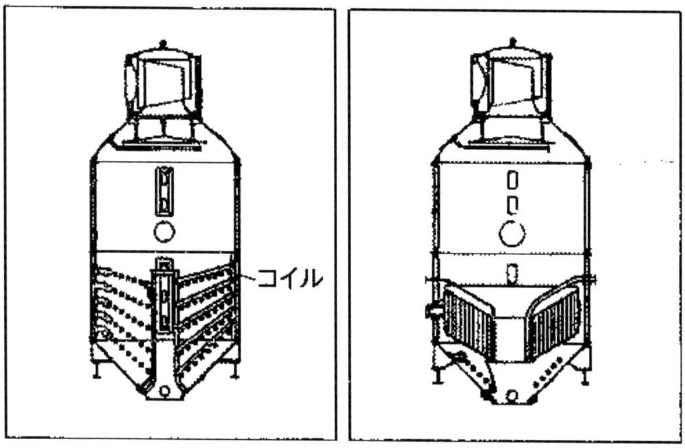

(1)コイル式　　(2)カランドリア式

図１　自然循環型濃縮結晶缶

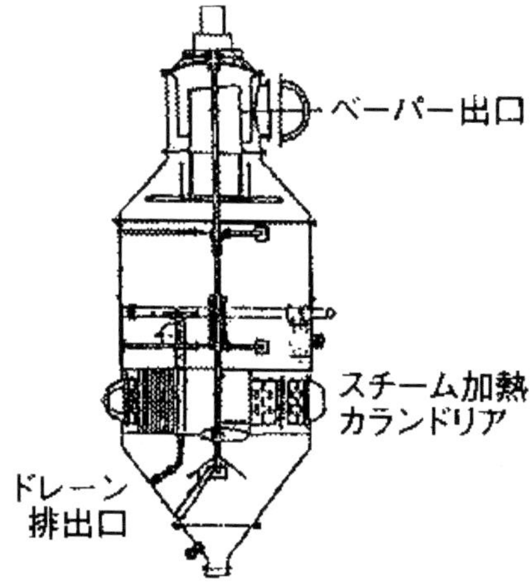

ベーパー出口
スチーム加熱
カランドリア
ドレーン
排出口

図２　内部強制循環型濃縮結晶缶

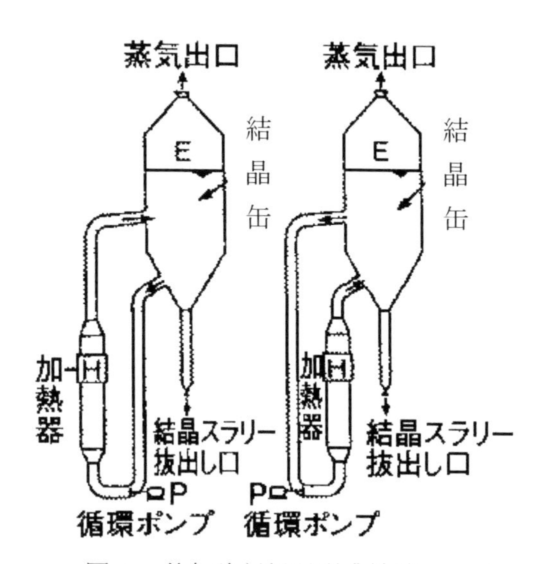

図３　外部強制循環型濃縮結晶缶

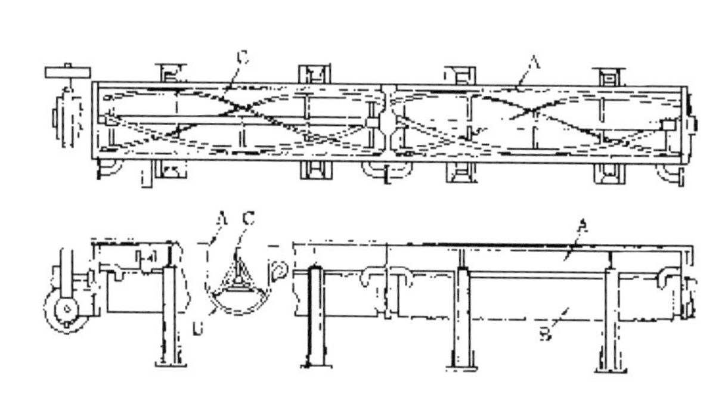

図４　Swenson Walker 型晶析装置

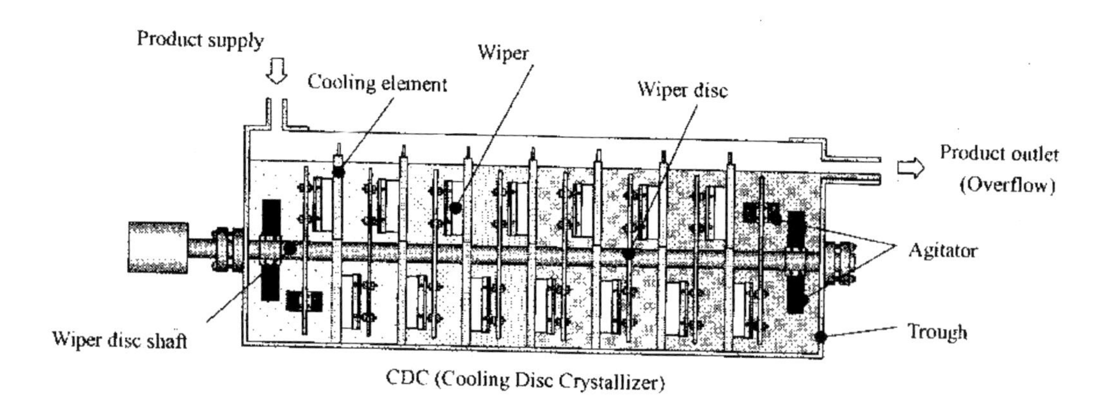

図５　CDC 型晶析装置[9]

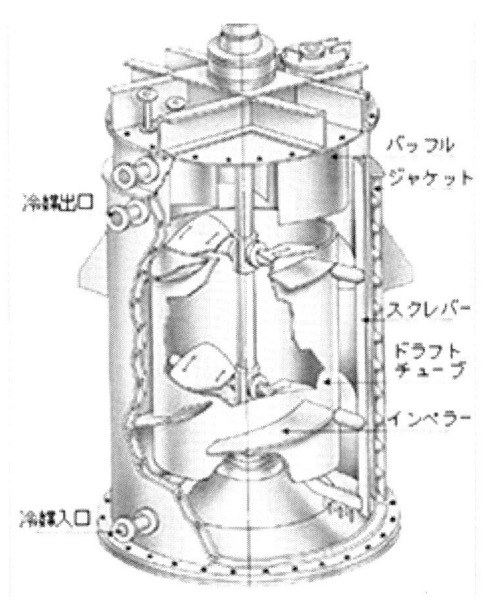

図６　掻き取り型間接冷却晶出機

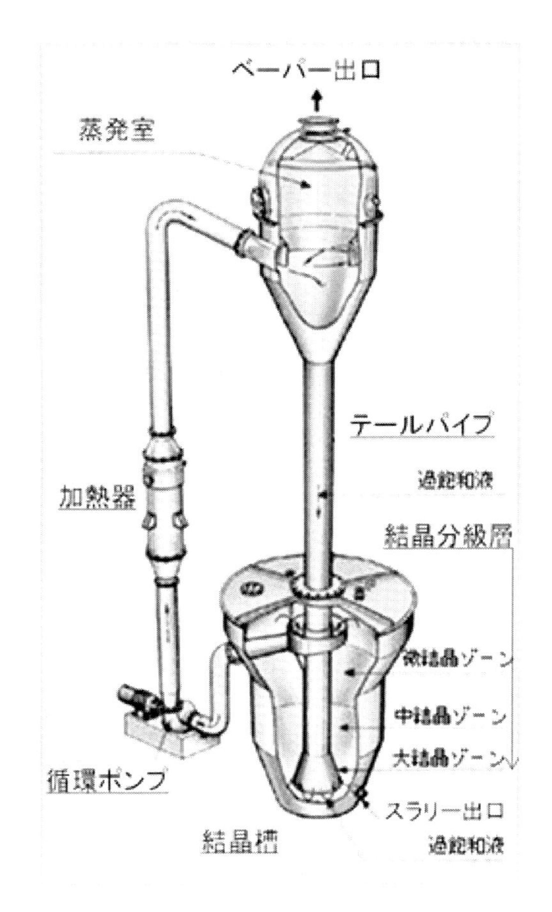

図７　クリスタルオスロ型晶出機

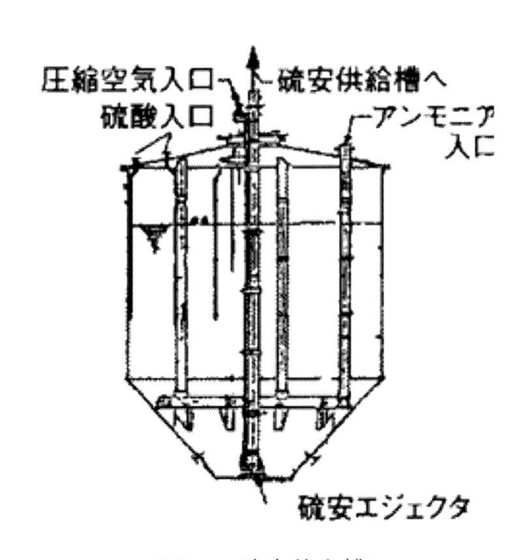

図８　硫安飽和槽

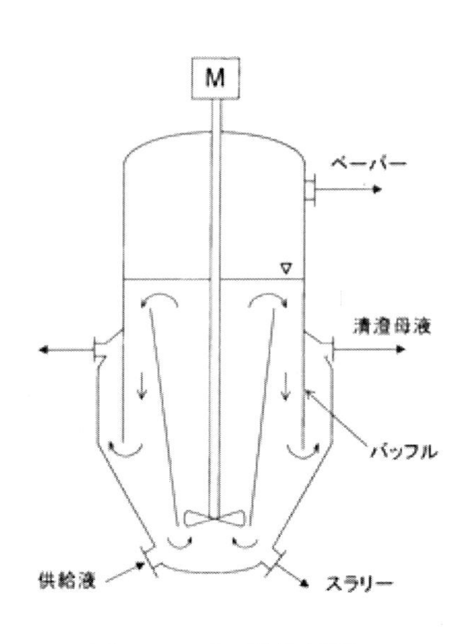

図９　DTB 型晶析槽

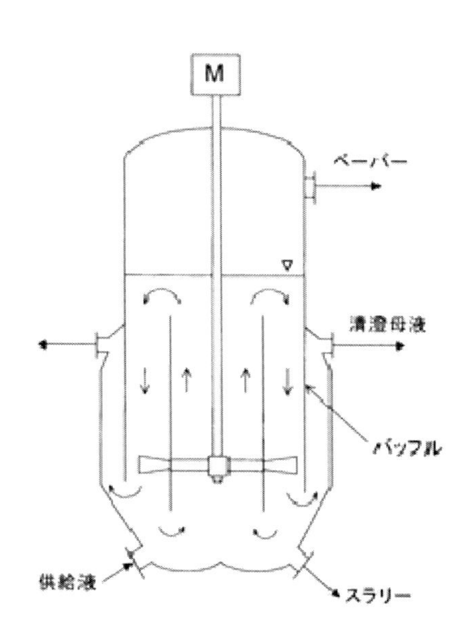

図１０　ＤＰ型晶析槽（清澄ゾーン付）

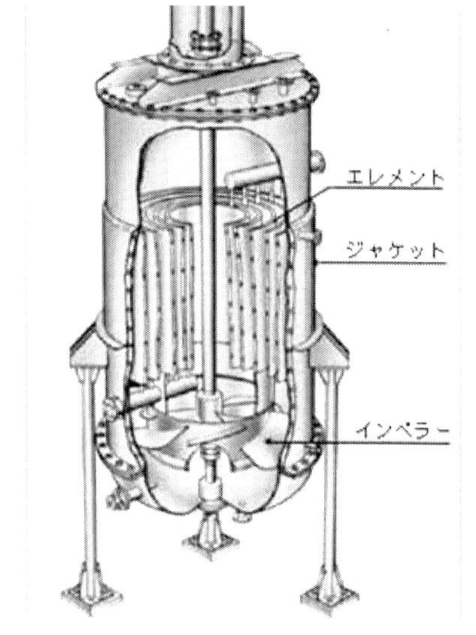

図１１　DP 型晶析槽（エレメント型）

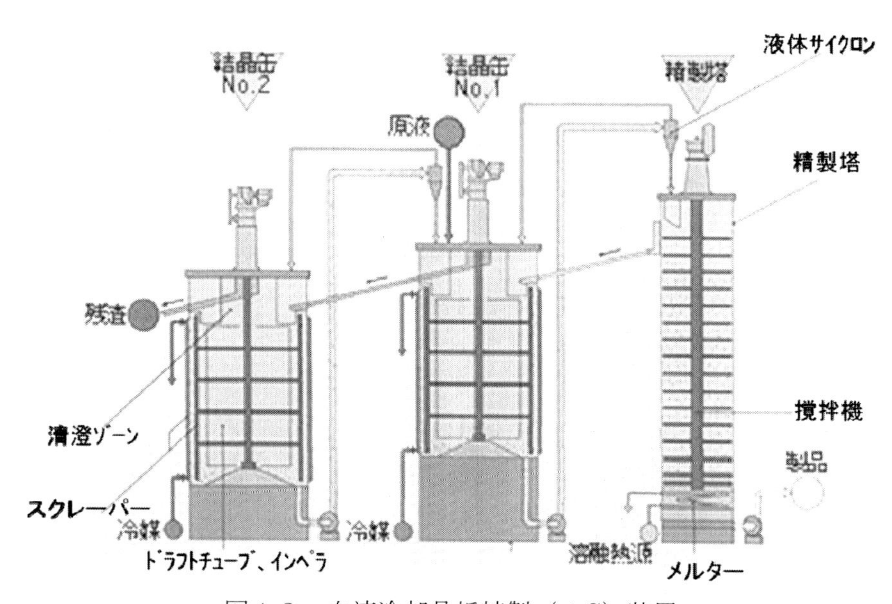

図１２　向流冷却晶析精製（４C）装置

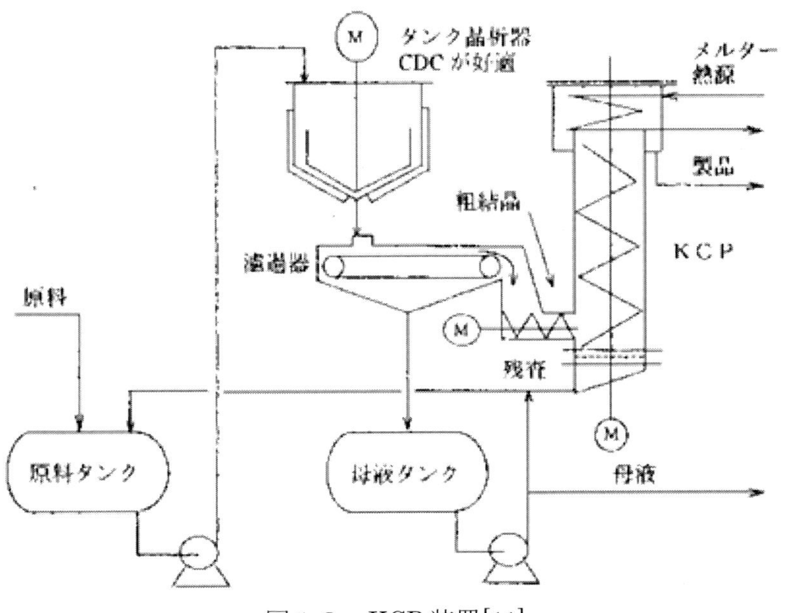

図１３　KCP 装置[11]

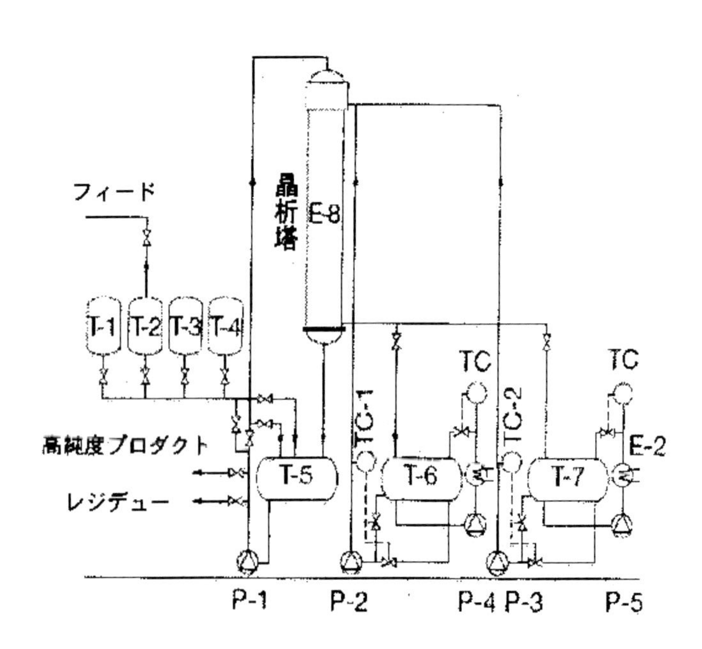

図１４ スルザー薄膜降下式晶析プロセス[12]

第11章　環境分野における晶析の進展

島村　和彰
（水 ing 株式会社）

1．はじめに

水処理技術とは、水中に存在している被除去物質を気体の状態に相変化させて除去したり、被除去物質を固体に相変化させたり、或いは固体に吸着させたりして、水を浄化する一連の技術である。多くの場合は、被除去物質は不要な成分として除去するのみであり、特に除去した固形分は、次工程で更に減量化などの処理がなされ、最終的に廃棄物として取り扱われることになる。しかしながら、それら被除去物質の一部はエネルギー源となり得たり、資源となり得たりするため、今日では除去のみでなく、同時に回収することが重要になっている。例えば、有機性排水を活性汚泥法などの好気処理した場合は、排水中の有機性炭素はカーボンニュートラルな二酸化炭素として大気中に放出されるが、嫌気性処理を行うことで曝気のためのエネルギーを節約でき、また排水中の有機性炭素もメタンガスとして回収され、エネルギー源としての利用が可能となる場合がある。また、リンやフッ素などの無機性の成分を固形物の形態で除去する場合には、従来から行われている凝集沈殿法ではなく、特定の物質を純度よく回収すれば、資源として再利用することもできる。

水中の有用物質を回収する方法としては、吸着法やイオン交換、膜分離法など種々の方法があるが、晶析法は、最終的なプロダクトが緻密な結晶で純度が高いことから、様々な取り組みがなされている。浄水処理の分野では、硬度成分を低減するために炭酸カルシウムを生成させてカルシウム分を除去する軟化処理が行われている[1)]。産業排水処理の分野では、半導体関連の排水に含まれているフッ素をフッ化カルシウムの形態で除去・回収し再利用する試みがなされている[2)]。浸出水処理の分野では、膜処理の前処理において、カルシウム分を除去するために炭酸カルシウムを生成している[3)]。下水処理分野や汚泥再生センター、産業排水の分野では、排水中のリンをリン酸マグネシウムアンモニウムやリン酸カルシウムなどのリン酸塩の形態で回収している[4)]。上記で述べた方法は、いずれも反応晶析の原理を応用した技術であり、ここでは筆者が開発に携わった反応晶析技術を活用したリン回収プロセスを例にとり、原理や基礎的操作条件、プロセス開発、実規模実証試験について述べる。

2．反応晶析の原理

反応晶析技術は、主に濃度差を推進力として、液相から固相への相変化を利用した技術であり、希望の固体を得る以外に、不純物や被除去物質を固相にして分離し液相を浄化する場合や、液相の目的成分を固相にして分離した後、再融解して純度を高める場合にも適用される。一般的には、カチオンとアニオンが以下のように反応して固体を形成する[5)]。

$$xA^{z+} \quad + \quad yB^{z-} \quad \Leftrightarrow \quad A_xB_y(\mathrm{solid}) \qquad (1)$$

A 成分と B 成分の他に、溶存しているイオンがなければ、活量係数fは 1 と考えてよいので、液相と固相の平衡状態を示す溶解度積(solubility product)は、

$$k_a = [A^{z+}]^x [B^{z-}]^y \quad (2)$$

となる。他のイオンが溶存している場合には、活量係数fを考慮して、溶解度積は次式のように表せる。

$$K_a = (f[A^{z+}])^x (f[B^{z-}])^y \quad (3)$$

溶液のイオンが溶解度積(K_{sp})以上の過飽和状態では、晶析反応が進行し、結晶が生成される。過飽和状態では、結晶の核発生現象と結晶核の成長現象、それに続く結晶の凝集現象が進行する。操作条件によって核発生が優先したり結晶成長が優先したりするので、実用的には、操作因子とその現象の因果関係を把握することが重要である。

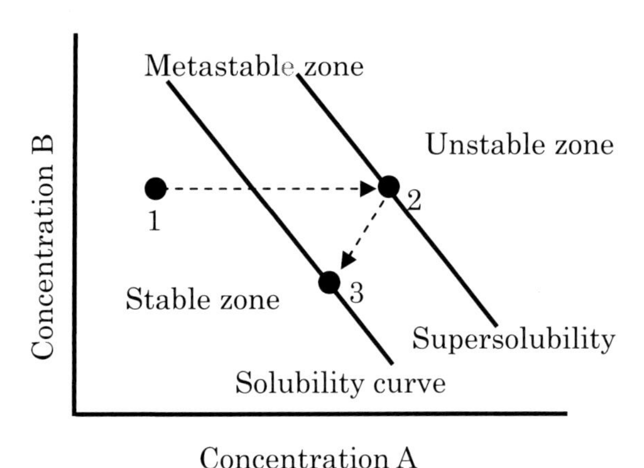

図 1　反応晶析の状態図

一般的に液相の状態は図 1 に示すように安定域(stable zone)、準安定域(metastable zone)、不安定域(unstable zone)に分けて考えられている[6]。安定域は未飽和域であり、結晶の析出は起こらない領域である。準安定域は結晶の成長は起こるが新たな核の発生は起こらない領域と考えられている。不安定域は新たな結晶核の発生が起こる領域と考えられている。安定域と準安定域の間にある溶解度曲線は熱力学的計算で求まる曲線であるが、準安定域と不安定域の間にある過飽和曲線は理論的に求めることができないので、実験的に求めることになる。なお、過飽和曲線は、厳密に規定される曲線ではなく、各種因子(撹拌強度、不純物、晶析速度など)によって影響を受けるので、ある程度の幅がある領域となる。図 1 では、成分 A を上昇させることで結晶が析出する例を示す。現在の溶液の状態がポイント 1 であり、成分 A の濃度を上昇させると溶解度曲線を超えて準安定域となる。準安定域では、溶液内に結晶がない場合、過飽和状態であるにも関わらず結晶の析出は起こらない。やがて過溶解度曲線であるポイント 2 に達すると核発生が起こると共に結晶が成長し、イオン状の成分 A と成分 B の濃度は共に減少し、溶液の濃度はポイント 3 付近まで低下する。

3. リン回収の意義

私たちの生命を維持するために必要なリンは、リン鉱石を主な供給源としている。採掘された

リンは、主に肥料として使用され、農地に散布された肥料によって食物が育ち、私たちが食料を食べることでリンを摂取することができる。私たちの体内で不要となったリンは体外へ排出され、下水やし尿、浄化槽汚泥として処理がなされる。一方で、水環境においてもリンは栄養価の高い物質であり、時にはプランクトンの異常発生による赤潮や、藻類の繁殖によるアオコの大量発生などの富栄養化現象をもたらす。そのため、下水やし尿、浄化槽汚泥、各種産業排水に含まれるリンは、放流先水域での富栄養化を防止するために、水質規制を設けられているところが多く、各種リン除去の処理がなされている。一般的に、排水からリンを除去する方法として、アルミ系や鉄系の無機凝集剤を添加する凝集沈殿法が用いられることが多いが、ここで得られるリン含有汚泥は再利用することが困難で廃棄物として処分がなされる。そこで、リンを含有する排水にカルシウムやマグネシウムを添加し、前述した反応晶析の原理を利用して、リンを再利用可能な物質及び形態で除去、回収する技術が開発されている。例えば、下水処理では、リン濃度が希薄な二次処理水からヒドロキシアパタイト(リン酸カルシウムの一種)の形態で除去・回収したり [7]、吸着剤でリンを濃縮した後にヒドロキシアパタイトの形態で回収している [8]。リン濃度が高いメタン発酵液やその脱水ろ液中のリンは、リン酸マグネシウムアンモニウムの形態で回収している。また、汚泥再生センターでは、受け入れた浄化槽汚泥やし尿を脱水機などを用いて固液分離し、上澄み液を生物処理することが多い。この処理の過程で、生物処理の前段ではアンモニウム性窒素が含まれていることが多いので、リン酸マグネシウムアンモニウムによるリン回収を、生物処理した後ではアンモニウム性窒素が除去されているのでヒドロキシアパタイトによるリン回収を採用している。

4. リン回収方法

ヒドロキシアパタイト(hydoroxyapatite : $Ca_{10}(PO_4)_6(OH)_2$)の晶析現象を利用した HAP 法、リン酸マグネシウムアンモニウム(Magnesium ammonium phosphate : $MgNH_4PO_4\cdot 6H_2O$)の晶析現象を活用した MAP 法(MAP を Struvite ともいう)の概要は以下の通りである。

(1) HAP 法

排水中のリン酸態リン(以下 PO_4-P)を、弱アルカリ条件下でカルシウムを添加することで、HAP を生成させる方法である。反応式は以下の通りである。

$$5Ca^{2+} + OH^{-} + 3PO_4^{3-} \rightarrow Ca_5(PO_4)_3OH \qquad (4)$$

予めリアクターに種晶を充填させ、過飽和状態(準安定域)で種晶と排水を接触させることで、種晶表面で HAP を析出させ、排水のリン濃度を低下させる。排水の PO_4-P が低い場合には、HAP 反応が炭酸カルシウムの反応と競合する場合があるので、予め脱炭酸工程を設けることもある [7]。種晶には、リン鉱石のほか、骨炭、珪酸カルシウムなどが用いられる。HAP 法は、前述したように排水にリンを含有し、アンモニア性窒素を含まない排水に適用されることが多い。例えば、下水処理における二次処理水、返流水、生物学的脱リン法の分離液などや、汚泥再生センターにおける生物処理後の分離液、各種産業排水などに適用されている。

（２）MAP 法

排水中の PO_4-P とアンモニア態窒素(以下 NH_4-N)を、弱アルカリ条件下でマグネシウムを添加することで、MAP を生成させる方法である。反応式は以下の通りである。

$$Mg^{2+} + NH_4^{+} + PO_4^{3-} + 6H_2O \rightarrow MgNH_4PO_4 \cdot 6H_2O \quad (5)$$

MAP 法も HAP 法同様に、予めリアクターに種晶を充填させ、過飽和状態(準安定域)で種晶と排水を接触させることで、種晶表面で MAP を析出させ、排水のリン濃度を低下させる。MAP 法は、排水にリンとアンモニア性窒素を含有する排水に適用される。例えば、下水処理におけるメタン発酵液(嫌気性消化汚泥ともいう)、メタン発酵液の脱水ろ液、汚泥再生センターにおける生物処理の前処理脱水における分離液、各種産業排水などに適用される。

反応晶析を利用したリンの除去や回収の対象となる排水は、リン濃度が数十 mg/L から高くても数千 mg/L であり、低濃度大水量の排水を対象とすることが多い。そのため、リン回収の操作範囲は、リアクター容積当たりの処理水量を多くするために、固液分離が容易となる結晶成長及び結晶の凝集が優先的に起こる条件、いわゆる準安定域で運転することが多い。図２は、晶析法のリン回収状態を示した[9]。リアクター内には予め結晶化を促進させる種晶を存在させ、原水に含まれるリンを連続的に供給するとともに、薬剤としてマグネシウムやカルシウムを連続的に供給する。このときに新たな核の発生が起こる安定域でなく、結晶成長が優先化する準安定域となる操作条件の設定を行うことで、種晶の表面で各イオンが結晶化し種晶が成長する。この種晶を適時回収することで、リンを結晶物の形態で回収することができる。処理水には、一部の核化した結晶や、反応に寄与しなかった溶解性のリンなどが流出する。回収したリン化合物は、他の物質と混合するなどして肥料としてリユースされる。

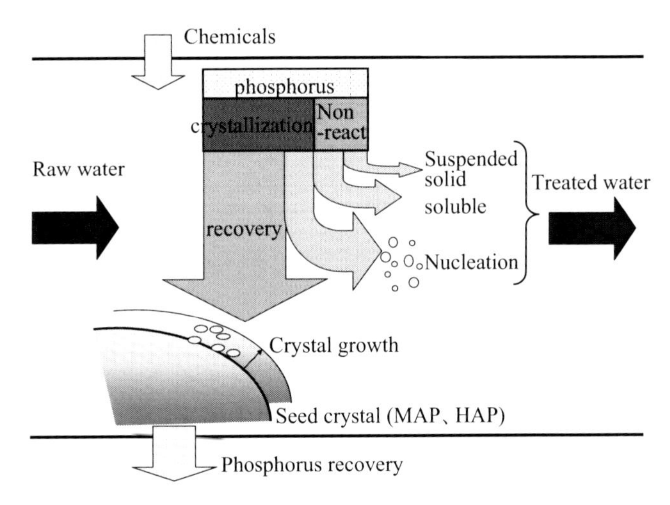

図２　反応晶析によるリン回収状態 [9]

５．基本的な操作条件

リンを回収するリアクターとしては、主に流動層型のリアクターと、完全混合型のリアクター(MSMPR)が用いられる。流動層リアクターは、予めリアクター内に種晶を充填させて、原水を上向流で通水すると共に、種晶を流動化させるリアクターである。原水中のリンは、別ラインから注入される薬品との反応によって、新たな結晶が種晶の表面で析出される。単位リアクター容積当たりの種晶充填密度を高めることが出来るので、装置がコンパクトにできる特長がある。完全混合型のリアクターは、予めリアクター内に種晶を充填させ、機械的攪拌又はエアー攪拌によってリアクター内を攪拌し、供給された原水中のリンと薬品の反応により、流動している種晶表面で新たな結晶が析出する。原水や薬品の供給ポイントを除けば、リアクター内の濃度は均一であり、操作しやすいのが特長である。

いずれも、種晶の表面で成長したリンは回収の対象となるが、種晶表面で析出しなかった結晶、言い換えると核化した結晶は、沈降速度が遅く、一部は処理水と共に流出してしまうのでリンの回収率が低下する原因となる。リン回収率に影響を与える因子としては、化学的因子として、反応 pH 、薬品添加率、共存イオン濃度、原水リン濃度、過飽和度比などが挙げられる。物理的な因子として、種晶の成分、種晶充填量、種晶粒径、通水速度(攪拌速度)、水温などが挙げられる。

（１）流動層型リアクターの基本的操作因子の検討

ここで、リン回収率に大きな影響を及ぼす過飽和度比について実験的に求めた結果を示す。試験装置は図 3 に示す流動層型リアクターを用いて、濃度が最も高いリアクター底部での過飽和度比を操作因子として、リン回収率を比較した。過飽和度比はそれぞれ以下の式で求めた。

$$Sf_{HAP} = \left(\frac{[Ca^{2+}]^5[OH^-][PO_4^{\ 3-}]^3}{K_{spHAP}}\right)^{1/9} \tag{6}$$

$$Sf_{MAP} = \left(\frac{[Mg^{2+}][NH_4^{\ +}][PO_4^{\ 3-}]}{K_{spMAP}}\right)^{1/3} \tag{7}$$

下水二次処理水にリン源を添加してリン濃度を調整した液を用いて、HAP における過飽和度比 Sf_{HAP} とリン回収率の関係を調べた結果を図 4(a)[10]に示す。リン回収率は、Sf_{HAP} が 100 の場合が最も高く、その前後で減少する傾向を示した。Sf_{HAP} が 100 以下の場合は、反応速度が律速となり残留する未反応のリンが高かったため回収率が低下した。一方で、Sf_{HAP} が 100 以上では、未反応のリン濃度は低かったものの、核化が促進され微細な HAP が多数生成し、処理水と共に流出したので回収率が低下した。

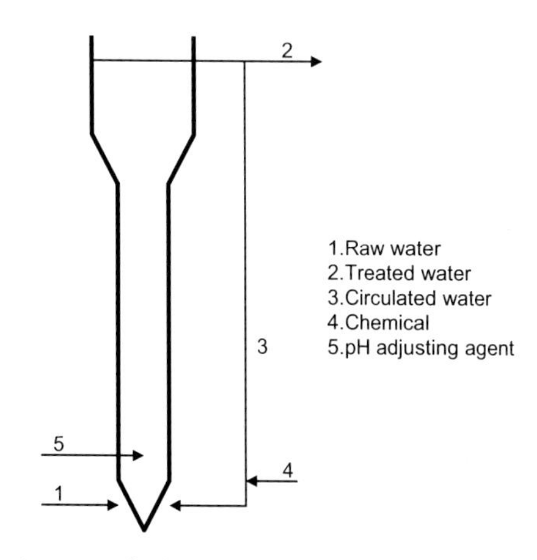

図３　流動層リアクターのラボ試験装置の概略図

更に、メタン発酵の脱水ろ液を対象に、MAP における過飽和度比 Sf_{MAP} とリン回収率の関係を調べた結果を図 4(b)[11]に示す。リン回収率は、Sf_{MAP} が 3.7 を頂点として、その前後で回収率が低下した。Sf_{MAP} が 3.7 以下の領域では、HAP の場合同様に、未反応のリン濃度が高くリン回収率が低下し、Sf_{MAP} が 3.7 以上では、核化の促進により微細な MAP が多数形成され、回収率が低下した。

最適な過飽和度比は、晶析させる物質によって異なるものの、上記のように過飽和度比は、反応速度、核化と成長を支配し、リン回収装置を設計する上では、とても重要な操作因子である。

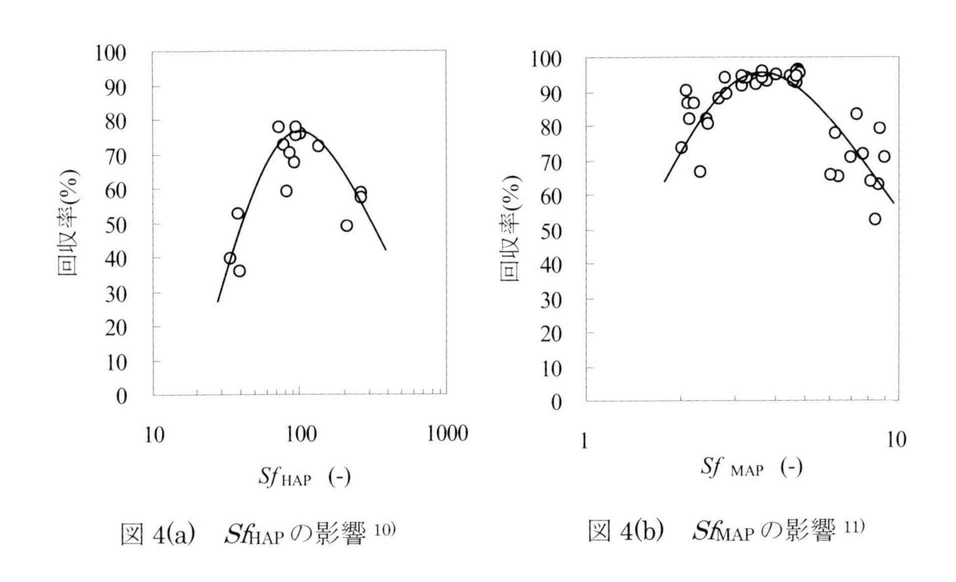

図 4(a)　Sf_{HAP} の影響[10)]　　図 4(b)　Sf_{MAP} の影響[11)]

（２）完全混合型リアクターの基本的操作因子の検討

ここでは、完全混合型リアクターにおいて、リン回収率に影響を及ぼす因子を検討した結果を述べる。操作因子としては、撹拌速度、薬品供給ポイントの過飽和度比 Sf、晶析速度 P/w_t(単位時間あたりの晶析量／種晶量)とした。対象液は、メタン発酵液(下水処理場の消化汚泥)とし、MAP でリンを回収した。評価は、核化率 F_P(反応した PO_4-P の内、微細な結晶となったリンの割合)を定義し、F_p が低ければ低いほど、種晶表面で結晶化し、成長したと判断した。ラボ晶析試験装置を図 5 に示す。予め反応装置には種晶として MAP 粒子を添加し、各操作因子を変化させて F_P を比較した。撹拌速度と F_p の関係を整理した図 6(a)[12)]は、撹拌速度は速いほど F_p は低下する傾向を示した。これは、種晶を十分流動させると共に、局所的な濃度分布を形成させないことが、核化の抑制になることを示唆している。過飽和度比 Sf と F_p の関係を整理した図 6(b)[12)]は、Sf が低いほど F_p が低く、低い過飽和度での運転が、核化を抑制することを示唆している。晶析速度と F_p の関係を整理した図 6(c)[12)]は、晶析速度が低いほど F_p が低く、適度な晶析速度を保つことが核化抑制には寄与することを

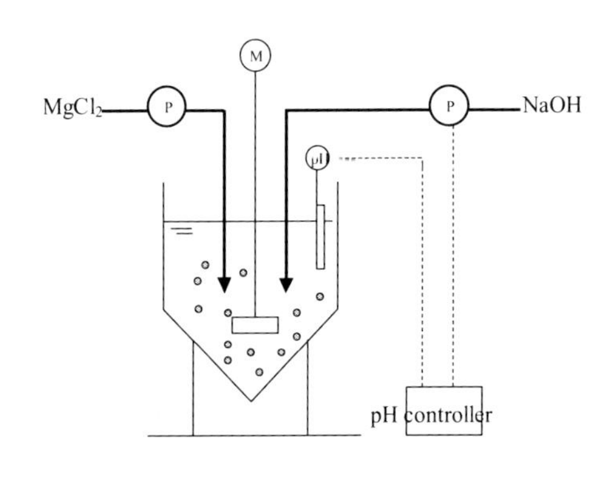

図 5　ラボ晶析試験装置

示唆している。このように、完全混合型リアクターでは、攪拌速度や過飽和度比、晶析速度のコントロールが、高いリン回収率を達成するための必要条件である。

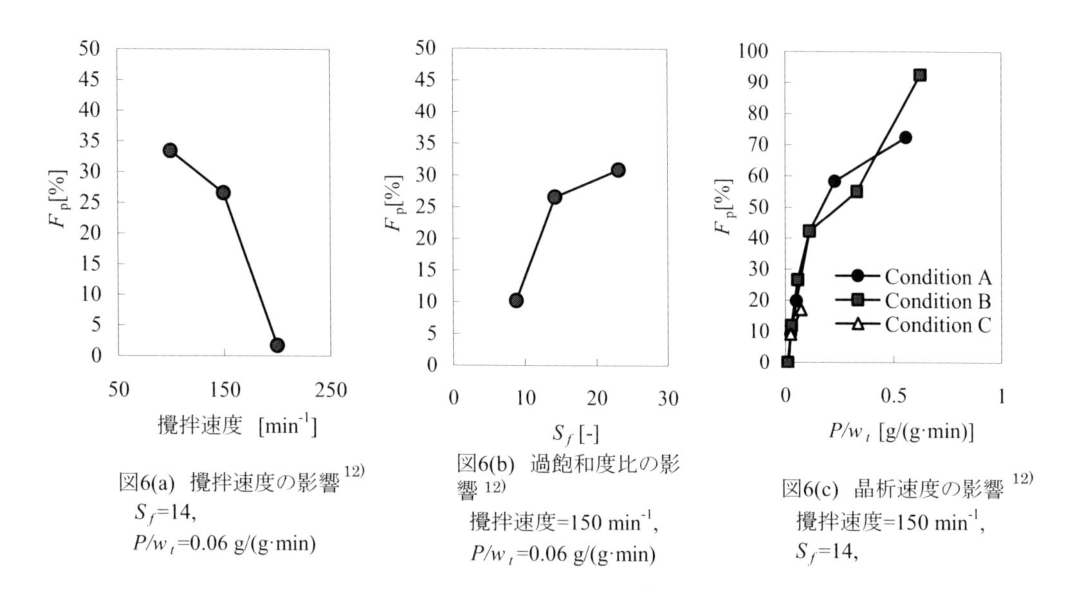

図6(a) 攪拌速度の影響[12)]
S_f=14,
P/w_t=0.06 g/(g·min)

図6(b) 過飽和度比の影響[12)]
攪拌速度=150 min^{-1},
P/w_t=0.06 g/(g·min)

図6(c) 晶析速度の影響[12)]
攪拌速度=150 min^{-1},
S_f=14,

6．リン回収プロセス

6．1　流動層型 MAP 回収プロセス

流動槽型晶析リアクターを用いた場合に、排水からのリン回収率を高めるには、結晶成長を促進し核化を抑制することであるが、処理の過程で種晶が過大成長すると、装置容積当たりの種晶表面積が減少し、処理水質の低下、リン回収量の低下をもたらす。そこで、別途準備した種晶を添加する方法や[2)]、回収したプロダクトを粉砕して分級し、種晶として再利用する方法が提案されている[13)]。ここでは、オンサイトで種晶を作成するプロセスを紹介する[14)15)16)]。本プロセスは、汚泥再生センターのリン回収施設として採用されている。また、下水処理では、メタン発酵した脱水ろ液を対象に本プロセスは提案されている。

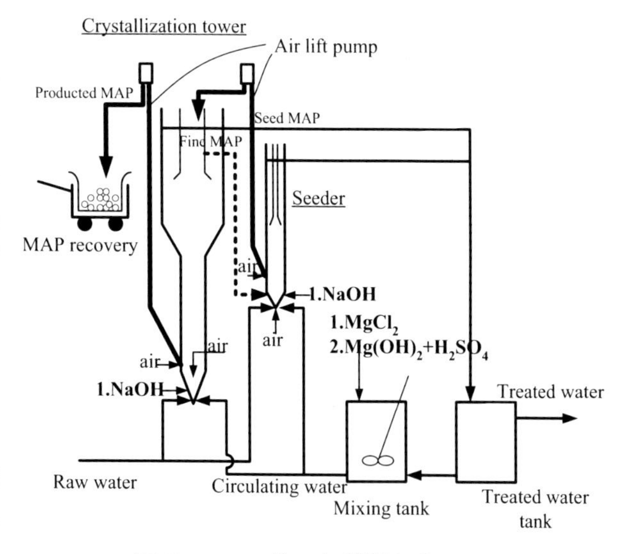

図７　シーダーを併設した流動層リアクター概略図

（1）プロセスの概要

図 7 に示す MAP 回収処理フローは、メインとなる流動層リアクターのほかに、別途種晶を作成するリアクター(シーダーという)を設け、適時種晶をメインの流動層リアクターに供給することで処理の安定化を図ったプ

ロセスである。原水と循環水は連続的に流動層リアクターとシーダーに供給し、処理水は各リアクター上部から流出させる。処理水の一部を混合槽に引き込み、反応薬剤として所定濃度となるようにマグネシウム源(塩化マグネシウム或いは水酸化マグネシウム)を添加し、前述した循環水として各リアクターに供給する。メインのリアクター内は種晶(MAP 粒子)が流動化しており、種晶表面で新たな MAP が結晶化し、種晶が成長すると共に、処理水のリン濃度が低下する。シーダーでは、流動層リアクター上部の内筒内で浮遊している微細な MAP をシーダーに供給することで、種晶形成の核とする。シーダーでは、約 3 日かけて微細な MAP を種晶になりうる大きさまで成長させる。この種晶を適時流動層リアクターに供給し、処理の安定化を図る。メインの流動層リアクターの種晶は、晶析過程と共に粒径が大きくなり、リアクター内の充填量が多くなるので、適時分級して粒径が大きい種晶を、選択的にエアリフトポンプを用いて回収する。

（２）処理性能

下水処理におけるメタン発酵の脱水ろ液を対象に、図 7 に示す処理フローでリン回収試験を実施した結果を図 8 に示す。なお、反応 pH が 8.1、添加 Mg/P 重量比が 1.0 で通水した。原水の T-P 270mg/L、PO_4-P 260mg/L に対して、処理水の T-P は 15.7mg/L、PO_4-P は 6.4mg/L であり、リンの回収率は 94%を達成した。また、処理期間中の流動層リアクター内の平均 MAP 粒子径は概ね 0.4mm であり、シーダーで生成した種晶を適時供給したことで、種晶が過大成長することなく安定した粒径を保つことができた。安定した粒子径を保ったことが、取りも直さず前述の安定した回収率を得る結果となった。

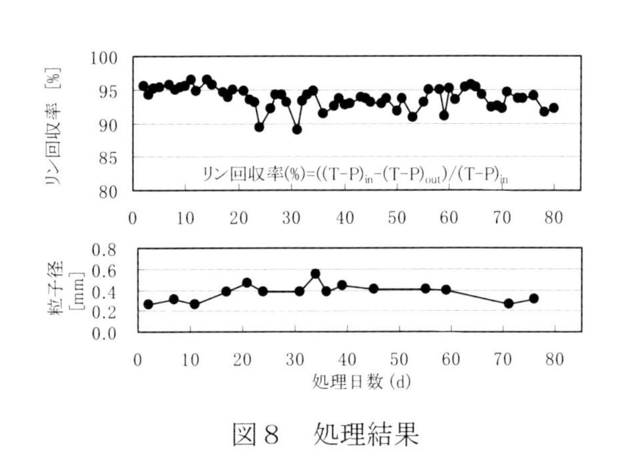

図 8　処理結果

（３）回収物の組成

このプロセスで回収した MAP の組成比は、Mg：N：P=10.1wt%：5.8wt%：12.8wt%であり、化学量論比である Mg：N：P=9.9wt%：5.7wt%：12.6wt%と概ね一致した。また、重金属の含有量は、As、Cd、Hg が定量下限値である 1mg/kg 以下、Ni、Cr、Pb も定量下限値である 10mg/kg 以下であった。MAP を構成する成分はいずれも栄養素であり、重金属等の有害物質を含んでいないことから、肥料としての価値は十分あると考えられる。

図 9　MAP スケール
(メタン発酵槽内のパイプに析出し成長)

６．２　完全混合型 MAP 回収プロセス

前述した下水処理におけるメタン発酵処理では、汚泥の分

解過程で、汚泥を構成しているタンパク質やアミノ酸などの窒素化合物が分解しアンモニア性窒素に変換したり、汚泥に取り込まれていたポリリン酸が再度液側に溶出する。そのため、メタン発酵槽内で既に MAP の溶解度積以上の濃度になり、図 9 のような MAP のスケールが生成し、トラブルとなる事例も発生している。また、メタン発酵槽の後段に設けられた脱水機においても、それらの MAP による部品の磨耗等のトラブルも報告されている。そこで、メタン発酵液を固液分離せずに、発酵液が含まれた状態で MAP を生成させると共に、メタン発酵槽内で発生した MAP も同時に回収することで、スケールトラブルを低減するプロセスが提案されている[17)18)19)]。

（1）プロセスの概要

図 10 は、完全混合型の MAP 晶析リアクターであり、主な構成は、晶析リアクターと MAP セパレーターからなる。メタン発酵液(消化汚泥)は粘性があることから、機械的攪拌装置を用いた完全混合型の装置を採用している。メタン発酵液、およびマグネシウム源は、リアクターに連続的に供給する。リアクター内は、所定の MAP 濃度を維持し、この MAP の表面で溶解性のリンを結晶化させる。リアクター内の MAP を含む引抜汚泥は、処理汚泥の一部である循環汚泥と混合した後に MAP セパレーターに投入する。MAP セパレーターの下部より流出する濃縮した MAP は、全量をリアクターに返送することでリアクター内の MAP 濃度を一定に保つ。MAP セパレーター上部より流出する処理汚泥は、一部を返送汚泥としてリアクターに返送すると共に、残りを処理汚泥槽に流出させる。晶析反応が進行すると、リアクター内の MAP 濃度が上昇するので、所定の頻度で MAP を抜き出し回収する。

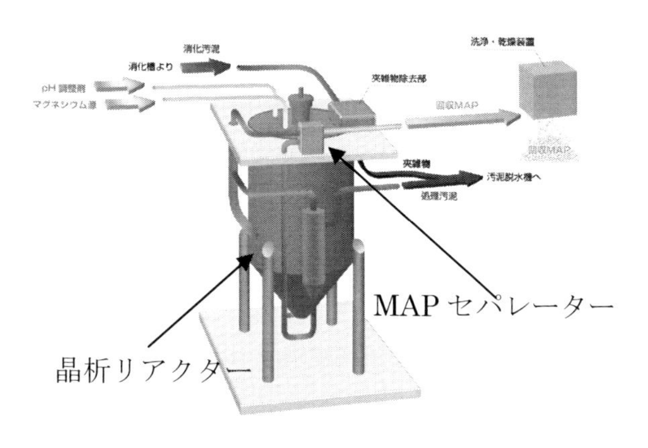

図 10　完全混合型 MAP リアクターの概略図[20)]

（2）処理性能

下水のメタン発酵液を対象に連続処理試験を実施した結果を表 1 に示す。なお、メタン発酵液(ここでは原汚泥と称す)の性状は、TS(Total Solids)が平均 13.1g/L、VS(Volatile Solids)が平均 9.3g/L、NH_4-N(Ammonium Nitrogen) が 664mg/L、PO_4-P が平均 154mg/L であった。また、添加 Mg/P 重量比は

表 1　完全混合型 MAP リアクターの処理性能

		Run.A	Run.B
T-P			
原汚泥	(mg/L)	567	695
処理汚泥	(mg/L)	447	459
PO_4-P			
原汚泥	(mg/L)	154	272
処理汚泥	(mg/L)	22.8	22.2
結晶化率[注1)]	(%)	85.2	91.8
リン捕捉率[注2)]	(%)	91.5	94.5

注1)結晶化率=$((PO_4\text{-}P)_{in}-(PO_4\text{-}P)_{out})/(PO_4\text{-}P)_{in}\times100$

注2)リン捕捉率=$((T\text{-}P)_{in}-(T\text{-}P)_{out})/((PO_4\text{-}P)_{in}-(PO_4\text{-}P)_{out})\times100$

1.2、反応 pH は 8.0 とし、リアクター内の種晶濃度は 10%前後を維持した。Run.A において、原汚泥の T-P 567mg/L、PO_4-P は 154mg/L に対して処理汚泥の T-P は 447mg/L、PO_4-P は 22.8mg/L、リンの結晶化率は 85.2%、リン捕捉率(反応したリンの内回収できた割合)は 91.5%であった。原汚泥にリン源を添加してリン濃度を高めた Run.B では、原汚泥の T-P 695mg/L、PO_4-P 272mg/L に対して処理汚泥の T-P は 459mg/L、PO_4-P は 22.2mg/L、リン結晶化率は 91.8%、リン回収率は 94.5%であった。汚泥が 1.3%含まれている汚泥を対象にしても、リンの結晶化率は 85%以上であり、また結晶化したリンの 90%以上を安定的に捕捉することができ、良好な処理性能を得ることができた。これは、処理汚泥の一部と引抜汚泥を混合して MAP セパレーターに投入することや、処理汚泥の一部を返送汚泥としてリアクターに返送するなどの装置的な工夫を施したことによって、リアクター内の MAP 濃度を維持できたことが、高いリン回収率を達成できた要因である。

（3）回収物の組成

実証試験装置で回収した MAP を水切りした後、乾燥させた MAP を図 11 に示す。MAP は角の取れた球状のものが多く、粒径は約 0.4mm であった。ここで回収した MAP が肥料として使用可能かを判断するために、組成分析と栽培試験を実施したところ、アンモニア性窒素(N) は 5.1%、く溶性リン酸(P_2O_5)は 26.0%、く溶性苦土(MgO)は 14.5%であり、また有害金属(砒素、カドミウム、水銀、ニッケル、クロム、鉛)はいずれも肥料取締法で定めた基準値以下であった（注；「く溶性」とは、クエン酸 2%液で溶解する肥料成分のことを示す)。栽培試験は、供試肥料として回収した MAP を、対象肥料として化成肥料として登録済みの MAP とし、両者の施肥による、こまつなの発芽並びに発芽後の生育への支障の有無を調べた。1 ポット当りの施用量を約 1.1g とした場合の発芽成績、育成成績を表 2 に示す。表 2 の結果より、両者の発芽率及び育成成績は同等であり、また、有害物による と考えられる植物の育成上の異常症状は確認されなかった。以上のことから、回収した MAP は十分に肥料としての有効利用が可能と判断できる。

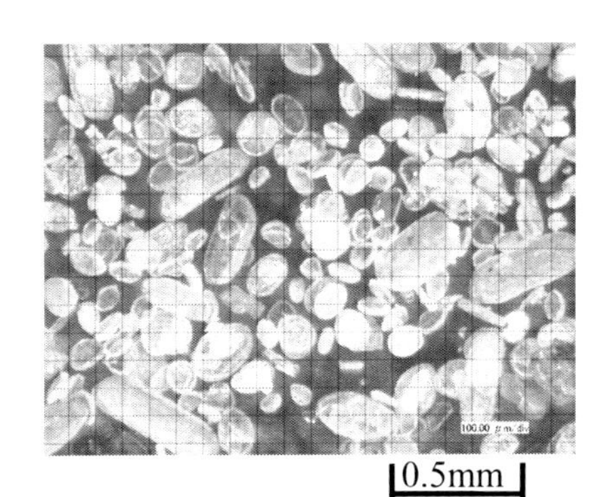

図 11　完全混合型リアクターで回収した MAP の形状

表 2　回収した MAP の栽培試験の結果

	発芽調査成績	育成調査成績	
	発芽率　(%)	草丈　(cm)	生体重　(g/ポット)
供試肥料	98	9.5	14.3
対象肥料	98	9.5	14.2

7. おわりに

世界人口の増加と共に、飲用水や食料の更なる需要増加が予想され、今後ますます新たな水の供給源(例えば、海水淡水化や水の再利用など)や、新たな資源の供給源(排水、廃棄物など)から効率よく、低コストで、水や資源を回収・生産する技術が要望されている。ここでは、反応晶析法を用いた排水からの有価物回収、特にリンの回収について述べた。本技術は、水源となりうる水域での水環境を保全すると共に、廃棄物をほとんど排出せずに資源回収が可能であり、環境分野における晶析の進展に貢献する技術であると考える。

参考文献

1) J.C.van Dijk, et al. : *J.Water SRT-Aqua*, 40(5), pp.263-280 (1991)

2) 明賀春樹 : 最近の化学工学 53 晶析工学・晶析プロセスの進展, 化学工業社 pp.47-52 (2001)

3) 増井孝明ら：第 11 回廃棄物学会研究発表会論文集Ⅱ,pp.1029-1031 (2000)

4) 田中俊博ら : 環境バイオテクノロジー学会誌, 4(2), pp.101-108 (2005)

5) Mersmann, : Crystallization technology handbook Second Edition Revised and Expanded, Marcel Dekker, Inc. (2001)

6) 平沢泉ら：*Journal of MMIJ*, 124(1), pp.1-6 (2008)

7) 平沢泉ら：水質汚濁研究, **6**(4), pp.229-235 (1983)

8) 清水正, 資源環境対策, **46**(5), pp.62-67 (2010)

9) 島村和彰：化学工学. **78**(12) 投稿中

10) Shimamura.K, *et al.* : *The 4th IWA-ASPIRE proceedings* (2011)

11) Shimamura.K, *et al.* : *J.chemical engineering of Japan,* 39(10), pp.1119-1127 (2006)

12) 島村和彰ら： 化学工学論文集, 35(1), pp.127-132 (2009)

13) 藤田賢二：水処理薬品ハンドブック,pp.53-54 (2003)

14) Shimamura.K, *et al.* :*water environment research,* 79(4), pp.406-413 (2007)

15) 特許第 4101506

16) 特許第 4052432

17) 島村和彰ら：環境浄化技術, 8(1), pp.40-43 (2009)

18) 特許第 4402697

19) 特許第 4523069

20) 水 ing(株)リーフレット

第 12 章　数値計算による晶析現象の検討

小針　昌則
（日揮株式会社）

はじめに

晶析現象を観察すると、はじめ透明だった溶液から結晶がキラキラと見えはじめ、その後急激に白濁化する。この白濁化までの時間と溶液温度から何とか晶析現象を解明する手がかりを見つけたいと考えるのは極めて自然である。その 1 つの手法が、1968 年に Nývlt が公表した核化速度パラメータ推定理論[1]である。ところが、その理論では質量基準の定式化に限界があり、得られた核化速度式と晶析シミュレーション（数値計算）が結びつくことはなかった。

晶析シミュレーションは、Randolph and Larson により晶析計算の基礎となる "Theory of Particulate Processes" が 1988 年に発刊され、PC (Personal Computer) の普及に伴い世界的に適用されてきた。しかし、晶析の出発点ともいうべき液－固の相転移現象のメカニズムの解明がなされておらず、核化速度式の世界的な合意もない状況が続いている。

近年、Nývlt から 40 年の時を経て 2008 年以降、Kubota の核化速度パラメータ推定理論が公表された[2],[3],[4]。それらは Nývlt の核化検出の定義を粒子数の蓄積量に修正し、核化速度パラメータ推定理論の再構築がなされている。Kubota の理論で得られる核化速度パラメータは、晶析モデルにおける核化速度式のパラメータとして直接適用でき、晶析実験と晶析シミュレーションを結びつける重要な架け橋となる。本章では、Kubota の核化速度パラメータ推定理論を屋台骨とし、速度論を出発点とした晶析モデルとその解法を提示すると同時に、工業晶析を対象とした晶析シミュレーションの適用事例を紹介する。

1．晶析現象の定式化

1.1. 保存則

晶析現象における保存則は、個数収支、物質収支、熱収支、運動量収支の 4 つである。晶析計算を実現するためには、少なくとも、個数収支から得られるポピュレーションバランス式 (Population Balance Equation, PBE)、物質収支から得られるマスバランス式が必要となる[5]。発熱反応が無視できない晶析場ではエネルギー保存則、完全混合を仮定できない反応場（例えば貧溶媒晶析）では運動量保存則（ナビエ・ストークスの運動方程式）をさらに考慮する必要がある。本章では、エネルギー保存則、運動量保存則を取り扱わないが、これらを同時に解くためには、CFD (Computational Fluid Dynamics) の適用が望ましく、近年 CFD と晶析モデルの連成計算が実施されている[6],[7],[8]。

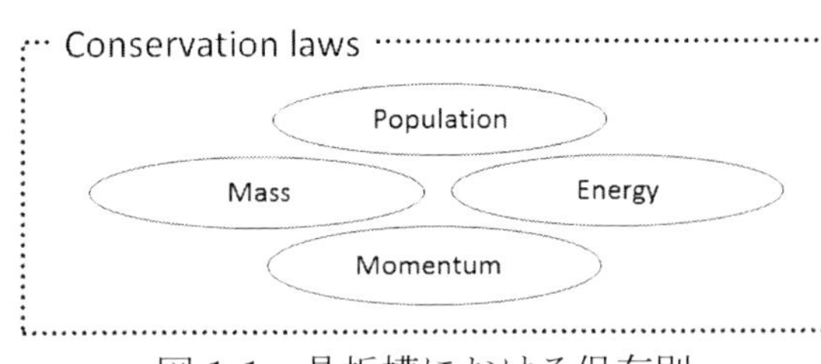

図 1-1　晶析槽における保存則

保存則から導出される PBE、マスバランス式を式(1-1)、式(1-2)に示す。

$$\frac{\partial n(L,t)}{\partial t} + G\frac{\partial n(L,t)}{\partial L} = (B_1 + B_2)\delta(L - L_0) \tag{1-1}$$

$$\frac{dC}{dt} = -3\rho_c k_v G\mu_2 - \rho_c k_v (B_1 + B_2)L_0^3 \tag{1-2}$$

ここに、$n(L,t)$は個数密度[1/(kg-solvent m)]、tは時間[s]、Lは粒径[m]、Gは線成長速度(=dL/dt)、B_1は一次核化速度[1/(kg-solvent s)]、B_2は二次核化速度[1/(kg-solvent s)]、δはディラックのデルタ関数[1/m]、L_0は核の粒径[m]、Cは溶液濃度[kg-solute/kg-solvent]、ρ_cは結晶密度[kg/m^3]、k_vは形状係数[-]、μ_2は個数密度の2次モーメント[m^2/kg-solvent]である。

PBE 式(1-1)は、時間と粒径方向に各々1 階の偏微分方程式である。初期条件はシードや予め晶析槽内に存在する粒子に相当し、境界条件は一次核や二次核の発生量となる。式(1-1)の右辺は、一次核化速度と二次核化速度の線形和とし、晶析の操作条件を考慮できるように拡張している[13]。マスバランス式(1-2)の右辺第一項は、総結晶表面の成長による溶質濃度消費速度、右辺第二項は核化による溶質濃度消費速度である。後者は数値計算上無視できる量（≒0）であるが、定式化の厳密性を重視し省略していない。晶析シミュレーションでは、式(1-1)、式(1-2)と 1.3 節に示す核化・成長速度式、そして溶解度曲線が主役を演ずる。

1.2. PBEへのモーメント法適用

晶析シミュレーションのためには、PBE とマスバランス式を同時に解く必要がある。偏微分方程式に分類される PBE の解法はいくつか存在する。本章では、数値拡散が生じないモーメント法（Method Of Moment, MOM）を採用した。MOM は PBE(式(1-1))を粒径方向に積分することで連立常微分方程式の初期値問題に変換する手法である。変換された各モーメント量の時間変化、粒子数(μ_0)、平均粒径(μ_1)、平均面積(μ_2)、平均体積(μ_3)の時間変化より晶析過程を検討することが可能となる。ところが、MOM では数値拡散を回避できるメリットの代わりに、積分変換により CSD (Crystal Size Distribution) の情報が失われてしまうデメリットがある。ところが、近年 CSD リカバリーの手法[9]が公表され、CSD の時間変化の再現が可能となった。

MOM による PBE の解法は以下の通りである。まず、CSD を個数密度 $n(L,t)$に変換し、$n(L,t)$に粒径 Lの i乗をかけ、粒径方向で積分した i次モーメントμ_i式(1-3)を定義する。

$$\mu_i = \int_0^\infty n(L,t)L^i dL, \quad i = 0, 1, \cdots\cdots \tag{1-3}$$

式(1-3)の時間変化を求めると、式(1-4)、式(1-5)に示す n+1 個の連立常微分方程式が得られる。

$$\frac{d\mu_0}{dt} = B_1 + B_2 \tag{1-4}$$

$$\frac{d\mu_i}{dt} = iG\mu_{i-1} + (B_1 + B_2)L_0^i, \quad i = 1, 2, \cdots\cdots, n \tag{1-5}$$

モーメント次数 i は、体積平均径(μ_4/μ_3)を計算するために 4 次モーメント μ_4 まで考慮する[10]。n=4 とすると、晶析計算はマスバランス式(1-2)と PBE を変換した 5 本の連立常微分方程式(1-4)、式(1-5)の計 6 本の初期値問題を解くことに帰結する。ここまで述べた晶析モデルでは、結晶の凝集や破壊を考慮していないが、これらを無視できない場合、式(1-1)に凝集プロセスや破壊プロセス（例えば、文献[11],[12]）を追加する。

1.3. 核化・成長速度式

晶析モデルを構成する連立常微分方程式(1-2)、式(1-4)、式(1-5)には、核化速度式と成長速度式が含まれており、各速度式を定義する必要がある。核化速度を表現する式は種々提案されているが、本章では 2.2 節、2.3 節で述べる Kubota の核化速度推定理論[2],[3]の適用を前提とし、核化速度式を過冷却度のべき関数と仮定する。

核化現象の取扱いは、式(1-1)で示したように物質由来の一次核化と晶析操作条件に起因する二次核化に分けて考える。1 つの核化速度式のみでは、急激な粒子の増加や溶液濃度全体の変化を矛盾なく表現することが困難なためである。

一次核化速度 B_1 は、式(1-6)に示す過冷却度 ΔT のべき乗に比例するとした[2]。

$$B_1 = k_{b1}\left(\Delta T\right)^{b1} \tag{1-6}$$

ここに、k_{b1} は一次核化定数[1/(kg-solvent s ℃^{b1})]、$b1$ は一次核化次数[-]、ΔT は過冷却度[℃]（式(1-9)）である。

二次核化速度 B_2 は、式(1-7)に示す過冷却度 ΔT のべき乗と総結晶の 3 次モーメント（式(1-3)）で定義される結晶総体積、懸濁密度に相当）の積に比例するとした[3]。

$$B_2 = k_{b2}\left(\Delta T\right)^{b2}\mu_3 \tag{1-7}$$

ここに、k_{b2} は二次核化定数[1/(m^3 s ℃^{b2})]、$b2$ は二次核化次数[-]である。

成長速度 G は、核化速度式と同様に式(1-8)に示す過冷却度 ΔT の関数とした。

$$G = k_g\left(\Delta T\right)^g \tag{1-8}$$

ここに、k_g は成長速度定数[m/s]、g は成長速度次数[-]である。過冷却度 ΔT は、次式に示す飽和温度 T_{sat} と溶液温度 T の差で与えられる。

$$\Delta T = T_{sat} - T \tag{1-9}$$

ここでは、核化速度式・成長速度式を過冷却度 ΔT の関数として表現したが、過飽和度 ΔC や相対過飽和度の関数として核化速度式、成長速度式を表現してもその本質は変わらない。このように、晶析計算では 1 つの対象物質に対し、核化速度パラメータ 4 個、成長速度パラメータ 2 個、計 6 個の速度パラメータが、2 つの結晶多形（2.5 節）が存在する対象物質では 2×6=12 個の速度パラメータが必要となる。

1.4. 晶析フローダイアグラム

晶析計算の視点から、PBE、マスバランス式、核化・成長速度式、溶解度曲線をフローダイアグラムにまとめると、晶析プロセスは、図 1-2 のように記述できる。

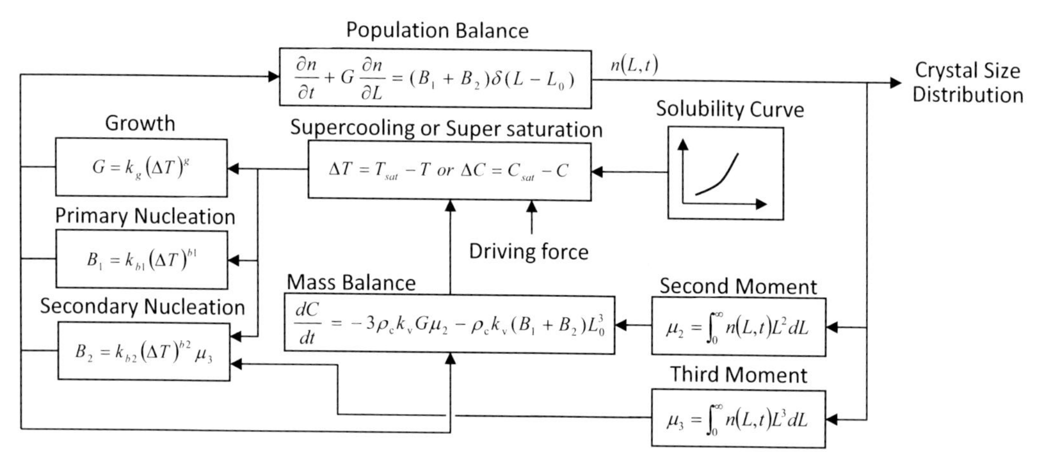

図 1-2　晶析プロセスのフローダイアグラム（晶析モデルを基準とした表現）

図 1-2 において、PBE から得られる個数密度 $n(L,t)$ は、2 次モーメント（結晶総表面積）、3 次モーメント（結晶総体積）に変換され、各々マスバランス式と二次核発生式への入力となる。過冷却度（or 過飽和度）は、晶析の駆動力（冷却や貧溶媒添加等）により生成され、一次核化速度 B_1、二次核化速度 B_2、成長速度 G を決定し、PBE に戻って個数密度 $n(L,t)$ を決定づける。このように、晶析プロセスでは、フィードバックループが存在する上に、核化・成長速度式が各々非線形関数の挙動を示すために複雑な挙動を示すこととなる。

2．晶析シミュレーション

2.1. 晶析シミュレーション実現に向けて

晶析シミュレーションの最終目標は、コンピュータ内での晶析現象の再現にある。そのためには、普遍的な晶析モデルの構築が要求されると同時に晶析現象を再現するために必要最小限のパラメータで晶析モデルが構成される必要がある。そして、それらのパラメータは理論に基づいた推定手法を用い、出来る限り実測値から導出されることが望まれる。

本章で示す晶析モデルは、Nývlt が公表した核化速度パラメータを求める推定理論[1]を根本的に見直した Kubota の核化速度パラメータ推定理論[2],[3]を採用し、先に述べた晶析シミュレーションに必要な 6 つの速度パラメータのうち、核化速度パラメータ 4 つは 2.2 節と 2.3 節に示す核化速度パラメータ推定実験により決定することができると考えている。一次核化速度および二次核化速度パラメータ推定理論の詳細については、文献[2],[3]を参照されたい。成長速度パラメータ推定は、臨界シード添加量[10]以上を添加した晶析実験を実施し、溶液濃度トレンドと CSD を再現する成長速度パラメータの組み合わせ(k_g,g)を選択する。

以上の手続きを経て、晶析現象の検討に晶析シミュレーションを適用することが可能となる。

なお、数値計算には MATLAB(R2007b)を使用した。

2.2. 一次核化速度パラメータ推定[13]

Kubota の一次核化速度パラメータ推定理論[2]の適用例を紹介する。

一次核速度パラメータ推定式は、MSZW（metastable zone width，準安定域幅）と冷却速度の関係式(2-1)を適用した[2]。

$$\log \Delta T_{\mathrm{m}} = \frac{1}{b1+1} \log \left[\frac{(N/M)_{\mathrm{m}}}{k_{\mathrm{b1}}} (b1+1) \right] + \frac{1}{b1+1} \log R \tag{2-1}$$

ここに、ΔT_{m} は MSZW[℃ or K]、R は冷却速度[℃/s]である。

準安定域法(polythermal method)の実測値として、図 2-1 に示す Lyczko らの硫酸カリウムのデータを用いた[14]。核化検出の個数密度$(N/M)_{\mathrm{m}}$は 1000[1/kg-solvent]を仮定し、図 2-1 の実測値を再現する直線の切片と傾きから、一次核化係数 k_{b1}、一次核化べき数 $b1$ を推定した結果、各々1.0×10^{-6}[1/(kg-solvent s ℃^{b1})]、 5.96[-]を得た。

図中、●丸は MSZW の実測値、直線は式(2-1)によるフィッティング結果であり、MSZW 実測値を再現できていると判断された。

なお、一次核化速度パラメータ推定に関する詳細な検討結果は文献[15]を参照されたい。

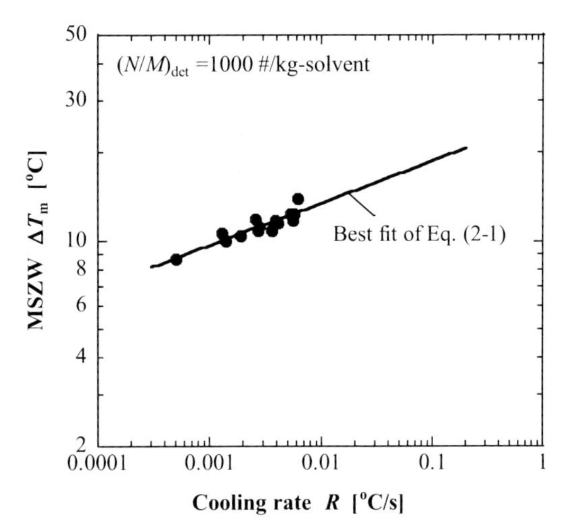

図 2-1　硫酸カリウムの MSZW 実測値[14]
（●は実測値）

2.3. 二次核化速度パラメータ推定[16]

前節では、硫酸カリウムの MSZW 実測値から一次核化速度パラメータを推定した。次に、二次核化速度パラメータを推定する。本節では、Kubota の二次核化速度パラメータ推定理論[3]を数値計算により確認した結果を紹介する。

2.3.1. 二次核化速度式

一次核化速度パラメータ推定では実測値を適用したが、本節では文献[17]に引用されたアレニウス型の二次核化速度式を数値計算への入力とした。Kubota の理論により推定された二次核化速度式(1-7)が関数形の異なるアレニウス型の速度式を再現できれば、現実の晶析槽内で生じている核化速度も同様に再現できると考えたからである。

入力となる二次核化速度 B_2 は、アレニウス型の式(2-2)を仮定した。

$$B_2 = k_{\mathrm{b2}} \exp\left(-\frac{E_{\mathrm{b2}}}{\mathrm{R}T} \right) S^{b2} \mu_3 \tag{2-2}$$

ここに、E_{b2} は実測による定数[J/mol]、R はガス定数[J/(mol K)]、T は絶対温度[K]、S は相対過飽和度である。相対過飽和度を式(2-3)に示す。

$$S = (C - C_{sat}) / C_{sat} \quad (2\text{-}3)$$

ここに、C_{sat}は飽和濃度[kg-solute/kg-solvent]である。

晶析対象は硫酸カリウムとし、飽和濃度は次式で与えた[17]。

$$C_{\mathrm{sat}} = 6.29\times10^{-2} + 2.46\times10^{-3}T - 7.14\times10^{-6}T^2 \quad (2\text{-}4)$$

入力に使用した二次核化速度パラメータを表 2-1 に示す。準安定域法の冷却温度プロファイルは、図 2-2 (a)に示す線形冷却とし、0.1 ℃/min 間隔、0.1～1.0℃/min の範囲とした。待ち時間法(isothermal method)の冷却温度プロファイルは、図 2-2 (b)に示すステップ状とし、1.44 ℃間隔、7～20℃の範囲とした。シード結晶は冷却開始時に一辺1mmの立法晶1個(μ_{s3}=3.33×10^{-10} [m^3/kg-solvent])を添加した。核化検出の個数密度$(N/M)_{\mathrm{m}}$は、1000[1/kg-solvent]を超えた時点を核化と定義する。なお、核のサイズL_0、形状係数k_{v}、結晶密度ρ_{c}は、後述する表 2-3 と同様に設定した。

表 2-1　入力に使用した二次核化速度パラメータ[17]

Parameters	Values
k_{b2} [1/(kg-solvent s)]	2.85×10^{20}
b [-]	2.25
E_b/R [K]	7517

2. 3. 2. 二次核化速度パラメータ推定理論

準安定域法は、図 2-2(a)の時刻 0 において飽和溶液にシードを加え、”最初の核”を検出した時点の MSZW ΔT_{m}と冷却速度 Rを記録する（ただし、“最初の核” は検出分解能・検出感度の高い測定法により溶液中の変化が認められた時点)。冷却速度 Rを変更し、MSZW ΔT_{m}を繰り返し測定する。冷却速度 Rを横軸、MSZW ΔT_{m}を縦軸にとり、両対数プロットをすると、図 2-3(a)に示す右上がりの傾向となる。

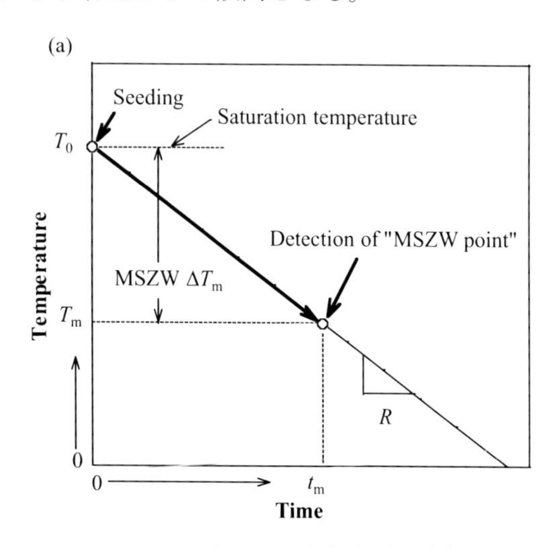

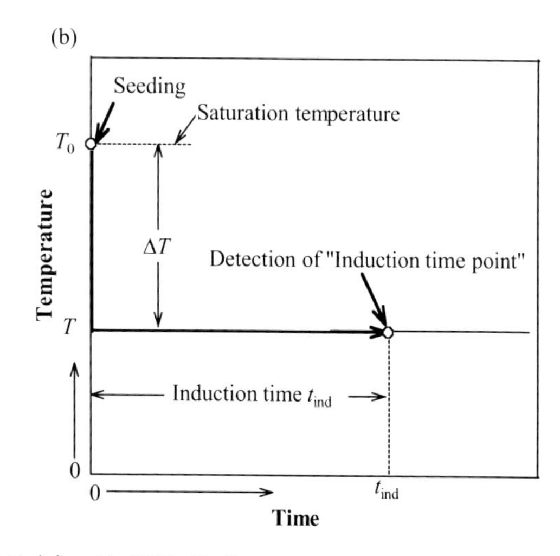

図 2-2　準安定域法(a)と待ち時間法(b)の冷却温度プロファイル

待ち時間法は、図 2-2 (b)の時刻 0 において飽和溶液にシードを加え、溶液温度を急冷によりΔT度低下させ、”最初の核”を検出した時点の過冷却度ΔTと待ち時間 t_{ind}を測定する。過冷却度ΔTを変更し、待ち時間 t_{ind}を繰り返し測定する。 過冷却度ΔTを横軸、待ち時間 t_{ind}を縦軸にとり、両対数プロットをすると、図 2-3(b)に示す右下がりの傾向となる。

Kubota の二次核化速度パラメータ推定理論[3]は、シード結晶から生ずる二次核化速度が式(2-5)に従うとしており、準安定域法や待ち時間法の両対数プロットの傾きと切片から二次核化定数 k_{b2}、二次核化次数 $b2$ を推定する。

$$B_2 = k_{b2}(\Delta T)^{b2}\mu_3 = k'_{b2}(\Delta T)^{b2} \tag{2-5}$$

ここに、k'_{b2} は 3 次モーメントを含んだ二次核化速度係数である。

MSZW の理論式を式(2-6)に示す[3]。

$$\log \Delta T_{\mathrm{m}} = \frac{1}{b2+1}\log\left[\frac{(N/M)_{\mathrm{m}}}{k_{b2}}(b2+1)\right] + \frac{1}{b2+1}\log R \tag{2-6}$$

ここに、$(N/M)_{\mathrm{m}}$ はシードから生じた個数密度[1/kg-solvent]である。ここで求めた二次核化速度係数には、3 次モーメントが含まれているために、k'_{b2} 推定後に 3 次モーメントを除く補正が必要となる。後述する待ち時間も同様である。図 2-3(a)は数値計算による MSZW の再現結果と式(2-6)を示し、この計算結果は理論式を再現した。

待ち時間の理論式を式(2-7)に示す[3]。

$$\log t_{\mathrm{ind}} = \log\left[\frac{(N/M)_{\mathrm{m}}}{k_{b2}}\right] - b2\log(\Delta T) \tag{2-7}$$

ここに、t_{ind} は核化検出までの待ち時間[s]である。図 2-3(b)は、数値計算による待ち時間の再現結果と式(2-7)を示し、MSZW と同様に計算結果は理論式を再現した。

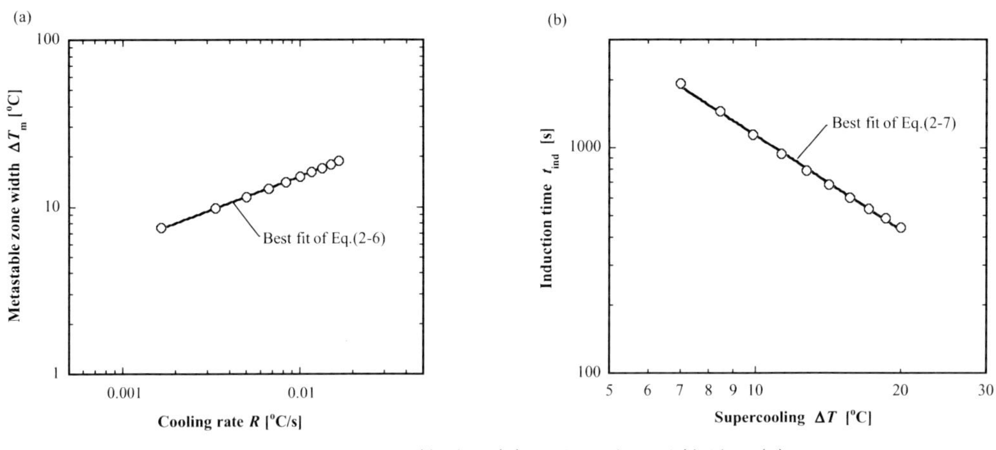

図 2-3　MSZW 計算結果(a)と待ち時間計算結果(b)

これらの計算結果は、Kubota の二次核化速度パラメータ推定理論を支持する結果となり、実測データから式(1-6)、式(1-7)の核化速度パラメータを推定できると考えられる。

成長速度、検出解像度を考慮し、さらに一般化された MSZW の理論式(2-6)、待ち時間の理論式(2-7)は、各々文献[19],[21]に公表されている。興味のある読者は参照されたい。

2.3.3. 二次核化速度パラメータ推定結果

二次核化速度パラメータ推定結果を表 2-2 に示す。冷却方法が異なるにも係らず k_{b2}、$b2$ ともに近い値を得た。

表 2-2　推定した二次核化速度パラメータ

準安定域法		待ち時間法	
k_{b2}	$b2$	k_{b2}	$b2$
2.45×10^6	1.5	3.20×10^6	1.4

図 2-4 は表 2-2 のパラメータを式(2-5)に代入し、過冷却度と二次核速度の関係を示したものである。準安定域法、待ち時間法から推定された各々の二次核化速度パラメータは、入力とした式(2-2)と関数形が違うにも係らず、二次核発生速度を概ね再現した。この結果からも、本手法による二次核化速度パラメータ推定は、準安定域法、待ち時間法の実測値を再現すると判断される。

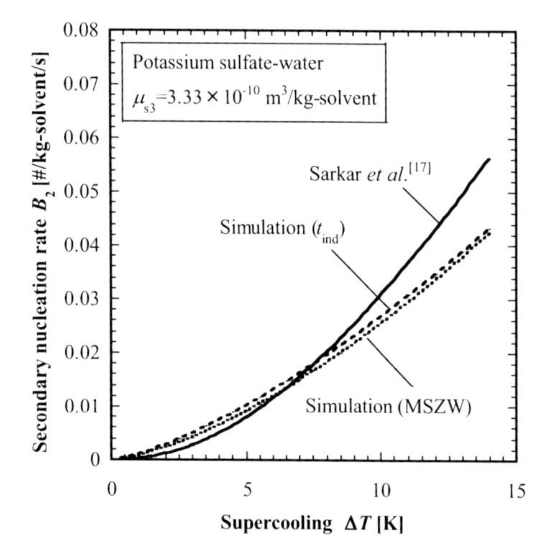

図 2-4　入力した二次核化速度と推定した二次核化速度（式(1-7)）との比較

2.4. 冷却晶析シミュレーション

本節では、硫酸カリウムを対象とした回分反応場におけるシード未添加系、シード添加系冷却晶析シミュレーションの検討結果を紹介する。適用した速度パラメータは、2.2 節で推定した一次核速度パラメータおよび 2.3 節で推定した二次核パラメータの近傍の値を用いた。

2.4.1. 計算条件

晶析計算では、前述した 6 つの速度パラメータの他に晶析対象物質の物理特性および、核のサイズを仮定する。計算に使用した硫酸カリウムの各パラメータを表 2-3 に示す。

冷却プロファイルは、飽和温度 55 ℃から 35℃までの 1 時間を線形冷却とし、その後 35℃一定に保った。溶解度曲線は式(2-4)を使用した。シード添加系の計算では、シード粒径分布を上に凸の二次関数形[18]で与え、最大値 50[μm]、分布幅 25～75[μm]、理論析出量に対するシード添加比を設定した。

表2-3　冷却晶析計算に使用したパラメータ

parameters	values	units
k_{b1}	1×10^{-6}	1/(kg-solvent s℃^{b1})
$b1$	5.96	-
k_{b2}	1×10^{5}	1/(m^3 s ℃^{b2})
$b2$	2	-
k_g	5.30×10^{-6}	m/(s ℃^{g})
g	1.31	-
L_0	1×10^{-6}	m
k_v	1.5	-
ρ_c	2.66×10^{3}	kg/m^3

2.4.2. シードの有無による初期条件設定

晶析計算でのシードの有無による初期条件の違いは、モーメント式(1-4)、(1-5)の初期値がゼロとなるか否かである。シード未添加系の初期条件は、個数密度 $n(L,0)=0$ より、式(2-8)の m_i の項は全て 0 となる。一方、シード添加系の初期条件は、シード粒径分布を式(1-3)により個数密度 $n(L,0)$に変換し、得られた各モーメントを式(2-8)の m_i に与える。

$$\mu_0(t) = m_0,\ \mu_1(t) = m_1,\ \mu_2(t) = m_2,\ \mu_3(t) = m_3,\ \mu_4(t) = m_4,\ C(t) = C_0\ \ at\ \ t = 0 \qquad (2\text{-}8)$$

初期溶液濃度は、両者ともに晶析開始温度 55℃の飽和濃度 C_0 を与えればよい。計算の範囲は、シード添加比の範囲を 0.0001%～10%の対数分割 6 点、シード未添加系 1 点の計 7 点とし、それらの晶析過程の詳細について比較した。

2.4.3. 冷却晶析シミュレーション結果

シード未添加系およびシード添加系の冷却晶析計算結果を図 2-5 に示す。

シード未添加系では、晶析開始後 36 分まで、溶液濃度の変化はなく、その後急激な濃度低下が生ずる。そして、溶液温度が一定となり、70 分後には溶液濃度が溶解度にほぼ一致する。このようにシード未添加系の冷却晶析では、液相からの固相転移、すなわち一次核発生に時間を要する上、その一次核やその後に発生する二次核の結晶成長に時間が必要となり、初期溶液濃度が一定の領域が現れる。

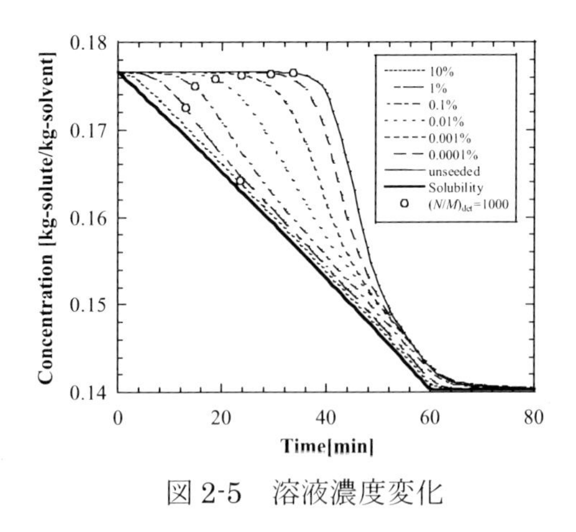

図 2-5　溶液濃度変化

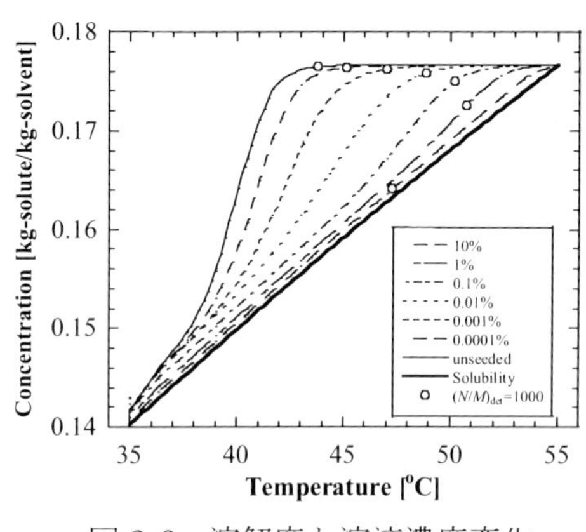

図 2-6　溶解度と溶液濃度変化

一方、シード添加系では晶析開始時点からのシードの存在により、式(1-7)の懸濁密度μ_3 による二次核媒介効果(secondary nucleation-mediated mechanism[20])が表れる。つまり、ΔT>0 (ΔC>0) の条件では、懸濁密度μ_3に比例した二次核が発生し、白濁までに要する時間が短縮される。シード添加比が多くなるほど、溶液濃度は溶解度に漸近し、冷却によって生成された過冷却度は、より早く低下することが判る。シード添加比 10%では、晶析開始と同時に溶液濃度は溶解度に漸近し、過冷却度の生成は小さい。これは、生成された過冷却度がシードの成長に消費され、過冷却度が抑制されたからである。また、シード添加比の増加と共に溶液濃度低下までの時間が減少する結果となった。すなわち、シード添加比の変化に伴う溶液濃度変化のプロファイルは、図2-5 の最も左側にある溶解度曲線と最も右側にあるシード未添加時の溶液濃度変化範囲の中に存在することになる。

図 2-5 の○印は数値計算における MSZW を示す。その検出個数密度は、シード未添加系では1000[1/kg-solvent]到達時点とし、シード添加系ではシードの初期個数密度からの増分を1000[1/kg-solvent]に設定した。図より、シード添加比の増加は MSZW の検出時間を早め、さらに検出時点の濃度低下が大きくなる傾向にある。しかし、シード添加比 10%では二次核発生量が低下するために、MSZW の検出タイミングが遅れる結果となった。

溶解度曲線上に図 2-5 の溶液濃度変化を重ねてプロットした結果が図 2-6 である。時間の概念がないため、図 2-5 の 60 分以降の溶解度に漸近する様子が 35℃上に重ねて表示されている。

晶析の駆動力となる過冷却度ΔT の時間変化を図 2-7 に示す。シード添加比の増加と共にΔTの最大値および過冷却度のそのピーク到達時刻が減少する結果となった。晶析開始 60 分後に現れる変曲点は、冷却温度が一定とることにより生じている。シードの増加はΔT生成を減少する方向に作用する。

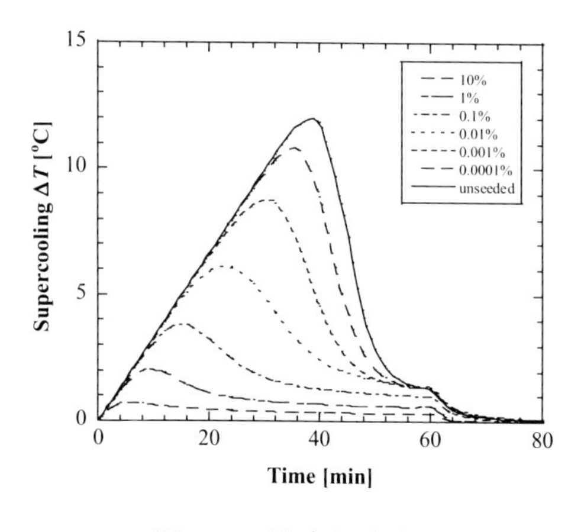

図 2-7　過冷却度変化

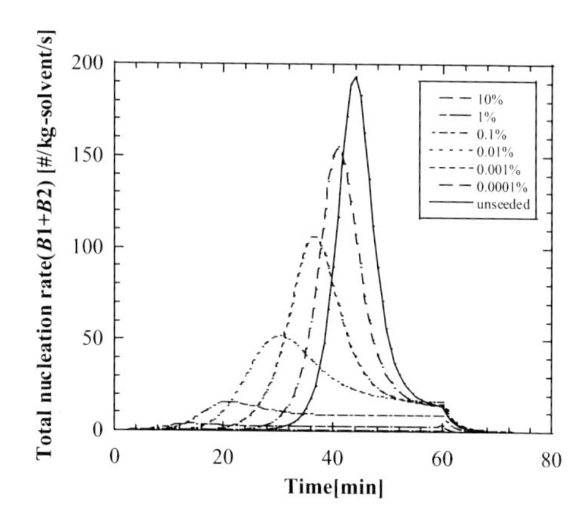

図 2-8　全核化速度変化（一次核化速度と二次核化速度の総和）

図 2-8 は全核化速度（一次核化＋二次核化速度）の時間変化を示す。シード添加比の増加と共に核化速度の最大値およびそのピーク到達時刻は減少していく傾向となった。シード添加比1.0%、 10%では、全核化速度（≒二次核化速度）は殆ど 0 となり、核化が抑制されている。このように、二次核化の抑制にはシード添加が有効である。しかし、二次核化速度はシード添加比ばかりではなく冷却速度にも依存するため、スケールアップでは冷却速度と合わせて検討することが望ましい。

図 2-9 は成長速度の時間変化を示す。この結果は過冷却度の時間変化（図 2-7）に良く似た挙動を示している。また、全核化速度の時間変化(図 2-8)とは異なり、ピークを迎えるまでは過冷

却度の増加と共に増加し、極大値後に 0 に漸近する結果となった。このように、シード添加比の増加は成長速度のピーク到達時刻を早め、そのピーク値を減少させる効果がある。シード添加比 10%では、過冷却度が低いため、成長速度も小さくその時間変化は少ない。

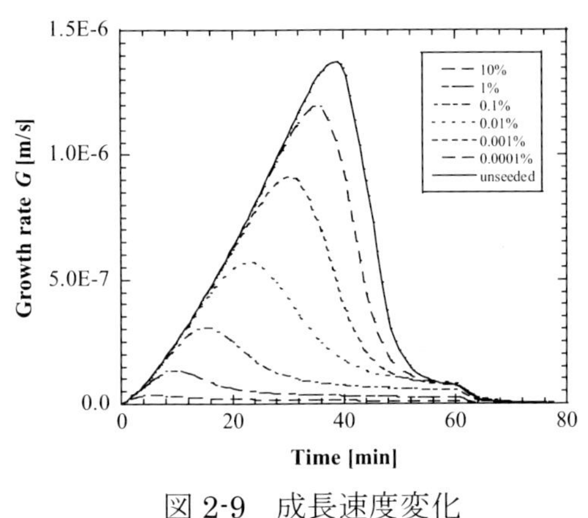

図 2-9　成長速度変化

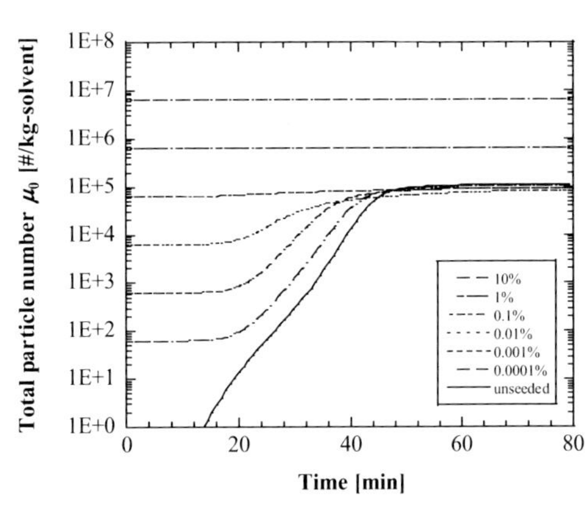

図 2-10　全粒子数変化（一次核＋二次核）

晶析槽内の全粒子数の時間変化を図 2-10 に示す。興味深いことに、シード添加比 10%、1%、0.1%において、晶析の全区間において粒子数がほぼ一定となり、シード添加比 0.01%以下では粒子数の増加が見られた。粒子数増加の原因は、シード量が少ないために二次核化が抑制されないこと、過冷却度の低下以上に冷却速度が速いため、核化が生ずるためである。このように臨界シード添加比 0.1%以上では、全粒子数の変化からも二次核化が抑制されることが確認できる。これは Kubota のシードチャートの主張そのものである。興味のある読者は成書[10]を参考にしてほしい。

体積平均径（$\mu 4/\mu 3$）の時間変化を図 2-11 に示す。シード添加比の増加と共に晶析終了後の体積平均径は低下する傾向となった。シード添加比 0.1%では、二次核化は抑制され（図 2-10 の全粒子数は殆ど変化せず）、シードの成長は 4.3 倍となった。意外にもシード未添加とシード添加比 0.0001%、0.001%、0.01%の体積平均径はあまり変化していない。

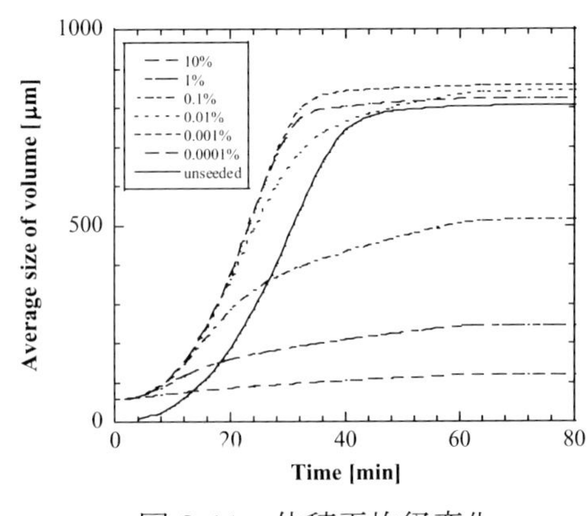

図 2-11　体積平均径変化

2.4.4. 待ち時間と撹拌回転数の影響[18]

待ち時間は、撹拌回転数の影響を受けることが知られている[22],[23],[24]。撹拌回転数 N_r^j と二次

核化速度係数 k_{b2} の関係は、式(2-9)に示すように撹拌回転数に比例すると考えてよいだろう[18],[21],[25],[26]。

$$k_{b2} \propto N_r^j \tag{2-9}$$

ここに、jは実験定数(≒3)[27]である。

硫酸カリウムを対象とするシード未添加系において、二次核化速度係数 k_{b2} を変化させ、撹拌回転数が待ち時間におよぼす影響を検討した。冷却プロファイルは待ち時間法とし、計算条件は表2-3 を使用した。

過冷却度ΔTおよび二次核化速度係数 k_{b2} と待ち時間の関係を図 2-12 に示す。過冷却度および二次核化速度係数 k_{b2} が小さいほど待ち時間は増大し、$k_{b2}=1\times10^4$ では二次核の影響が少なく、一次核化速度式(2-7)に漸近する傾向がある。

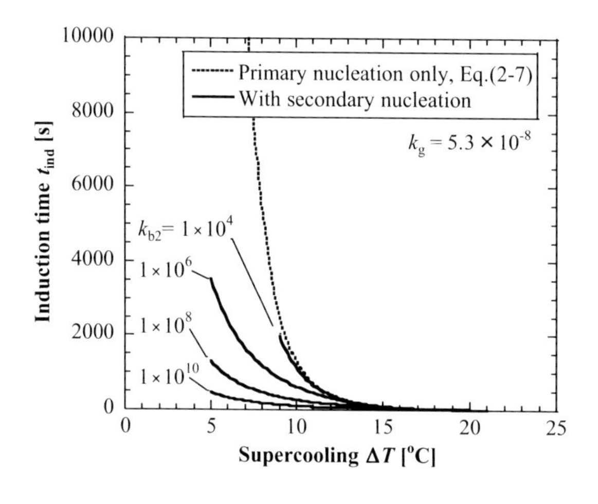

図 2-12　過冷却度の待ち時間への影響

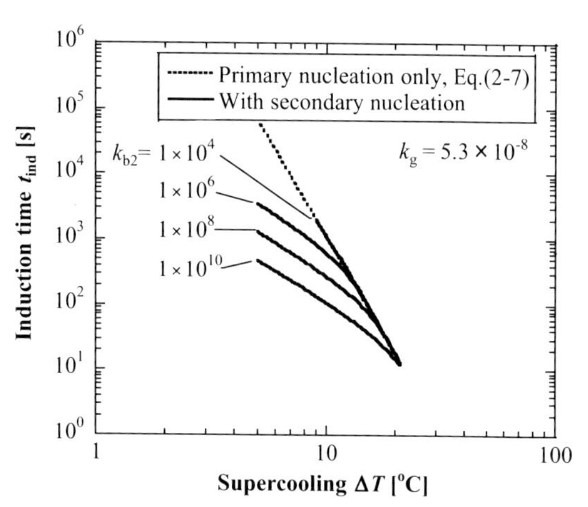

図 2-13　過冷却度の待ち時間への影響
（両対数表示）

図 2-13 は図 2-12 を対数プロットした結果である。過冷却度が小さいほど、また二次核化速度係数 k_{b2} が大きいほど二次核媒介効果が表れ、待ち時間は一次核化の理論式(2-7)の直線から乖離していく。一方、過冷却度が大きいほど、また二次核化速度係数 k_{b2} が小さいほど晶析槽内の粒子は一次核で構成され、待ち時間は式(2-7)に漸近する。

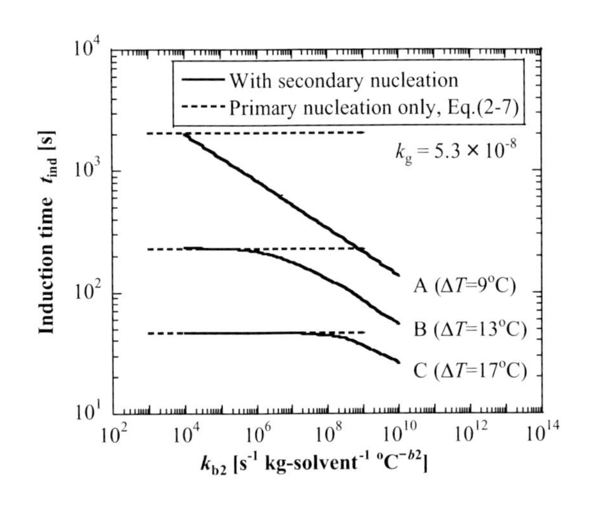

図 2-14　k_{b2}による待ち時間への影響

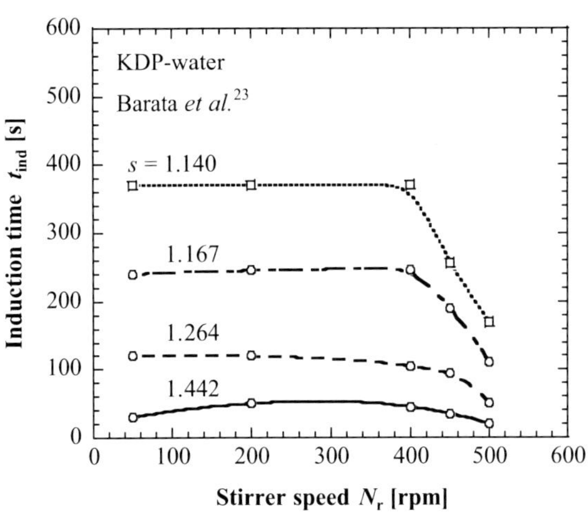

図 2-15　撹拌回転数と待ち時間（実測値）

二次核化速度係数 k_{b2} による待ち時間の影響を図 2-14 に示した。待ち時間は過冷却度が小さいほど大きくなり、二次核化速度係数 k_{b2} が小さい領域では一定となった。これは、ある撹拌回転数以下では二次核媒介効果の影響が減少し、待ち時間の変化がないことを意味する。

KDP－水系の実測値を図 2-15 に示した。撹拌回転数 400rpm 以下では待ち時間がほぼ一定となり、それ以上では待ち時間が減少する。さらに、待ち時間の減少勾配は過飽和比が小さいほど緩やかになり、計算結果と同様な傾向を示した。

2.5. 結晶多形シミュレーション[26]

結晶多形を有する製造品目においては、スケールアップ後に異なる結晶多形が生ずる等、製造現場では問題となっている。それらを速度論によるアプローチから解明することに意義があると考え、本節では上述した晶析モデルを結晶多形モデルに拡張し、冷却晶析を対象とした撹拌回転数の変化による二次核媒介効果が溶媒媒介転移時間におよぼす影響を検討した。

2.5.1. 計算条件

結晶多形のモデル物質は、各々の溶解度曲線(図 2-16)が 44℃で交差する互変系(enantiotropic system)とし、計算に使用した各々の速度パラメータは準安定結晶、安定結晶ともに同じ値に設定した。ただし、準安定結晶のみ溶解過程を考慮し、その溶解速度は PBE（式(1-1)）を変更することなく、負の成長速度として与えた。冷却温度プロファイルは、飽和温度 55℃から 35℃までを 0.167℃/min(10℃/h)の線形冷却とし、溶媒媒介転移が終了するまで 35℃を 8 時間保った。なお、結晶多形モデルの定式化、溶解速度式、溶解度曲線、設定パラメータの詳細については文献[26]を参照されたい。

2.5.2. 溶媒媒介転移の再現

シード未添加系の標準的な溶媒媒介転移における溶液濃度変化を図 2-17 に示す。図中、αおよびβの溶解度曲線を各々点線、実線で示した。

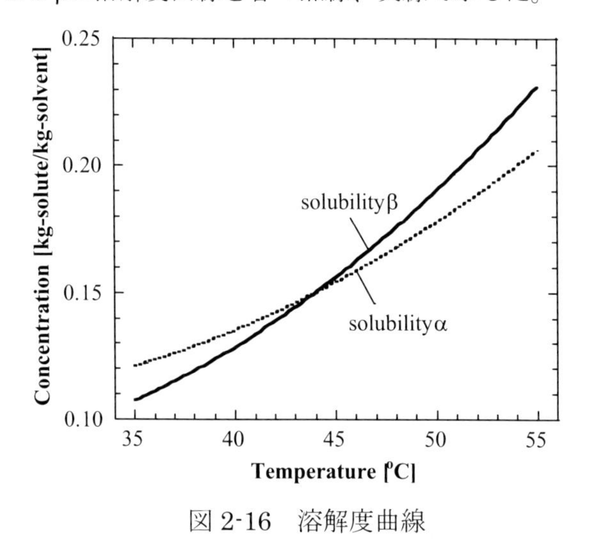

図 2-16　溶解度曲線

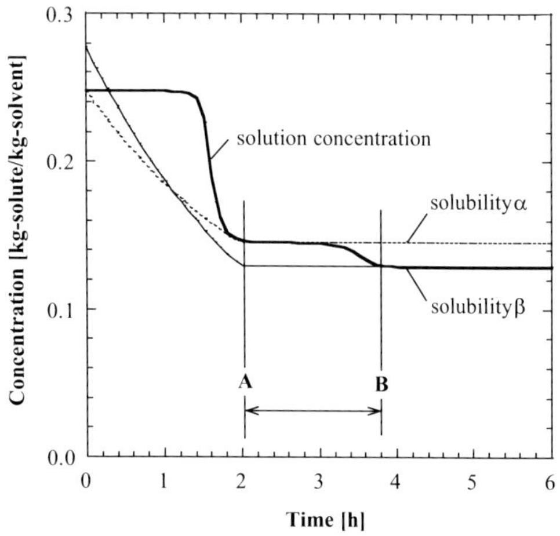

図 2-17　溶液濃度変化

図 2-17 において、溶液濃度は冷却開始後 1 時間まで変化がないが（α、βともに各々の溶解度以下で核は発生しているが、溶液濃度の変化には至らない）。その後、溶液濃度は急激にα溶解度に漸近する。溶液濃度がαの溶解度を僅かに下回る 2 時間以降、α結晶は溶解し、その溶質はβの核化・成長に供給され、そして消費されていく。αの溶解過程が終了すると、溶液濃度はα溶解度から低下しはじめ、最終的にはβ溶解度に一致する。このように、溶媒媒介転移現象では、溶液濃度が準安定結晶の溶解度で一定となり、その後、安定結晶の溶解度に到達するのが特徴である。速度論による結晶多形モデルは、この特徴的な溶媒媒介転移の溶液濃度変化を再現した。なお、溶液濃度がα溶解度で一定となる理由は、αの溶解律速ではなく、βの核化・成長律速によるものである。

溶媒媒介転移中のα、βの 3 次モーメントの変化を図 2-18 に示した（3 次モーメントに形状係数、結晶密度をかけると結晶量となる）。αの 3 次モーメントは、溶液濃度低下の始まる 1.4h 以降に急激に増加し（図 2-17）、溶媒媒介転移開始点 A にαのピークが現れ、その後ゆるやかに溶解していく。この挙動は単変系(monotropic system)である L-グルタミン酸の実測例、文献[28]と同様な挙動を示した。質量基準で比較すると、溶媒媒介転移現象の挙動は物質に依存せず似たような挙動を示すと推測される。

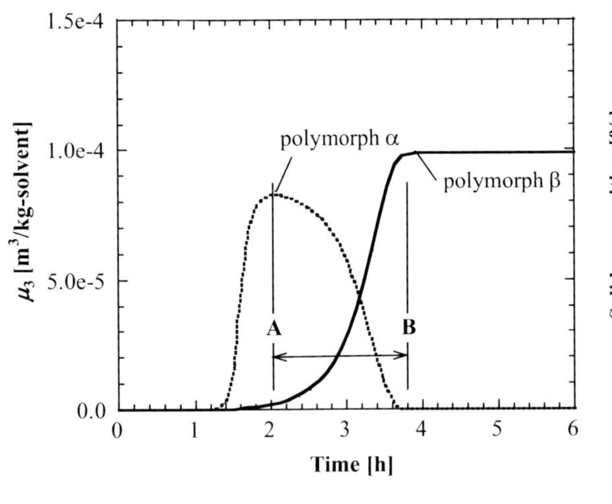

図 2-18　3 次モーメント変化

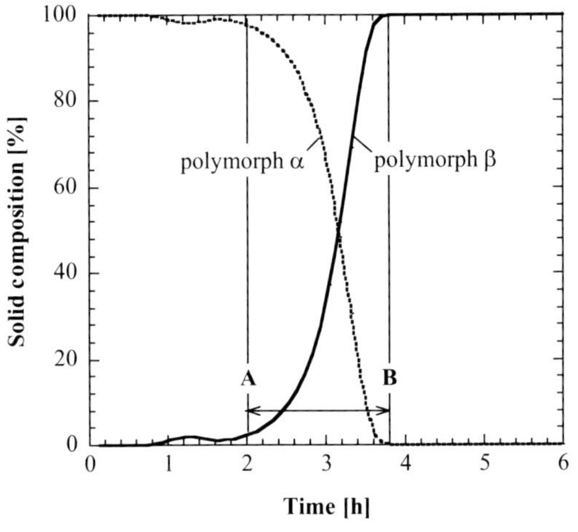

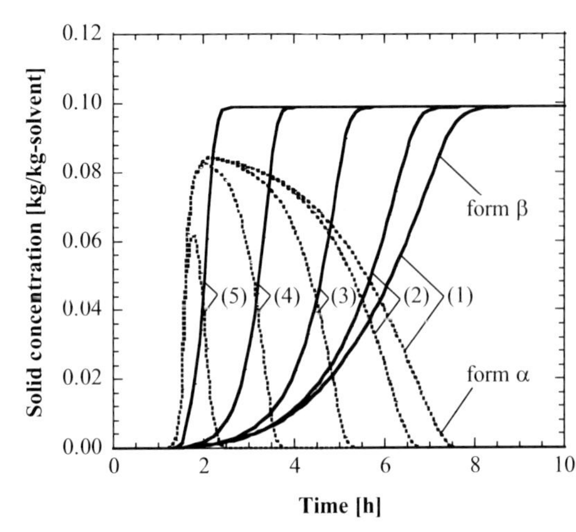

図 2-19　結晶濃度変化

溶媒媒介転移中のα、βの存在比を図 2-19 に示した。結晶多形が 2 つの場合には、存在比 50%を横軸に対称となる挙動を示す結果となる。

2.5.3. 溶媒媒介転移と撹拌回転数の影響

撹拌回転数の影響は、2.4.4 項で考察したように二次核化速度に影響をおよぼすことから、溶媒媒介転移における安定結晶の二次核化速度は、撹拌回転数の影響を受けると考えた。溶媒媒介転移の検討に先だって、転移時間を定義する。図 2-17 において、溶媒媒介転移の開始は溶液濃度がαの溶解度を下回った点 A とし、αとβの溶解度の差の 2%を下回った時点を溶媒媒介転移の終了点 B とすると、転移時間は(B - A)と定義できる。

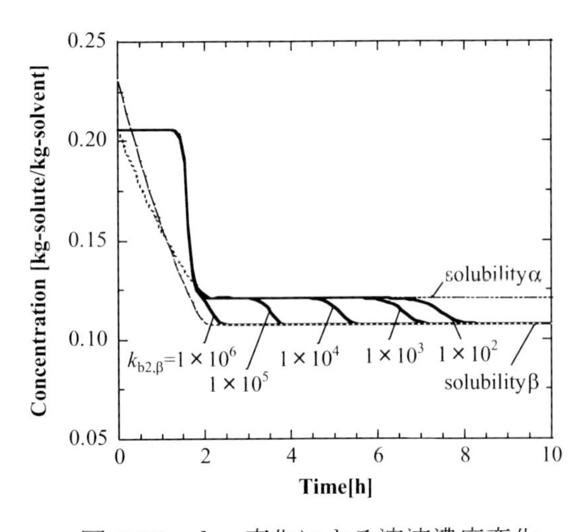

図 2-20　$k_{b2,\beta}$変化による溶液濃度変化

図 2-21　$k_{b2,\beta}$変化による結晶濃度変化
(1):1×10^2, (2):1×10^3, (3):1×10^4, (4):1×10^5, (5):1×10^6

安定結晶の二次核化係数 $k_{b2,\beta}$を 1×10^2 ~1×10^6に変更した結果を図 2-20 に示す。転移時間は二次核化係数 $k_{b2,\beta}$が小さくなると増加し、大きくなると減少する。現実の晶析槽では、撹拌回転数を調整することにより転移時間を調整できると推測される。

図 2-21 は、図 2-20 の各々の結晶濃度変化を示す。最大の $k_{b2,\beta}=1\times10^6$ を除き、準安定結晶αのピークが線形冷却の終了時点に一致する結果となった。興味深いのは、$k_{b2,\beta}=1\times10^6$においてα結晶が他のピークに到達する前に溶解してしまい、図 2-20 のトレンドには溶液濃度が準安定結晶の溶解度で一定となる領域が見られない。つまり、結晶多形を見逃しやすい。このような場合には、スケールアップ後に撹拌回転数が低く（二次核化係数 $k_{b2,\beta}$が小さい）設定されると、今まで気が付かなかった多形が現れ、製造現場に混乱をもたらすことが懸念される。

図 2-22 は、図 2-20 の転移時間を二次核化係数 $k_{b2,\beta}$で整理した結果である。これらの関係は式(2-10)で表現される。

$$t_{trans} = 9.26 - 0.64\log k_{b2,\beta} \tag{2-10}$$

ここに、t_{trans} は転移時間である。撹拌回転数と二次核化係数 $k_{b2,\beta}$の関係式(2-9)を式(2-10)に代入すると式(2-11)を得る。

$$t_{trans} = a - b\log N_r \tag{2-11}$$

ここに、a, b は実験パラメータ、N_r は撹拌回転数[rpm]である。すなわち、転移時間の実測値は式(2-11)に従うと予想される。

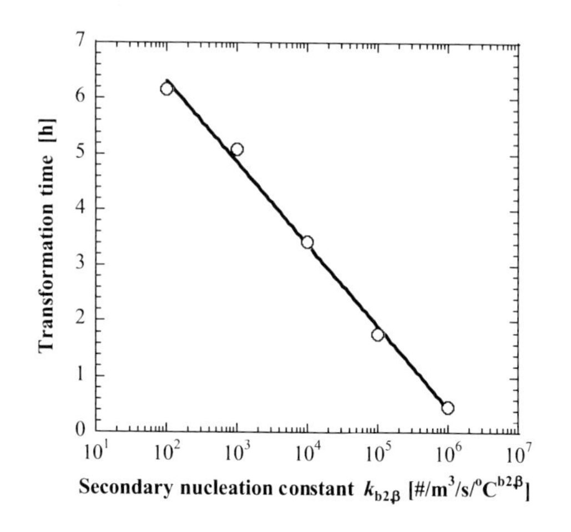

図 2-22　$k_{b2,\beta}$変化による転移時間変化

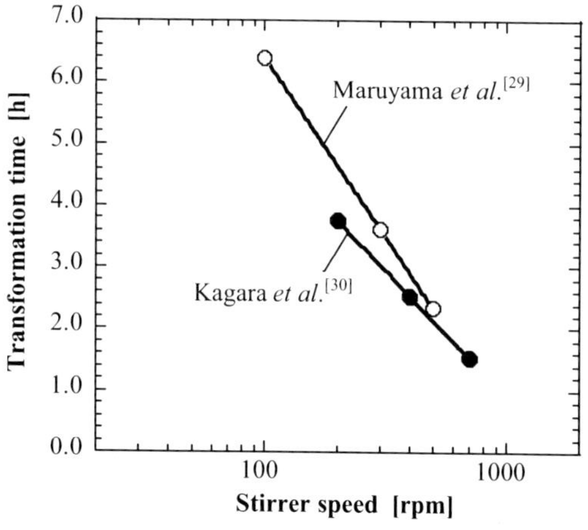

図 2-23　回転数変化による実測転移時間

図 2-23 はタルチレリン[29]、テトラリン[30]（共に互変系）の撹拌回転数変化による転移時間の実測例である。図中、実線は式(2-11)を各々フィッティングした結果を示す。タルチレリン、テトラリンともに図 2-22 と同様な右下がりの直線を示し、撹拌回転数の増加は転移時間を短縮させる結果を得た。このように、準安定結晶の二次核化係数 $k_{b2,\beta}$は、撹拌回転数による転移時間の影響を表現できることが実測からも支持された。

3．おわりに

晶析現象の定式化およびモーメント法を適用した晶析シミュレーションについて解説し、核化速度パラメータの推定、シード添加比や撹拌回転数の影響による晶析現象の検討結果を紹介した。さらに、結晶多形における溶媒媒介転移は、撹拌回転数の変化により説明できることを明らかにした。晶析現象は複雑な挙動を示し、アートといわれて久しいが、本章で示したポピュレーションバランス式、マスバランス式、核化・成長速度式、溶解度曲線で構成される速度論の適用により、工業化に近づいたと考えている。晶析シミュレーション技術は、単なるシミュレーションではなく、晶析操作条件の検討や晶析現象解明の手段としても有効であり、さらに製造現場で遭遇するスケールアップ後のトラブルへの合理的な対処法となりうるだろう。本章で示したアプローチは、既往の知見や実測データをもとに数値計算を先行させてきた。次のステップは、確認実験により理論を補強する必要がある。興味のある読者は是非、確認実験とその数値計算に挑戦し、国内に晶析計算を普及させて欲しい。

晶析の分野には未だ解かれていない問題が山積している。今後の晶析は、決して五里霧中ではなく、晶析現象を説明する仮説に基づいた理論をコンパスに、確認実験と数値計算をバランスよく進めることが肝要だろう。その方法論は、国内の晶析研究を大いに前進させると同時に、世界の先端を走ることを可能にすると確信している。

4．参考文献

[1] J. Nývlt, *J. Cryst. Growth* **3/4** (1968) 377–381.

[2] N. Kubota, *J. Cryst. Growth* **310** (2008) 629–634.

[3] N. Kubota, *J. Cryst. Growth* **312** (2010) 548–554.

[4] N. Kubota, *J. Cryst. Growth* **310** (2008) 4647–4651.

[5] A. D. Randolph, M. A. Larson, Theory of Particulate Processes, Academic Press: San Diego, CA, 1998.

[6] M. Barrett, D. O'Gray, E. Casey, B. Glennon, *Chem. Eng. Sci.* **66** (2011) 2523-2534.

[7] X. Y. Woo, R. B. H. Tan and R. D. Braatz, *Cryst. Growth Des.* **9-1** (2009) 156-164.

[8] Hongyuan Wei, Wei Zhou and John Garside, *Ind. Eng. Chem. Res.* **40** (2001) 5255-5261.

[9] J. D. Ward, *AIChE J.*, **57** (2011) 2289.

[10] 久保田徳昭, 分かり易いバッチ晶析, 分離技術会, 2010.

[11] D. L. Marchisio, R. D. Vigil and R. O. Fox, *J. Colloid and Interface Science* **258** (2003) 322–334.

[12] R. Zauner, A.G. Jones, *Chemical Engineering Science* **55** (2000) 4219-4232.

[13] M. Kobari, N.Kubota and I.Hirasawa, *J. Cryst. Growth* **317** (2011) 64-69.

[14] N. Lyczko; F. Espitalier, O. Louisnard, J. Schwartzentruber, *Chem. Eng. J.* **86** (2002) 233-241.

[15] M. Kobari, N. Kubota and I. Hirasawa, *CrystEngComm* **15** (2013) 1199–1209.

[16] M. Kobari, N.Kubota and I.Hirasawa, *J. Cryst. Growth* **312** (2010) 2734-2739.

[17] D.Sarkar, S.Rohani and A.Jutan, *Chem.Eng.Sci.* **61** (2006) 5282–5295.
[18] S. H. Chung, D. L. Ma, R. D. Braatz, *Canadian J. Chemical Eng.* **77** (1999) 590-596.
[19] N. Kubota, M. Kobari and I. Hirasawa, *CrystEngComm* **15** (2013) 2091–2098.
[20] M. Kobari, N. Kubota and I. Hirasawa, *CrystEngComm* **14** (2012) 5255–5261.
[21] N. Kubota, M. Kobari and I. Hirasawa, *CrystEngComm* **16** (2014) 1103–1112.
[22] N. A. Mitchell, P. J. Frawley, *J. Crystal Growth.* **321** (2011) 91–99.
[23] P. A. Barata, M. L. Serrano, *J. Crystal Growth.* **163** (1996) 426–433.
[24] M. S. Joshi, A. V. Antony, *J. Crystal Growth.* **46** (1979) 7–9.
[25] M. Kobari, T. Mitani, N. Kubota and I. Hirasawa, *The 9th ICSST* Korea, November (2011).
[26] M. Kobari, N. Kubota and I. Hirasawa, *CrystEngComm* **16** (2014) 6049-6058.
[27] J. Garside and R. J. Davey, *Chem. Eng. Commun.*, **4** (1980) 393–424.
[28] J. Schöll, D. Bonalumi, L. Vicum and M. Mazzotti, *Cryst. Growth Des.* **6-4** (2006) 881-891.
[29] Maruyama S., Ooshima H. and Kato J., *Chem. Eng. J.* **75** (1999) 193-200.
[30] Kagara K., Machiya K., Takasuka K. and Kawai N., *Kagaku Kogaku Ronbunshu* **21** (1995) 437-443.

第 13 章　晶析化学はどこまで進歩したか？

高井　浩希
（メトラートレド株式会社）

1.　はじめに

多くの化学品、医薬品の製造において、晶析工程は生成と同時に分離の単位操作としての役割を果たしており製品品質や後工程の効率に影響を与える重要なプロセスである。晶析工程では品質特性を確保するとともに、後工程の効率を最大化しつつ再現性を確保することが求められている。晶析工程で得られる結晶の重要な品質特性としては、粒度分布、粒子形状、収率、純度、結晶多形、かさ密度、紛体流動性、ろ過性、乾燥特性、再現性、溶出速度があげられる。また、プロセスパラメーターとしては、原料、不純物、濃度（過飽和度）、溶媒選定、種晶、貧溶媒滴下、滴下速度、温度プロファイル、攪拌翼やリアクタの形状、pH などがあげられる。晶析は核化（一次核化、二次核化）、成長、溶解、相分離（オイルアウト）、転移、形状変化、摩耗、破壊、凝集といった様々なイベントが発生する複雑なプロセスである。このようなイベントが、どの条件に起因しているのかを究明し、どのように望まないイベントを避けプロセスを最適化するのかが堅牢なプロセスを構築する鍵となる。しかし晶析工程から得られる結晶は熱力学・速度論・物理現象のすべてに左右されるために晶析は非常に複雑なプロセスとして知られており、特にスケールアップ時には攪拌や熱伝導が粒度分布に大きな影響を及ぼすために、工業化検討は困難を極める。この問題に対処するために、従来、工程中や工程後にサンプリングを行いプロセス内評価を行うオフライン法が用いられてきたが、サンプリングが困難である場合も多く、また、サンプリング中およびサンプル調製中にサンプルが変化するものも多くあり、オフライン法では充分な結果が得られないことが多いのが現状である。このような背景から、PAT(Process Analytical Technology)ツールを使用して晶析工程の重要な因子である結晶サイズ、形状、結晶形や過飽和度をサンプリングすることなくリアルタイムで測定し晶析工程を理解、最適化、制御することが現在の主流となりつつある。インラインセンサーを使用する目的は重要なプロセスパラメーターを重要な製品品質特性に関連付け、デザインスペースを理解・構築し、リスクを削減することである。望まない製品ができる正確な条件を特定し、再現性のある品質を確保するために条件を最適化するのである。晶析のリアルタイムモニタリングは、プロセス開発の迅速化とスケールアップの最適化に役立つとともに、プロセスのリアルタイム評価および製品のリアルタイムリリースの実現をサポートする。本稿では晶析工程をリアルタイムでモニタリングした事例を多く取り上げ、その利点を検証する。

晶析をリアルタイムモニタリングする利点

- 詳細なプロセスの情報を得ることでバッチ晶析の収率・スループット・採算性を改善
- 後工程（ろ過工程、乾燥工程）での問題の回避
- R&D における生産性向上のために重要な運転条件を迅速に特定
- 目的の結晶仕様およびバッチ間の再現性を確保できる堅牢なプロセスを設計

・　製品品質を確保するために望ましくない事象（オイルアウト、二次核発生）をリアルタイムで検知

何が晶析工程を複雑にするのか？

晶析工程の効率と収益性は、晶析槽内で作り出される結晶の粒度分布に大きく依存する。かさ密度・流動性・結晶粒度・結晶形状の問題は、晶析の操作が直接的に関与する。結晶が求められる粒度分布仕様を満たせないと、コストのかかる再処理につながる場合がある。例えば晶析槽内に大量の微小結晶が発生すれば、収率が大幅に低下するばかりか、ろ過や乾燥などの後工程で深刻な障害となるためにスループットが減少する。また、結晶製品の過剰な粉砕は、さらなる収率の低下と粉塵被害の可能性をもたらす。したがって、仕様に適合した再現性のある結晶粒度分布を獲得し、粉砕や分級などの過度な後処理を避けることは、製造全体の効率と収益性を劇的に向上させることにつながる。また、晶析はラボからパイロット、さらに製造へスケールアップすることが非常に困難な工程といわれている。晶析のスケールアップが難しいのは、熱力学と複数の力学的特性が深く関与した結果として結晶の粒度分布が作りだされるからである。過飽和度は晶析における熱力学的ドライビングフォースであり、最終的に得られる結晶数および粒度分布を決定する重要なパラメーターである。実験室レベルの晶析槽では比較的攪拌が良好なので、槽内における過飽和度はほぼ均一だが、大きな晶析槽となると、明らかに過飽和度に偏りが発生する。過飽和度を作る手法（多くは冷却か貧溶媒添加）、および攪拌方式（槽の内径やバッフル・羽の種類・攪拌速度を含む）が、過飽和領域をいかに効果的に槽内に拡散するかがプロセスを左右するのである。実験室晶析と製造晶析の相違には、この過飽和度の偏在が重要な役割を果たしている。また、晶析が多相系であることも複雑さを増大させている。固体である結晶の比重は、液相（母液）とは異なるのが普通であり、母液よりも比重が大きな結晶は晶析槽の底に沈もうとするため、液体状態では良好に混合されていても、固体の発生に伴い攪拌が十分ではなくなる場合がある。攪拌速度の上昇や、バッフルを使用した効率化という手法もあるが、エネルギー増がもたらす結晶の破砕や磨耗が起きる可能性にも配慮しなければならない。磨耗は過剰な微小結晶発生の原因となり、また、最終結晶の粒度分布を劇的に変えるために、スケールアップの障害や二次核発生の原因にもなり得る。晶析速度論はスケールアップをさらに複雑にする。晶析速度論は一般的に、核発生速度（新しい結晶の発生速度）と成長速度（結晶径の増加速度）という二つのパラメーターに簡素化できる。（晶析槽内のポピュレーションバランスをさらに詳しく予測する複雑な晶析モデルは、溶解・破砕・磨耗・凝集の速度を含むが、実際の晶析工程ではそれらを排除するように運転する）核発生速度と成長速度は基本的に過飽和度の関数である。図 1 に示すように比較的低い過飽和度では成長が支配的となり、過飽和度があるレベルまで上昇すると、核発生が晶析工程を支配する。さらに槽内に結晶が存在する場合、その結晶の粒度分布は過飽和度がどう消費されるかを決定するもう一つの重要な要因となる。なぜなら、存在する結晶の量、特に成長に使われる結晶の表面積が、過飽和度の消費速度を決めるからである。核発生を防ぎたければ存在する結晶の表面積が消費できるだけの過飽和度を作り出せばよいことになる。一方で生成された過飽和度に対し

て表面積が不十分であると、次第に過飽和度が上昇し、あるところで核発生が支配的となる。それほど複雑な晶析でなくとも、現実のフルスケールの晶析槽内では、過飽和度の偏在と結晶粒度分布の偏在が起きる。すなわち、核発生と結晶成長の偏在がある限り、実験室で得られた単一の速度モデルからフルスケールの最終結晶を予測するのはほぼ不可能だということである。このような複雑な晶析を扱う伝統的な手法を二つあげるとすれば、一つは溶液から結晶をクラッシュアウト（急激な結晶化）させ、後工程で問題を取り除く手法である。もう一つは核発生がないよう、過飽和度を最大限低くして運転する手法である。しかし、明らかにどちらの方法も製造上の収率やスループットが最大になるよう最適化されているとはいえず、これらの課題が、近年、PAT ツールを使用して結晶サイズ、形状、結晶形や過飽和度といった重要なパラメーターを直接測定し晶析をリアルタイムでモニタリングする原動力となっている。

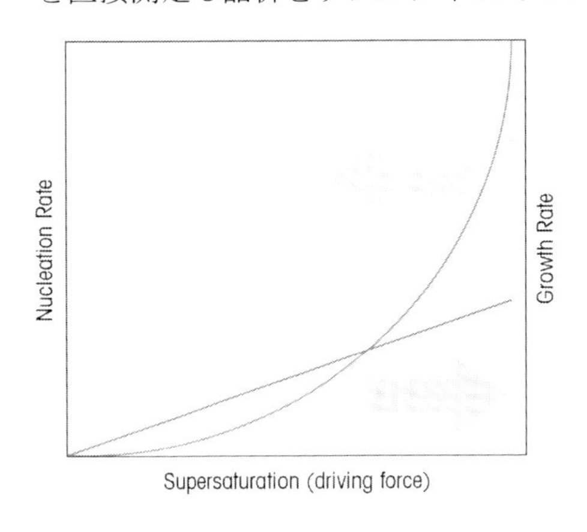

図 1. 過飽和度と核化と成長の関係

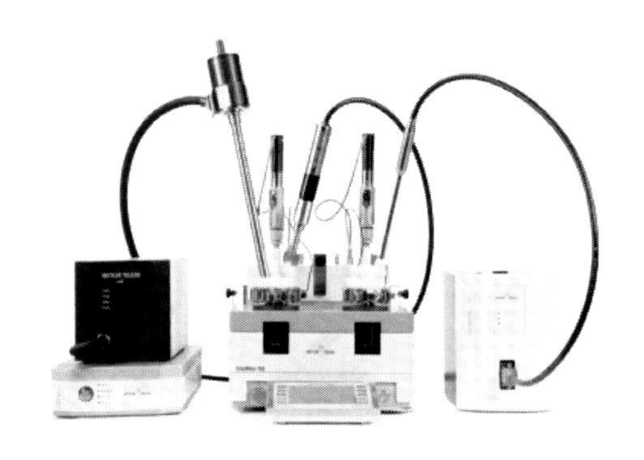

図 2. 晶析ワークステーションとインラインセンサー

2. 最新晶析ワークステーションの登場

ここ数年の間に晶析技術は格段の進歩をとげているにも関わらず、依然として多くの化学者は *in situ* で結晶を観察する余裕はなく、過去の実験結果をもとに毎日の判断を迫られている。晶析現象は複雑だという理由で、ただ急激に結晶を析出させるだけの単純な操作で済ませ、収率、純度、粒度分布にばらつきが生じる不安定なプロセスが構築されている。しかし現在は晶析プロセスを精密に解析された質の高いプロセスへと改善できる環境が整っている。実績を積んだ PAT により、プロセス中で何がどのように変化しているのかを知ることが可能となり、常に望ましい粒径、粒子形状、結晶多形を分離するためのノウハウが得られるようになったのである。かつて晶析工程はその複雑さゆえ検討に時間がかかるものであり、特別なチームを作って最も重要な処理ステップのみ研究するものだと考えられていたが、次世代 PAT ツールの登場によって、晶析槽内の核発生、成長、オイルアウト、凝集、過飽和度などの変化をたちどころに理解できるようになった。次世代装置のきわめて質の高いデータを使用することで、晶析開発とスケールアップに必要なノウハウが簡単に入手できる時代となったのである。晶析法の開発現場では、実験計画法（DoE）に沿って短時間で晶析実験を行うが、全プロセスを最適化するための時間を確保するのは難しいために、実験計画法上の重要なパラメーターのみをスクリーニングし、溶解度、溶媒、温度勾配等を決定する。後工程に送られてしまってからでは取り返しのつきにくい、不純物、結晶多形、粒度分布、粒子形状の問題を避ける方策を確立しておく理想的なタイミングは、まさにここである。晶析開発の早い段階で検討しておけば、問題が発生した場合の対処に多大なコストがかかるような事態を避けることができる。このような晶析検討を行う場合はジャケット付き丸底リアクタを用いることが一般的であったが、温度と攪拌の設定をマニュアルで行う手法はセットアップに時間がかかり、再現性が悪く、インライン式の分析装置を取り付けも容易ではなかった。さらに、様々なデータを統合し、解析するのにも多大な時間を要するという欠点があった。このような背景と開発時間の短縮といったプレッシャーにさらされている近年では、実験の生産性をあげ、全てのデータを取得し、さらに容易に統合する晶析ワークステーションの導入が進んでいる。（図 2）小型晶析ワークステーション（EasyMax や OptiMax）は、精密な温度・攪拌・溶液添加・pH 制御機能を備え、実験を素早く効率的に昼夜を問わず行うことが可能である。リアクタは使いやすく、きわめて再現性が高く、インライン式の分析装置を簡単に装着できる。EasyMax および OptiMax 合成装置にインラインセンサーを取り付けることで、結晶の挙動の包括的なモニタリングが可能となる。インライン分析装置からのデータを、温度・攪拌速度・pH・貧溶媒添加量と同期させることで、データ解析が迅速に行え、確信を持って次の実験に進むことが可能となるのである。研究者は日々さまざまな条件を決定して晶析実験を行い、結晶の変化を解析し、製品品質とプロセス効率を評価する必要性に迫られているが、インライン分析装置を備えた晶析ワークステーションは、晶析実験を迅速で確実な方向に導いてくれる。晶析工程で特に重要なインラインセンサーとしては ParticleTrack （旧名：FBRM）があげられる。この装置はプロセス内に実在する粒子および凝集粒子の、サイズ・個数・形状の変化をリアルタイム・インプロセスで追跡する装置として 1986 年に開発された。インライン方式の ParticleTrack は、粒子の成長・崩壊・溶解・凝集などによる変化を測定し、詳細なプロセス情報をユーザーに提供することで、収率・純度・製品安定性・後工程のスループットの改善に広く活用されている。数多くの科学論文において、ParticleTrack 独自のコード長分布測定が、晶析工程の理解と最適化、ラボから製造へのスケールアップに有用であると言及している。また、PVM (Particle Vision and Measurement) も晶析を即座に理解するために有用な装置である。PVM は試料をサンプリングすることなく、プロセス内の結晶をインライン撮影し高解像度なデジタル画像で保存する。晶析ワークステーションに PVM を設置すれば、画像から粒子の大きさ・形状変化が読み取れると同時に、プロセスの温度・撹拌・溶媒添加データが同期して記録され、データ解析を経ずにプロセスを理解できる。日々の晶析検討で PVM を利用することにより、プロセスが即座に可視化されるとともに、変化の概要が判明し、次の実験の方針決定が容易となる。その他の晶析最適化ツールとしては ReactIR があげられる。化学反応を詳細に理解するためのリアルタイム *in situ* 反応解析システムとして有名な本装置だが晶析工程に応用することができる。ReactIR は晶析工程中の濃度変化をサンプリングすることなくリアルタイムでモニタリングし、さらに定量化することが可能である。ParticleTrack や PVM は析出した結晶をモニタリングするのに対し、ReactIR は溶媒に溶解している化合物の情報をモニタリングする。濃度を定量化できる ReactIR を用いることで、これまで線形で冷却していた温度プロファイルを過飽和度の一定にした冷却プロファイルに変更することも可能となる。ISIC (International Symposium on Industrial Crystallization)における発表件数では、インラインで粒子のサイズや個数を測定し粒度分布を測定できる ParticleTrack の発表件数は 1999 年からの 12 年間で約 10 倍となっている。また、FTIR や Raman といった分光分析の発表件数も約 4 倍となっている※1。このデータからも晶析の分野で *in situ* の PAT ツールと呼ばれる技術が急速に普及していることが見て取れる。

3. 晶析工程のモニタリング事例

3.1. 準安定領域の自動決定

溶解度曲線の情報は晶析開発の基本であり、収率・純度・粒度分布の最適化に不可欠である。また、図 3 に示した溶解度の情報に核発生点の情報を追加した準安定領領域（Metastable zone width: MSZW）は晶析開発の要であり、後々の検討のためにも是非取得したい基本事項である。従来の溶解度の測定は変温法や等温法があるが、どちらの手法も多大な労力を要するほかに、結晶の溶解を目視で確認する場合には、個人差が生じる懸念点があった。過溶解度に関しては、速度論が関係しているために決定が容易ではないことから、これまでほとんどデータを取得されていなかった。このような課題のソリューションとして、晶析ワークステーションに ParticleTrack や ReactIR といったインラインセンサーを組み合わせて使用する方法が用いられ、準安定領域の決定を自動で行う手法が多く普及した※2。インラインセンサーは核発生温度や結晶の溶解温度を検知し、その情報はリアルタイムで合成機へと送られる。合成機は送られてきた情報をもとに、加熱、冷却、希釈といった操作を自動で行うために、非常に効率良く準安定領域を決定することができるのである。このようなインラインセンサーと合成機を組み合わせたシステムの登場により、溶解度曲線や準安定領域の決定は格段に容易となった。

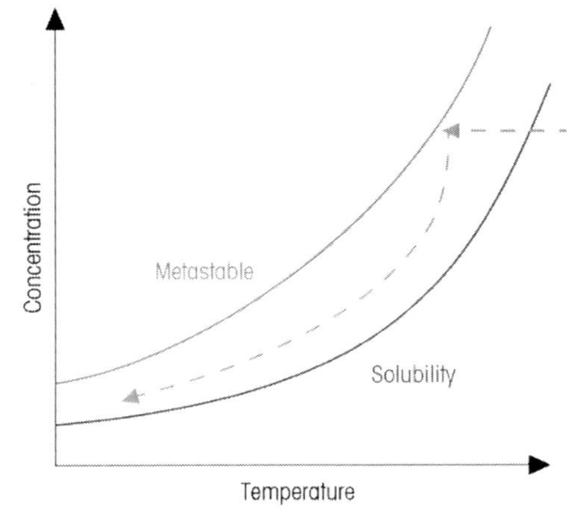

図 3. 準安定領域

3.2. 種晶を用いる晶析工程のモニタリング

晶析の挙動やプロセス効率、製品品質を最適化する上で、種結晶（種晶）の添加は最も効果的な手法のひとつとなっている。ろ過速度や乾燥時間、収率、かさ密度、流動性そして粒度分布のばらつきの多くが、種晶添加と核発生状況のばらつきに起因している。粒度、添加量、添加温度などの種晶添加条件を確立するためには、さまざまなデータを採取し検討する必要があり、晶析速度と所望の結晶仕様に合致するよう条件を最適化し、スケールアップや技術移転を行う必要がある。種晶添加方法の確立とスケールアップに際しては、晶析中の種晶挙動の *in situ* 測定が極めて有用である。種晶添加後の 15～30 分は種結晶の効果を確認するうえで最も重要な時間であり、その時間帯の種晶挙動がプロセスの結果を大きく作用する。*in situ* で種晶挙動を数値化することで、そのバッチが計画どおりに進行しているかどうかが確認でき、種晶のパラメーターを理解することで晶析最適化のための実験数を減少させることができる。あるプロセスにおいて種結晶の添加を決定した場合、次には種結晶の添加時間及び添加温度を決定する必要がある。ここで非常に役立つのが、準安定領域のデータである。一般的なのは、溶解度曲線と準安定領域の中間地点に種結晶を加えるというものである。特にスケールアップにおいて考慮すべきことは、溶解度は熱力学関数であり晶析槽のスケールには依存しないということである。一方、準安定領域は速度論的関数であり、スケールによって変化し、過飽和度の生成速度、マストランスファー、熱伝導、固形物の有無や不純物に影響される（溶解した不純物が溶解度に大きな影響を及ぼすことにも注意が必要）。つまり研究室で得られた準安定領域は製造スケールでのそれと異なる可能性があり、スケールアップトラブル要因となり得る。簡単な例を図 4 に示した。水から有機化合物を析出させたデータである。一定速度の線形冷却を行った。図 4a は結晶がまったくない溶液で、準安定域幅が 15 ℃であったことを示している。図 4b は 10 個の大きな種結晶（重さにして 0.001g）を飽和した時点で加えた。この時の核発生は図 4a の時より 6 ℃ 早く観察されており、準安定領域幅は 9 ℃となった。たった数個の種結晶の存在が準安定域を大きく狭めたのである。これは種晶添加温度を設定する上で必ず考慮しなければならない現象であり、場合によっては、結晶の存在により狭められた準安定領域の近くに種結晶を添加することで核発生を誘発する可能性もある。特に晶析槽がバッチ処理ごとに完全に洗浄できない場合は、この影響には十分注意を払う必要がる。前のバッチからの残留物や内壁への結晶の付着残留物が、新しい溶液の予期せぬ種結晶となり、前述のように準安定域を狭めることがあり、最悪の場合、核発生を誘発することでそのプロセスを極端に変動させてしまうかもしれない。準安定領域のどこに種結晶を添加するか（種晶添加温度）が、核発生と成長に大きな影響を及ぼすことを図 5 と図 6 に示した。準安定領域内の異なる温度（25℃、22.5℃、20℃）で 0.25g の種結晶を添加した 3 バッチの種晶添加晶析を ParticTrack で観察している。種結晶の粒度分布が常に一定であることは、各実験の種晶添加直後のコード長分布を比較して確認した。図５は ParticleTrack で測定した微小なコード長 1～20μm のカウント数の比較であり、核発生速度の相対的な指標となる。20℃は過溶解度に最も近く、つまり過飽和度が最大で、結果として核発生が最も速く、多くの微粒子が生成している。反対に溶解度曲線に

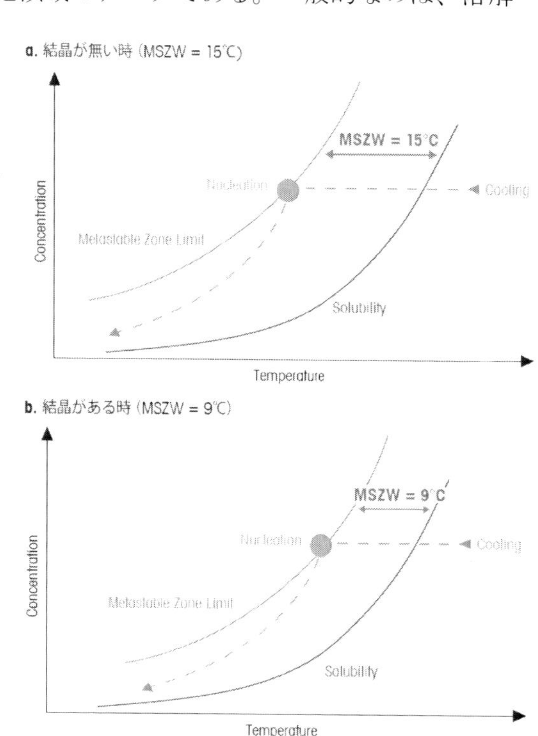

図 4. 種晶が準安定領域に及ぼす影響

近く、過飽和度が低い段階での種晶添加は、核発生速度は低く微粒子は少ない結果となった。図 6 は各バッチの終点である 20℃での最終的な分布の比較と PVM 画像である。準安定領域近くでの種晶添加（20℃）では結晶成長が最小であるのに対し、溶解度曲線近くでの種晶添加（25℃）では、結晶成長速度が最大となり、大きな結晶の数が最大となった。このデータから種晶添加温度を調節すれば、結晶成長や核発生を制御し、最終粒度分布を制御可能である。

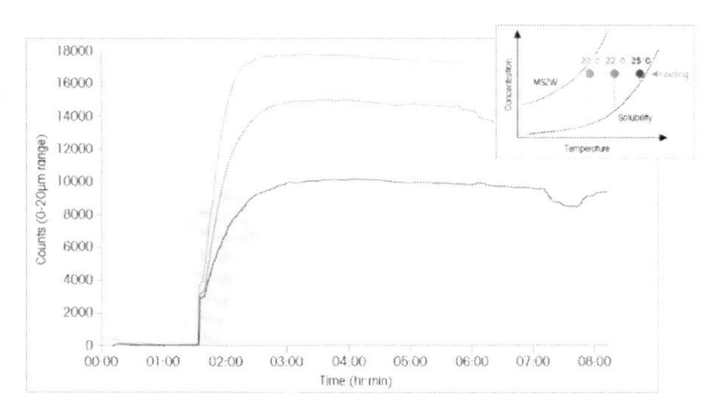

図 5. 種晶添加温度の核発生速度への影響

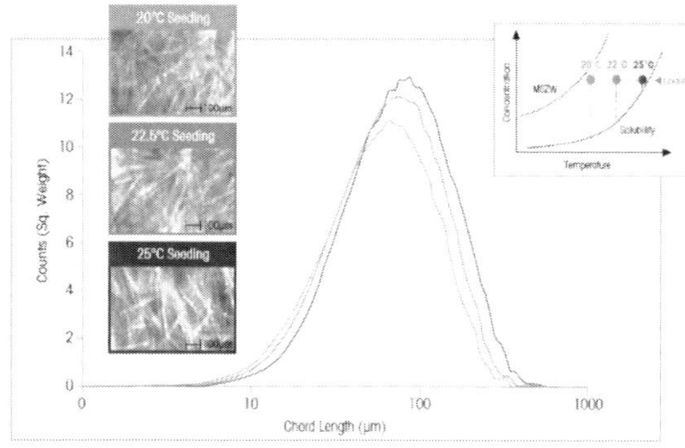

図 6. 終点のコード長分布と PVM 画像

3.3. 製造現場におけるスループットと収率の向上事例

結晶の粒度分布はプロセス効率と製品品質において非常に重要な役割を果たす。したがって、ほとんどの場合、規格どおりの粒度分布を持つ結晶が製造されるように晶析工程を構築する必要がある。規格には、平均粒径（平均径・メジアン径・モード）・分布幅（標準偏差・COV・d10・d90）・ふるい上/ふるい下値（ある大きさより上、または下の結晶の%）などがある。工程中の結晶モニタリングは、最終的な結晶数・粒度分布がどのように形成されたか（一次核発生・成長・二次核発生・凝集・破砕を経て）、そして重要なプロセス変数（攪拌・操作温度・冷却速度・貧溶媒添加速度など）の変化が最終結晶にいかに影響したかを解き明かす動的情報を豊富に提供する。詳細にプロセスを理解することで、より堅牢なプロセス設計が可能となり、結晶粒度や製品収率・純度の目標値に到達できる可能性が高まる。EXCELLA 社では ParticleTrack を用いることで、粒度分布を改善し安定したプロセスを実現した。（図 7）その結果、処理時間を 16 時間短縮し、収率を 10%向上させ、コストを 20%削減したと報告している※3。

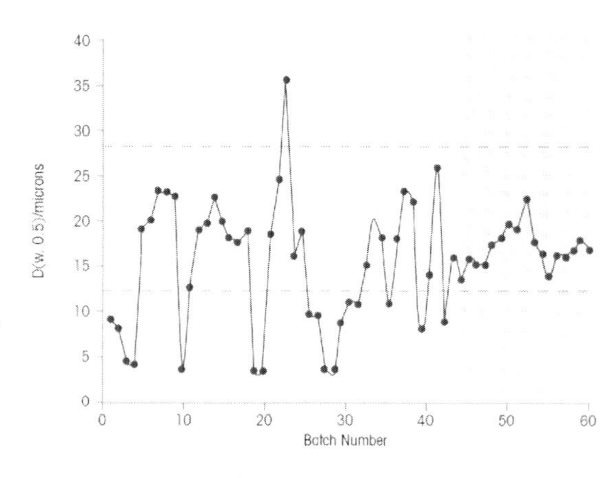

図 7. バッチ終点におけるメジアン値の推移

3.4. バッチ間の再現性確保事例

Mousaw ら※4 はジアステレオマー中間体化合物の晶析における種晶添加の重要性について報告している。この物質の製造現場で、しばしば光学的純度が規格に満たないために、望ましくないジアステレオマー（R 体）が混入していた。さらに不良バッチは良好なバッチに比べ、ろ過と乾燥に著しい時間を要していた。その晶析工程で判明していたのは、所望のジアステレオマー（S 体）を種結晶として添加することが、速度論的光学分割を大きく向上させるという意味で重要だということである。検討の結果、種晶添加の後に大きな二次核発生が起きていることが、ラボスケールにおいては ParticleTrack による観測で、製造スケールでは濁度計による観測でわかった。一連の製造を通して、二次核発生の温度が高いほどジアステレオマー過剰率（純度）が高いことから、二次核発生がジアステレオマー過剰率に直接関与していることを突き止めた。また二次核発生温度が高い場合、ろ過速度と乾燥速度が非常に速く、その結果プロセスの処理時間が短くなり、二次核発生温度こそが制御すべき重要なパラメーターであると判明した。ラボとパイロットスケールの実験を通して、撹拌速度と種結晶の表面積が二次核発生温度に影響する条件であると判明し、種結晶の表面積が大きいほど、二次核発生の温度は高くなった。図 8 はラボでの ParticleTrack のデータであり、種結晶量が多い場合（2wt%, Exp.5）と少ない場合（0.2 wt%, Exp.6）を比較している。種結晶量が多いと二次核発生の温度は 43℃であり、このときの過飽和度は低く、比較的小さな核発生であることが判明した。種結晶量が少ない場合の二次核発生は 18℃ で、この時プロセスの過飽和度はかなり高くなっているために、ParticleTrack のカウント数が示すように、大量で急激な核発生により多くの微小結晶が発生していた。また、このバッチのジアステレオマー過剰率は低く、ろ過時間も長時間を要した。新しく設計し直した製造方法では、種結晶量を増やし、撹拌速度を上げることで、39 バッチを行った中で、不良バッチゼロを達成し、平均ろ過時間は、過去の 7.5 時間から 2.2 時間に短縮された。

バッチ	種結晶量 (wt%)	攪拌速度 (RPM)	ろ過時間 (min)
1	0.2	131	10.5
2	2.0	131	6.5
3	2.0	234	5
4	2.0	131	4
5	2.0	234	4
6	0.2	131	11

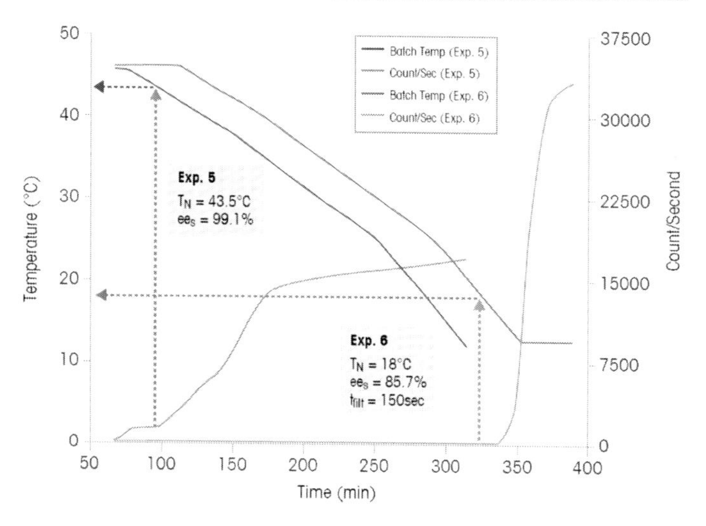

図 8. 種晶添加量の二次核発生温度への影響

3.5. フィードバック制御を用いた晶析操作

従来、種結晶は外部から添加するものであり、一般的には粉体、適切な貧溶媒でスラリー化したものが使用される。しかしプロセスによっては特に活性の高い原料を扱う場合など、安全性の問題から種晶添加が難しいケースが存在する。外部からの種晶添加でプロセスに予期せぬ不純物がもたらされる可能性が高まるからである。このような懸念は、種結晶をプロセス内で生成するシードベッド（seed bed）の導入で払拭できる。Chew ら[※5]は種結晶を添加しない冷却晶析を、ParticleTrack を用いた自動の閉ループフィードバックで制御し、再現性の良い結晶品質を確保する方法を報告した。このプロセスの温度制御の典型例を図 9 に示した。まず ParticleTrack により、冷却中の自発的な核発生を検出する（B）。総カウント数(#/sec,1-1000μm)が連続的に 4 回上昇した時点を核発生とみなした。ここで制御装置は冷却を停止し、15 分間温度を一定に保つことで一次核発生が収まった（C）。次に温度を一定速度で上昇させ、この時、ParticleTrack の統計値から変動係数（標準偏差/平均値）を求め、それを粒度分布変化の観測値とする。あらかじめ決めておいた変動係数に到達すれば、目的の種結晶粒度分布が得られたとし、制御装置は最終冷却段階へと切り替わり（図 9：D～E）、あらかじめ設定された一定速度で冷却を行う。変動係数の設定値は、外部で測定した種結晶の典型的な粒度分布を基にして決定した。注意点は加熱の速度（図 9：C～D）が晶析時間を大き

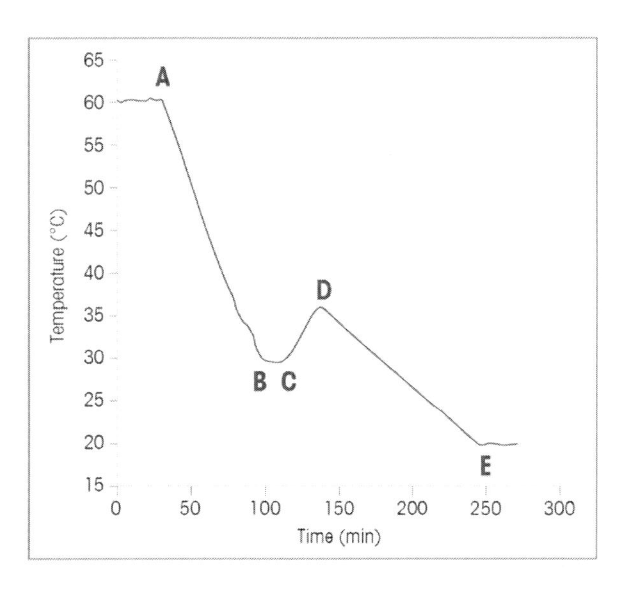

図 9. フィードバック制御を用いた冷却プロファイル

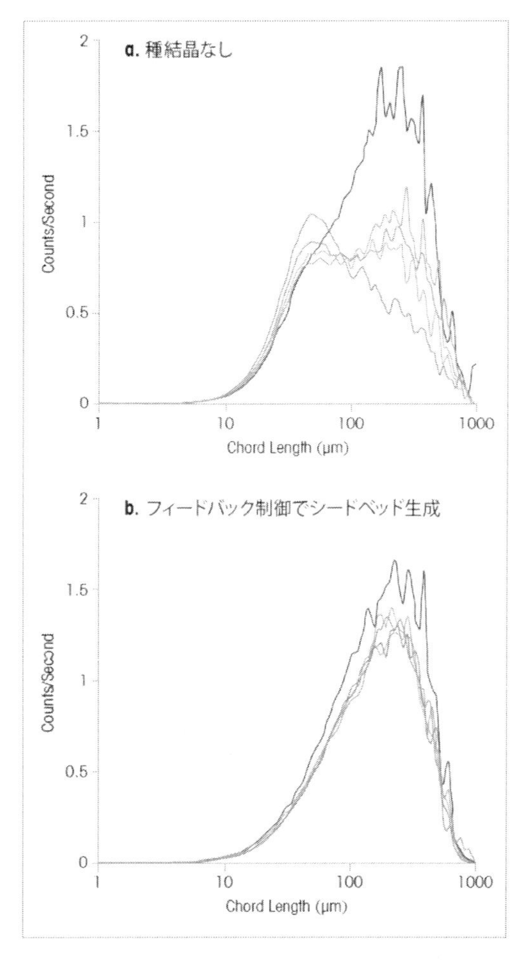

図 10. フィードバック制御の有無によりコード長分布の違い

く左右することである。加熱速度が遅ければ厳密な制御が可能だが、バッチ処理時間が著しく長くなり、急速に加熱すれば制御能力は落ちるが、バッチ処理時間は非常に短くなる。結果として厳密な制御とバッチ処理時間の折り合うところで、加熱速度 0.3℃/min を選択した。図 10 は、グリシン－水系においてフィードバック制御法を用いることにより、従来の種晶添加なしの冷却晶析と比べ、最終製品の粒度分布の一貫性が大きく向上したことを示している。同様の結果がグリシン－水よりかなり溶解度が低いパラセタモール－水系でも得られている。さらに最近では Hermanto ら※6 がこのフィードバック制御を発展、改良し、グリシン－水系の貧溶媒晶析への適用に成功している。この手法の制約は、発生後の適切なホールド時間（10：B～C）と、最終的な冷却速度（10：D～E）を決定するために、事前に晶析速度データが必要であるということである。初期段階として常に一貫したシードベッドが生成されることは重要だが、種結晶生成後の冷却速度は、結晶成長速度に基づいて決定されなければならず、冷却速度が速すぎると二次核発生によって大量の微小結晶が生成してしまう。さらにこの手法は機械的原因、つまり磨耗や破砕による微小結晶の生成に対応したり排除したりすることはできない。このような懸念事項はあるがプロセス内にシードベッドを作るとてもシンプルで直接的な方法は、従来の種晶添加法で懸念される安全性の問題を解決することができる。Abu Bakar ら※7 はこの手法を発展させ、Direct Nucleation Control（DNC）と名付けた独自のフィードバック制御法を提案した。これは ParticleTrack で測定したカウント数を直接的な制御対象としたモデル不要のアプローチである。前述の Chew ら※5 の方法に比べての長所は、加熱、冷却の勾配をあ

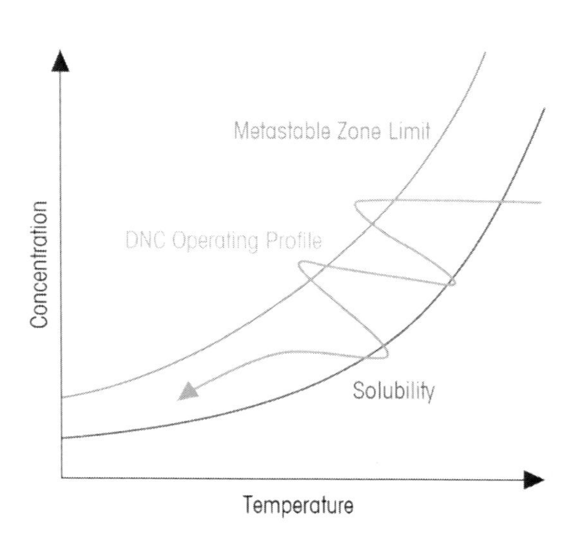

図 11. 典型的な DNC 操作

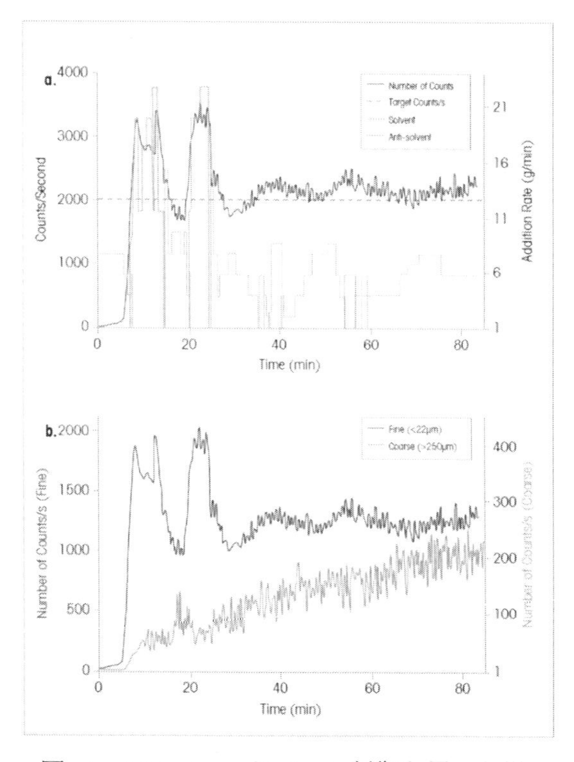

図 12. DNC フィードバック制御を用いた場合のカウント数、（貧）溶媒滴下、平均値の挙動

らかじめ決める必要が無いということである。温度勾配は核発生により生成した結晶の数に応答し、晶析工程の進行中に自動的、連続的に生成する（同じ原理が貧溶媒晶析にも適用できる）。モデル、晶析速度、準安定領域といった事前のデータは必要なく、フィードバック制御でリアルタイムに準安定領域の境界を検出し、自動的に最適な温度勾配を決定する。図 11 は加熱と冷却（または溶媒、貧溶媒添加）を自動的に切り替え、核発生させたり、微粒子を溶解させたりすることで、目標の ParticleTrack のカウント数を維持させる操作法の概念図である。結果として微粒子の生成と溶解を繰り返し、検出される総カウント数（カウント/秒）は設定値内にとどまり続ける。この手法をまずグリシン－水系の貧溶媒晶析に適用した例を図１２に示した。 図 12a は ParticleTrack のカウント数を 2000 個（カウント/秒）に設定し、制御した例である。プロセスの初期でカウント数が設定値に安定するまで、オーバーシュートとアンダーシュートが見られる。この最初のオーバーシュートは一次核発生にともなうカウント数の急激な上昇に由来している。続く核発生（二次核発生）では、急激なカウント数の上昇は見られず、容易にカウント数を設定値に制御、維持している。図 12b では、微粒子のカウント数が晶析中、比較的一定に保たれ、一方粗粒子のカウント数は一貫して上昇していることを示している。この制御を用いた晶析工程では、明らかに結晶成長が支配的なメカニズムであることを示している。図 13 は、この手法が特定の粒度または粒度分布をねらって生成できる手段であることを示している。小さい結晶が必要なら、制御するカウント数を多く設定し（例えば 4000/秒）、大きな結晶が必要ならカウント数を少なく設定して（例えば 2000/秒）制御すれば良い。注意しておきたいのは、この例では ParticleTrack の総カウント数が制御用設定値として使われていることである。プローブで測定された全ての粒子の総数を測定値として用いることが、常に最良の統計値とは限らないため、対象とする結晶の粒度や形に応じて統計値を選択するほうがより適切だろう。例えば微小結晶の核発生と溶解の制御に対しては 0～20μm のコード長範囲のカウント数を使うなどである。また複数の統計値を組み合わせて使用すれば、単一の数値より堅牢な制御用設定値となるだろう。SquareWight の平均値（Mean）や Chew ら※5 が使った変動係数など、粒度の情報を制御用設定値に取り入れれば、より堅牢な制御戦略が構築できる。総合的に考えて、この制御アプローチは特に顧客の要求に応えてさまざまな粒度仕様の製品を供給しなければならない委託製造者に有用である。さらに所望の粒度が晶析工程で直接得られ、粉砕工程を省略できることから、経済効率の面でのメリットも大きいはずである。最近、Saleemi ら※8 はこの手法を用いて、心血管作動薬の原薬（API）の最終製品の粉体特性を改善した。従来の線形冷却による晶析では結晶が凝集し、凝集体の中に内包された溶媒により強い臭気が残っていた。

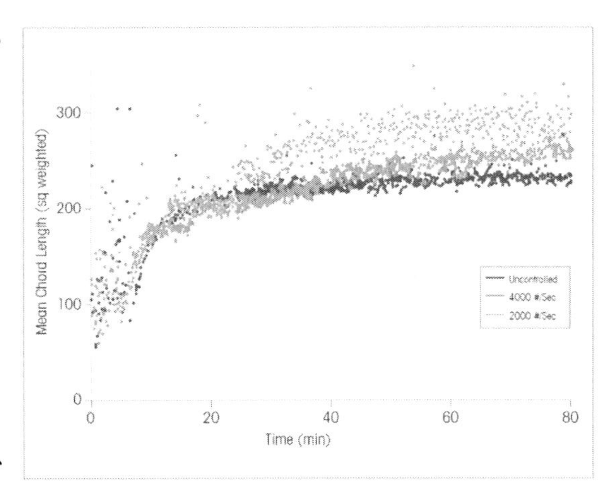

図 13. 平均値の挙動

製剤工程においては、錠剤化に際し流動性と圧縮性を上げるため、大きな一次粒子が必要とされており、大きな一次粒子は残存溶媒の臭気問題の解決にも有効と考えられた。臭気と粒度の問題は晶析の後に温度サイクリングを行うことで解決できるはずだが、温度サイクリングの回数や、上限温度、下限温度、さらに加熱、冷却速度をトライアンドエラーの実験で決定しなければならない。そこで核発生を自動で直接制御するこの手法により、必要な温度サイクリングの回数を一回の晶析実験で自動的に決定した。この手法では従来の線形冷却プロセスに比べ、粒度や凝集の点で優れた品質を持つ製品の製造に成功した（凝集がなく、残存溶媒も無く、臭気も無い）。この手法によりプロセス最適化によくあるトライアンドエラーの実験を延々と行うことなく、開発時間を大幅に短縮できた。

4. おわりに

晶析原理の理解はこの 30 年間で飛躍的に深まったが、依然として晶析操作は新規の化学品製造工程を設計するうえで最も困難な操作といえる。本稿で記載した事例以外にも、溶媒媒介転移のモニタリング※9、貧溶媒滴下晶析のモニタリング※10、リアルタイムモニタリングで問題を検知した事例※11 等、様々な研究成果が数多く報告されており、自動合成機や ParticleTrack, PVM, ReactIR や Raman のような *in Situ* のモニタリング法の登場で、晶析をリアルタイムにモニターし制御することが可能となり、晶析操作の理解が深まり、開発時間が短縮され、製造における一貫性と再現性が大きく向上した。未だに晶析工程の制御には多くの困難が存在しているのが現実であるが、今後モニタリング技術の進化やその他の技術の応用により、さらに晶析工程の理解が深まるであろう。

文献

1) 分離技術 2012. Vol.42
2) Barrett, M. et al, Chemical Engineering Research and Design, Supersaturation Tracking for the
Development, Optimization and Control of Crystallization Processes.
3) A. Ridder, How to Control Particle Size on Plant Scale: High Shear Wet Milling or Traditional Optimization, Proceedings of the 15th International Process Development Forum, Annapolis (2008).
4) Mousaw, P., Saranteas, K. & Prytko, B., 2008. Crystallization Improvements of a Diastereomeric Kinetic Resolution through Understanding of Secondary Nucleation. Organic Process Research & Development, 12(2), 243-248.
5) Chew, J.W., Chow, P.S. & Tan, R.B.H., 2007. Automated In-line Technique Using FBRM to Achieve Consistent Product Quality in Cooling Crystallization. Crystal Growth & Design, 7(8), 1416–1422.
6) Hermanto, M.W., Chow, P.S. & Tan, R.B.H., 2010. Implementation of Focused Beam Reflectance Measurement (FBRM) in Antisolvent Crystallization to Achieve Consistent

Product Quality. Crystal Growth & Design, 10(8), 3668-3674.

7) Abu Bakar, M. R., 2009. The Impact of Direct Nucleation Control on Crystal Size Distribution in Pharmaceutical Crystallization Processes. Crystal Growth, 9(3), 1378-1384.
8) Saleemi, A.N., Steele, G., Pedge, N.I., Freeman, A. & Nagy, Z.K., 2012. Enhancing the Crystalline Properties of a Cardiovascular Active Pharmaceutical Ingredient Using a Process Analytical Technology Based Crystallization Feedback Control Strategy. International Journal of Pharmaceutics, 430, 56-64
9) A.T. Andrews, P. Fernandez, M. Midler, R. Osifchin, S. Patel, Y.-K. Sun, H.H. Tung, J. Wang, and G.X. Zhou, On-line Monitoring of Crystallization of a Polymorphic Compound Using FBRM®-PVM®-Raman™, 2002 Lasentec User Forum, Charleston (2002)
10) Barrett, M. et al, Chemical Engineering Research and Design, Supersaturation Tracking for the Development, Optimization and Control of Crystallization Processes.
11) S. Desikan, W.P. Davis, J.E.Ward, R.L. Parsons Sr., and P.A. Toma, Process Development Challenges to Accommodate A Late-Appearing Stable Polymorph: A Case Study on the Polymorphism and Crystallization of a Fast-Track Drug Development Compound , Org. Process Res. Dev., 9 (6): 933–942 (2005).

第14章　蓄熱材開発に貢献する晶析技術

渡邉　裕之
（早稲田大学）

はじめに

地球に降り注ぐ太陽エネルギーは平均約 1 kW/m² で、これを民生用の太陽熱温水器で吸収すると 100 ℃以下の温熱が得られる。一方、産業界でのエネルギー消費の結果、工場や家庭から排出される温廃熱は 200 ℃以下の温度が主で、その熱量は全エネルギー消費量の 50％ を超す量に相当すると言われている。これらの熱は温度レベルが低く電気などの高品位なエネルギー形態に変換することが困難であるため、再利用が進んでいないのが現状である。しかし、これらの熱エネルギーを熱として直接蓄え、必要時に利用することができれば、エネルギー変換に伴う変換効率の低下を伴わないので、有効な再利用方法であり、エネルギー消費量の抑制に対し多大な意義のある技術となり得る[1,2]。また、最近では熱エネルギーの供給側と需要側とを有機的に結び付け、その有効活用を図ろうとする“サーマルグリッド構想[3]”が提唱されるようになり、再び蓄熱の重要性に対する期待が高まりつつある。

本稿では上記のニーズを背景とし、高い蓄熱密度でかつ融点近傍の一定温度での蓄熱放熱が可能な潜熱蓄熱材の開発において、その“キーテクノロジー”とも言える晶析技術の研究状況について概説し、最後に筆者の研究内容についても紹介する。

1．潜熱蓄熱材の使用法

潜熱蓄熱法は物質の相変換現象を利用する蓄熱方法で、その取扱いの容易性から固液間の相変換が実用上多く採用されている。すなわちこの方法は、熱源で発生する熱で固体状態の蓄熱材を加熱し、これを融解させることで熱を蓄熱材内部に潜熱として蓄える。一方需要時には、液体状態の蓄熱材を冷却し、これを凝固させることで蓄えた潜熱を取り出して熱供給する方法である。このため潜熱蓄熱材を有効活用するには、熱源あるいは熱需要の温度レベルに適する融点（すなわち、熱源温度＞融点＞需要温度の関係にあること。）を有する蓄熱材を選定する必要がある。

潜熱蓄熱器の蓄熱速度 q_c は固液相変換を伴なう熱交換に特徴があり、(1)式で表される。ここで、h_u は総括熱伝達係数[W/(m²･K)]、A は伝熱面積[m²]、T は熱媒温度[K]、そして T_m は蓄熱材の融点[K]をそれぞれ示す。蓄熱時の伝熱形態は主に融解した融液による対流伝熱となるので、

$$q_c = \frac{\partial H}{\partial t} = h_u \cdot A \cdot (T - T_m) \ [W] \qquad (1)$$

熱交換効率は高い値で維持される。一方放熱時には、発生した潜熱は伝熱面に晶析した固体層を伝導伝熱によって移動するため、放熱が進み固体層が厚くなるとその厚みに比例して熱交換効率が低下してしまい、融点での一定温度の熱の取出しが困難となる。この問題の解決法は、固体層の伝熱促進（h_u の向上）か、伝熱面積 A の増加である。このような観点から、潜熱蓄熱材を既

定のカプセルに封入し、これを容器内に多数個充填配置して熱交換を行うカプセル型蓄熱器が考案されている。カプセル型蓄熱器はまた、スケールアップに対する装置設計が容易であり、球状[4)]や板状[5)]などのカプセル形状が開発され、実用化が進められている[6)]。

暖房・給湯用もしくは空調用としてカプセルに封入される潜熱蓄熱材としては、無機水和塩や有機化合物（アルコール系、パラフィン系）があるが、ここでは無機水和塩系の潜熱蓄熱材について解説を進めることにする。

2. 固液相変換に関わる基礎知識

無機水和塩を潜熱蓄熱材として利用することについては、既に多くの研究者が提案しているとおりであり、素材の種類ならびにその特性については既報[7)]に詳細を記している。以下では固液相変換を伴う晶析現象を理解するために必要な基礎知識について概説する。

2.1 融液の特徴

晶析工学で扱う晶析現象は溶液からの溶質の結晶化に関わるものが多く、そのほとんどが撹拌を伴っている。しかし、潜熱蓄熱材、特にカプセルに封入された潜熱蓄熱材は常に静止状態であり、撹拌は行われない。また、液体から固体への放熱過程は溶液系の冷却晶析に対応するが、液相と固相とは同一組成であり、結晶化過程での組成変化はない。さらに融液系の晶析と溶液系のそれとの相違点は、結晶成分（溶質分子）間の距離にある。

晶析操作で汎用される溶液中の溶質濃度 0.1 あるいは 1 mol/L の場合の溶質分子間距離は、それぞれ 2.55 あるいは 1.18 nm である。一方、例えば NaCl 結晶の場合はその結晶密度から計算すると化学式相当の分子間距離は 0.43 nm であるので、水溶液からの核化および結晶成長過程では Na^+ や Cl^- は数 nm の距離を拡散移動して集合する必要がある。また、これらのイオンには H_2O 分子が溶媒和しているので、NaCl 結晶の核化および結晶成長の進行にあたり、各イオンは溶媒和から脱却する必要がある。

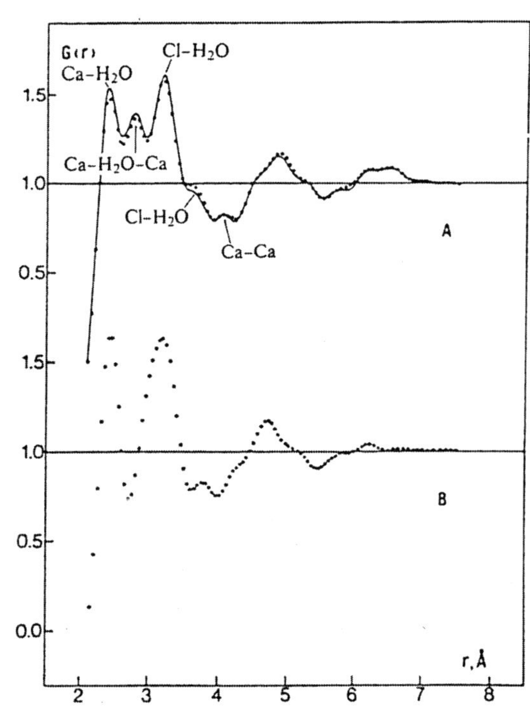

Figure 1　Liquid structures measured by method of small angle X-ray diffraction; A) $CaCl_2 \cdot 6H_2O$ melt and B) $CaCl_2 \cdot 12H_2O$ solution.

これに対して無機水和塩の場合は、その代表的な $NaCH_3COO \cdot 3H_2O$ を例に挙げると、融液密度および固体密度はそれぞれ 1.28 および 1.44 kg/L である[8)]ので、分子間距離は 0.56 および 0.54 nm と計算される。したがって、$NaCH_3COO \cdot 3H_2O$ は加熱されて融解すると分子間距離が固体状態から約 4 % 広がる。この距離の変化は融液系の固液相変換では共通しており、溶液系のそれに比べてはるかに小さい。このため、融点以上に過熱されても融液中の分子間には容易に固体状の配列が残留することが想像される。その傍証となる実験結果[9)]を Fig. 1 に示す。Fig. 1 の縦軸は小角 X 線回折データをフーリエ変換して得られた相関関数 G(r)で、横軸は原子（イオン）間の相対距離[Å]である。また、●印は測定値、実線はシミュレーションによる計算結果をそれぞれ示す。測定対象とする $CaCl_2 \cdot 6H_2O$ は融点が約 302 K であり、空調用潜熱蓄熱材として利用される。X 線回折の測定温度については記載がないが、融点近傍とみられる。Fig. 1, A （$CaCl_2 \cdot 6H_2O$ 融液）に観測される相関関数のピーク位置 2.4, 2.7, 3.2, 3.6, 4.0 Å を解析した結果、それぞれ Ca-H_2O, Ca-H_2O-Ca, Cl-H_2O, Cl-H_2O, Ca-Ca の相対距離に帰属された。一方、同図 B（$CaCl_2 \cdot 12H_2O$；$CaCl_2$ の 4 M 水溶液に相当）では Ca-H_2O-Ca および Ca-Ca に対応する位置に相関関数のピークが観測されない。これらのカチオン対の距離は $CaCl_2 \cdot 6H_2O$ 結晶の格子間距離に対応しており、$CaCl_2 \cdot 6H_2O$ 融液中には水和塩の結晶格子構造の記憶 "memory" が保持されていると結論付けている。

2.2 核化と結晶成長

2.2.1 融液系の核化

融液系の核化も溶液系の核化と同様、古典的核化理論によって記述できる。ただし、溶液系の場合と異なる点は、濃度過飽和度の概念がないことである。核化の駆動力は過冷却による系の不安定化に支配される[10)]。

過冷却融液からの核化は、液相中に固相（結晶核）が生成することによる自由エネルギー減少量 ΔG_{vol} [kJ]と固相生成に伴う固液界面の発生による自由エネルギー増加量 ΔG_{surf} [kJ]との平衡が崩れ、系全体の自由エネルギー変化 ΔG [kJ]が継続的に減少する状況になって初めて進行する。この関係を記述した式が(2)式である。ここで、ΔG_v, r および σ_c はそれぞれ結晶核の体積当たりの生成自由エネルギー変化量[kJ/m^3]、結晶核の半径[m]および結晶核-融液間の界面張力[kJ/m^2]で

$$\Delta G = \Delta G_{vol} + \Delta G_{surf} = -\Delta G_v \frac{3}{4}\pi r^3 + \sigma_c 4\pi r^2 \qquad (2)$$

ある。(2)式が平衡状態にある時は $d(\Delta G)/dr = 0$ であるので、この時の r を臨界半径 r_c とすると、ΔG_v は過冷却温度 ΔT_{sc} ($= T_m - T_{sc}$) [K]と融解潜熱 ΔH_f [kJ/kg]に対して(3)式で関係付けられるので、r_c は(4)式で表される。ここで ρ_s は固体密度[kg/m^3]である。またこれにより、ΔG_c （$r = r_c$ のときの ΔG）は(5)式となる。さらに、臨界半径となる結晶核（臨界核）の構成分子数 N_c が系全

$$\Delta G_v = \frac{\rho_s \Delta H_f \Delta T_{sc}}{T_m} \qquad (3)$$

$$r_c = \frac{2\sigma_c}{\Delta G_v} = \frac{2\sigma_c T_m}{\rho_s \Delta H_f \Delta T_{sc}} \qquad (4)$$

$$\Delta G_c = \frac{16\pi\,\sigma_c^3}{3(\Delta G_v)^2} = \frac{16\pi\,\sigma_c^3 T_m^2}{3(\rho_s \Delta H_f \Delta T_{sc})^2} \tag{5}$$

体の分子数に対してボルツマン分布則に従うとすると、r_c と ΔG_c とは(6)式で関係付けられる。ここで、N_A, W, k および M_W はそれぞれアボガドロ数[#/kmol], 試料重量[kg], ボルツマン定数 [kJ/K]および分子量（化学式量）[kg/kmol]である。このため融液の核化温度 T_{sc} [K]を測定すれば、(4)～(6)式を連立させて繰返し計算することにより、臨界核に関する特性値 r_c, N_c および σ_c を求めることができる。なお、(6)式の成立性については、今後の検討が必要と考える。

$$N_c = \frac{N_A W}{M_W} \exp\left(-\frac{\Delta G_c}{kT_{sc}}\right) = \frac{4\pi N_A r_c^3 \rho_s}{3M_W} \tag{6}$$

一方、融液の核化温度 T_{sc} の測定には、微視的現象を精度よく検出することを念頭に DSC が用いられるようである。しかし、無機水和塩は後述する通り結晶成長速度が速く、また結晶化熱も大きいので、生成した結晶核が臨界半径を超えて不可逆的な成長が生じると、多量の結晶化熱を放出して周囲の融液温度を上昇させる。このため、最初に生成した結晶核の周囲には新たな結晶核の生成は起こりにくくなる。また、潜熱蓄熱材は一般に静止系で使用されるので、成長した微結晶粒からの二次核発生は生じにくい。融液は最初に発生した結晶核の成長のみに費やされると考えられる。したがって、試料に直接熱電対を挿入して徐冷時の冷却曲線を測定すれば、試料温度が上昇を開始する点を一次核の発生温度として検出できる。

核化温度は、このような簡易な測定方法によっても比較的精度良く測定できる。

2.2.2 融液系の結晶成長

次に結晶成長については、2.1 項で述べた通り、無機水和塩の融液はそれを構成する分子（イオン）間距離が固体状態でのそれと大差なく、部分的に結晶格子構造が保持されているようである。このため、核化に引続く結晶成長の進行過程は結晶成分の並進, 回転運動による表面配列が支配的で、長距離に渡る拡散移動項は無視できる。結晶化による相変換潜熱を成長界面から効率的に除去することができれば、非常に速い結晶成長速度が達成される。

Fig. 2 に無機水和塩の結晶成長速度 [11]を示す。縦軸が結晶の線成長速度[cm/min]で、横軸が融液の温度[℃]である。なお、ここでの結晶形態は、結晶面を維持して相似的に成長する単結晶ではなく、フラクタル形状のデンドライト（樹枝状晶）である。線成長速度は過冷却温度（融点からの温度差）の増加に伴い急激に増加し、その後は次第に緩慢となる。この成長速度の低下は温度の低下に伴う過冷却融液の粘度増加に起因するものと考えられている。Fig. 2 によると、$NaCH_3COO \cdot 3H_2O$ 結晶の線成長速度は過冷却温度 10 ℃のとき約 15 cm/min、20 ℃の時は約 50 cm/min と読み取れる。$NaCH_3COO \cdot 3H_2O$ の融解潜熱は約 260 kJ/kg であり、結晶化時にはそれと同量の結晶化熱が放出される。したがって、$NaCH_3COO \cdot 3H_2O$ を用いた潜熱蓄熱器の伝熱面積当たりの最大理論出力は、冷媒温度が過冷却 10 K のとき 0.8 MW/m^2、20 K のとき 2.8

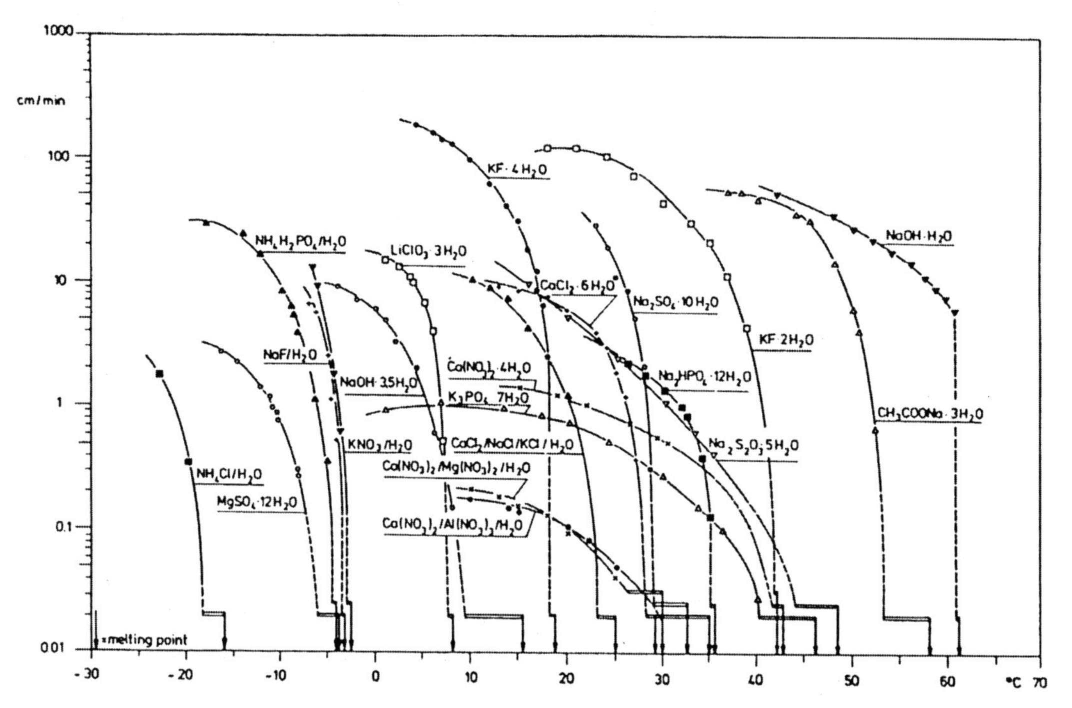

Figure 2　Comparison of linear crystal growth rates of inorganic salt hydrate crystals from their melts at various temperatures.

MW/m² と計算される。

このように、固液相変換時の融液の結晶成長速度は蓄熱器の熱エネルギー出力を決定する重要な物性値の一つであり、結晶成長速度が速い蓄熱材ほど実用に適していると言える。

3．無機水和塩系蓄熱材の実用化への課題と対策

無機水和塩は潜熱蓄熱材として具備すべき条件の多くを潜在的に備えており、用途に応じた選択肢の幅が広い。しかし、共通する課題として相分離ならびに過冷却を生じ易いため、実用にはこれらの課題を解決する必要がある。

以下では相分離および過冷却に焦点を当て、課題解決に向けた研究状況を概説する。

3.1 相分離現象

無機水和塩の融点は“包晶点”に相当するものが多い。包晶点とは、融点以上の温度域にそれの高温安定固相域（例えば、$NaCH_3COO\cdot3H_2O$ に対する無水 $NaCH_3COO$ 相）が存在する場合の融点を指す。融点が包晶点である場合は、生成した高温安定固相が融液に溶解する温度まで加熱しないと均一一相の融液にならない。融液中に高温安定固相が存在すると、その存在量に相当する分だけ放熱時の発生潜熱量が減少する。また、生成固相は比重差により融液中に沈殿するので融液中に無機塩の濃度勾配が生じ、次の加熱操作においても高温安定固相が溶解しきれず、蓄熱放熱の繰返しに伴い次第に沈殿量が増加して、蓄熱量が経時低下してしまう。このような現象

を“相分離”と呼ぶ。対策法は水分の調製もしくは増粘剤の添加である。

3.1.1 水分の調製

包晶点以上の温度で生成する高温安定固相の溶解を促進するため、無機水和塩の化学量論組成を水過剰側にシフトさせる試みがなされている。例えば、$NaCH_3COO\cdot 3H_2O$ の融液（融点：331 K）は $NaCH_3COO$ の 60.25 wt%水溶液に相当するが、この組成では加熱温度が 352 K まで融液中に無水塩が晶析する[12]。しかし、この融液に無水塩の溶解度曲線が融点と交差する 57.5 wt%相当まで水を加えると、無水塩の晶析が抑止される。加えた水分量相当の蓄熱密度の低下は生じるが、経時的な蓄熱密度低下の問題は解決される。

3.1.2 増粘剤の添加

融液の粘度を増加させて高温安定固相の沈降を遅延させることができれば、融液の濃度勾配の発生を抑制し蓄熱密度の経時低下を防止することが期待される。これに有効な増粘剤として様々な種類の粘土鉱物や親水性高分子などの利用が検討されている[13]。これらの増粘効果は水和塩の種類によって異なるようであり、例えば、$NaCH_3COO\cdot 3H_2O$ にはカルボキシメチルセルロースが、$Na_2HPO_4\cdot 12H_2O$ にはアクリル酸コポリマーが、経時的な蓄熱密度低下の問題解決にそれぞれ有効であるとの報告がある[14]。

3.2 過冷却現象

物質を加熱すると融点で融解し、融解潜熱として内部エンタルピーが増加する。これが潜熱蓄熱の原理であるが、一旦融解すると融液は冷却時にその融点では核化せず、融点より低い温度まで比較的安定に液体状態を維持する。このような現象を“過冷却”と呼ぶ。無機水和塩は程度の差こそあれ、一般に過冷却が大きく、蓄えた潜熱を融点近傍の一定温度で取出すことができない。例えば、カプセル型蓄熱器の放熱実験によると[15]、カプセルに封入した潜熱蓄熱材 $Na_2HPO_4\cdot 12H_2O$ の過冷却によって、蓄熱器の潜熱放出温度が融点 309 K より約 10 K 低い 299 K 付近になることが報告されている。

この過冷却の問題を解決するための様々な核化誘導方法について、以下に概説する。

3.2.1 核化誘導方法の種類

過冷却融液の核化誘導方法には様々な方法がある。まず、蓄熱器の一部に蓄熱材を固体結晶のまま保持する方法（固体温存法）が提案されている[16]。蓄熱器に連結した粉末投入機構によって、固体粉末の一部を投入する方法（種晶投入法）もある[17]。また、圧電素子を用いる振動刺激法[18]、熱電素子を用いる局所冷却法[19]もある。一方、発核剤添加法は特定の無機物質を添加して核化を誘発させる方法である[11,20]。その他、金属摩擦法[21]、電圧印加法[22]、超音波照射法[23]などがあるが、これらの誘導機構については未だ明らかになっているとは言えない。これに対し、近年、融液を加圧すると融点が上昇するとともに核化温度も同程度上昇することが実験的に明らかにされた[24]。Fig.3 に $NaCH_3COO\cdot 3H_2O$ の印加圧力に対する融点と核化温度の変化を示す。縦軸は温度、横軸は圧力で、破線が融点、○印が核化温度である。Fig. 3 によると、印加圧力 500 MPa では融点は約 370 K で、この時の核化温度は 300 K であり、常温（298 K）では核化することがわかる。

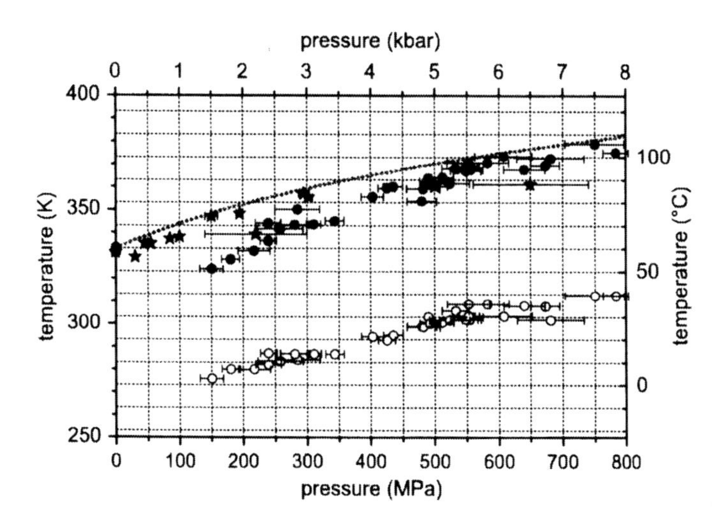

Figure 3　Pressure dependence of melting point (dotted line) and nucleation temperature (empty circle) of sodium acetate trihydrate melt.

したがって、何らかの方法により 500 MPa の高圧を発生できれば、常温でも $NaCH_3COO \cdot 3H_2O$ の過冷却融液を核化させることが可能になる。すなわち高圧印加法である。高圧発生手段としては、例えば、金属部材の摺動面における接触面圧の発生 [25]が考えられ、今後の研究が期待される。

3.2.2 発核剤添加法の詳細

多くの核化誘導方法のうち、発核剤添加法は、特にカプセル型蓄熱器に用いられる膨大な数量の蓄熱カプセル内に封入される潜熱蓄熱材に対して、一様に効果を発揮し得る有効な過冷却対策方法である。このため、発核剤添加法の工業的ニーズは高い。

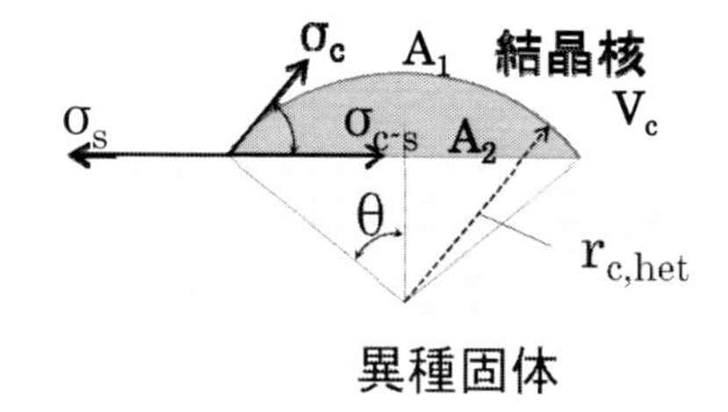

Figure 4　A schematic illustration of a heterogeneous nucleus generated onto the surface of extraneous substrate.

2.2.1 項で述べた核発生機構は均一相の融液が自発的に核化する均一相核発生（均質核化）についてであったが、融液中に異種物質が存在する場合、核化の生成自由エネルギー変化は均質核化の場合に比べて小さくなるので、過冷却融液は異種物質の表面上で核化を起こし易くなる。このように異種固体上で発生する核化を“不均一相核発生（不均質核化）”と呼ぶ。容器壁や配管内壁のスケーリングなどがこれに当たる。

不均質核化の発生モデルを Fig. 4 に示す。Fig. 4 中の σ_c は融液と生成固相（結晶核）との界面張力[kJ/m²]、σ_s は融液と異種固体との界面張力[kJ/m²]、そして $\sigma_{c\text{-}s}$ は結晶核と異種固体との界面張力[kJ/m²]で、これらは(7)式の関係にある。

$$\sigma_s - \sigma_{c\text{-}s} = \sigma_c \cos\theta \tag{7}$$

不均質核化ではこれらの界面張力のバランスで核化の自由エネルギー変化の大小が決まる。すなわち、(2)式の ΔG_{vol} および ΔG_{surf} はそれぞれ(8), (9)式で表されるので、$d(\Delta G)/dr = 0$ となる不均質核化での結晶核の臨界半径 $r_{c,het}$ は r_c と同様に(10)式で表される。ここで A_1 は融液と結晶核と

$$\Delta G_{vol} = V_c \Delta G_v = \frac{\pi}{3} r^3 (1 - cos\theta)(2 - cos\theta - cos^2\theta) \frac{\rho_s \Delta H_f \Delta T_{sc}}{T_m} \tag{8}$$

$$\Delta G_{surf} = A_1 \sigma_c + A_2 \sigma_{c\text{-}s} - A_2 \sigma_s = \pi r^2 \sigma_c \{ 2(1 - cos\theta) - sin^2\theta \, cos\theta \} \tag{9}$$

$$r_{c,het} = \frac{2\sigma_c T_m}{\rho_s \Delta H_f \Delta T_{sc}} \tag{10}$$

が接する界面の面積[m²]、A_2 は結晶核と異種固体とが接する界面の面積[m²]、V_c は結晶核の体積[m³]である。また、不均質核化における核化の生成自由エネルギー変化 $\Delta G_{c,het}$ は(11)式で表される。これを均質核化である(5)式と比べると、$\Delta G_{c,het}$ と ΔG_c との関係は(12)式となる。(12)式は、例えば $\theta = 180°$ のとき $\Delta G_{c,het} = \Delta G_c$ となって、均質核化の関係式と一致する。また、$\theta = 0°$ のときは $\Delta G_{c,het} = 0$ kJ となって、結晶成長表面での二次元核化による生成機構と一致することがわかる。

$$\Delta G_{c,het} = \frac{4\pi\sigma_c^3 T_m^2}{3(\Delta H_f)^2(\Delta T_{sc})^2 \rho_s^2} (2 + cos\theta)(1 - cos\theta)^2 \tag{11}$$

$$= \frac{1}{4} \Delta G_c (2 + cos\theta)(1 - cos\theta)^2 \tag{12}$$

発核剤は、このような異種個体のうち、特に θ 値が小さい物質であり、その表面上において融液の核生成を誘発する機能（不均質核化促進機能）を有するものを指す。しかし現状では、この θ 値を予測する手段がないので、有効な発核剤を推定することができない。探索実験を試行錯誤的に進めざるを得ない。

核化促進機能の予測法については、発核剤結晶と無機水和塩結晶との結晶構造類似性に着目した方法が提案されている[26)]。これは結晶単位格子の格子面間距離の不一致性を界面張力の構造因子として組み込み、核化の生成自由エネルギー変化 ΔF 値を計算するものである。このような結晶学的関係によって得られた計算結果の一例（氷の例）を Fig. 5 に示す。縦軸は過冷却温度 ΔT [K]で、横軸は結晶格子の不一致率 δ ($= |\Delta a/a_0|$: a_0 は格子面間距離, Δa は格子面間距離の差) [-]である。また、c は結晶の弾性定数から得られる係数[kJ/m³], ΔS_v は体積当たりの融解エントロピー

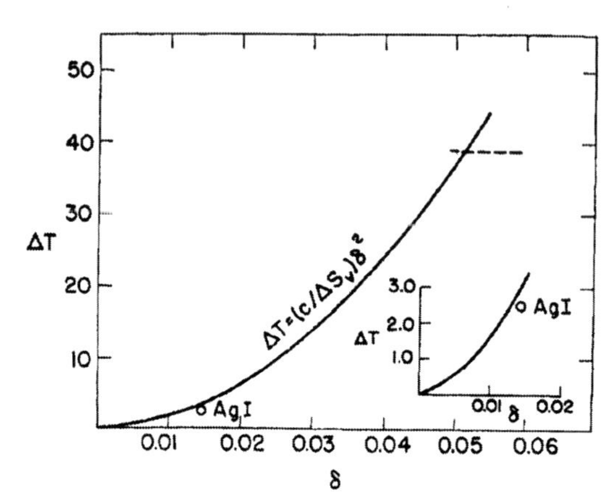

Figure 5 Relationship between supercooling temperature and disagreement ratio, predicted by crystallographic theory.

$[kJ/(m^3K)]$である。ヨウ化銀 AgI は氷生成時の過冷却軽減に効果があることが知られているが、この H_2O-AgI 系ではδ = 0.0145 であり、Fig. 5 中に○印で示されたように計算値とよく一致している。

無機水和塩とそれに有効な発核剤との組み合わせにおいて、この結晶学的関係が確認されているものは、潜熱蓄熱材 $Na_2SO_4 \cdot 10H_2O$ と発核剤 $Na_2B_4O_7 \cdot 10H_2O$ との組み合わせ[27]で、この系の場合はδ = 0.015 とされる。しかし、その他多くの無機水和塩と発核剤との組み合わせにおいては、結晶構造の類似性は確認されていない[28,29]。一方、発核剤による核化促進効果については、上記以外にも例えば、無機水和塩融液中の水分子の化学ポテンシャルから説明する試み[30]など、多くの研究が重ねられているが、機能発現の法則性は未だに明らかでない。

4．発核剤添加法に関わる筆者の研究紹介

添加した発核剤は過冷却融液の不均質核化起点として機能する。しかし、有効な発核剤は無機水和塩の種類毎に異なり、まさに一品一様である。また、発核剤の活性化と失活の問題もある。これらの発生機構とその法則性の解明は、新たな材料開発の基盤となる。

以下では、$NaCH_3COO \cdot 3H_2O$ 用の発核剤を中心に、筆者の研究内容について紹介する。

4.1 発核剤の核化促進機能の特徴

発核剤の機能発現には、沈殿が生成する過飽和量を蓄熱材に添加する必要がある。しかし、融液に易溶性の物質では溶解量が多くなり、結果的に蓄熱密度の低下を招くので、少ない添加量で沈殿生成するものが好ましい。無機水和塩の融液は高濃度の電解質水溶液であるので、それに添加した物質の正確な溶解度は予測できないが、化学便覧などに開示された水への溶解度データは発核剤を選択する参考になる。

これまでの研究において、暖房・給湯用の蓄熱材である $NaCH_3COO \cdot 3H_2O$ に有効な発核剤を数多く提案してきたが、それらの発核剤に共通することは、活性の発現には融液の固化を経験すること、また活性が維持される加熱温度の上限値（過熱限界温度）が存在し、それ以上の過熱により失活する。その限界温度の値は、発核剤の種類に対し固有値とみられることである。一例として、発核剤 $Na_3PO_4 \cdot 12H_2O$ を添加した系[31]で観測された発核剤の活性化ならびに失活現象について解説を加える。

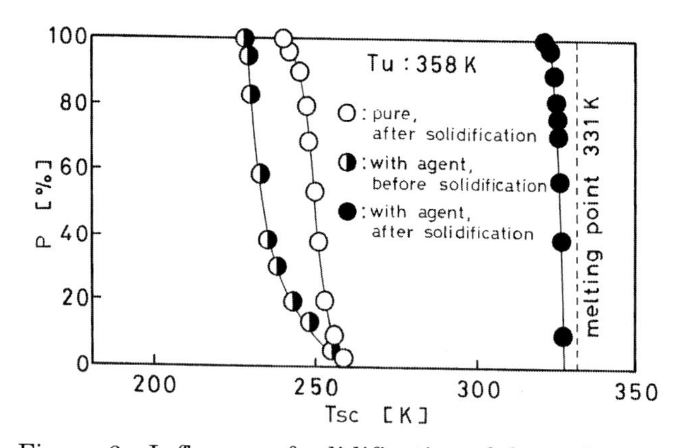

Figure 6　Influence of solidification of the melt on distribution of nucleation temperature ΔT_{sc}.

核化実験の方法は、ガラス瓶に $NaCH_3COO \cdot 3H_2O$ 結晶と $Na_3PO_4 \cdot 12H_2O$ 結晶とを所定量粉末混合して封入し、これに熱電対を挿入して加熱・冷却を繰り返す。そして降温時の試料の核化温度を測定するという簡

単なものである。なお、$Na_3PO_4 \cdot 12H_2O$ の $NaCH_3COO \cdot 3H_2O$ 融液への溶解度は加熱温度 358~368 K のとき約 0.6mol%であり、350 K 以上の過熱環境下では $Na_3PO_4 \cdot 0.5\ H_2O$ 結晶が安定相として析出[32]し、その後の融液中に残留する。

Fig. 6 に発核剤 $Na_3PO_4 \cdot 12H_2O$ 添加系、無添加系の核化温度 T_{sc} 分布を示す。縦軸は試料 30 本のうちの核化した試料本数割合 P [%]で、試料の加熱温度 T_u はいずれも 358 K である。○印は発核剤無添加系の結果であり、融点 331 K に対して T_{sc} は 250 K 付近に分布している。半黒丸印は発核剤添加系ではあるが、添加した直後で、融液の固化をまだ経験していない試料の結果である。T_{sc} は 230 K 付近に分布しており、発核剤は融液の核化に対し促進機能を示さず、かえって核化を阻害している。しかし、これに融液固化を経験させた●印は 327K に集中しており、核化促進に対して強い活性を示すようになる。融液の固化を経験することで発核剤は活性化された。Fig. 6 の○および●印で示した各 T_{sc} 値のうちの P = 50 %のメディアン値について、さらに T_u を変化させた場合の結果を Fig.7 に示す。これは T_{sc} 値の“熱履歴”を測定したものであり、いわゆる蓄熱材の耐熱試験結果に相当する。なお Fig. 7 では、縦軸の核化温度および横軸の加熱温度をそれぞれ“過冷却温度 ΔT_{sc}”および“過熱温度 ΔT_u”とし、融点からの温度差として示してある。まず○印で示す発核剤を添加しない $NaCH_3COO \cdot 3H_2O$ の融液は、ΔT_u が 2 K (T_u = 333 K)のときはほとんど過冷却せずに核化するが、6 K に増加すると 80 K 付近まで過冷却し、それ以上の過熱に対し ΔT_{sc} はほぼ一定となる。この ΔT_u = 6 K までにみられる ΔT_{sc} の増加挙動は、熱履歴の影響と考えられる。

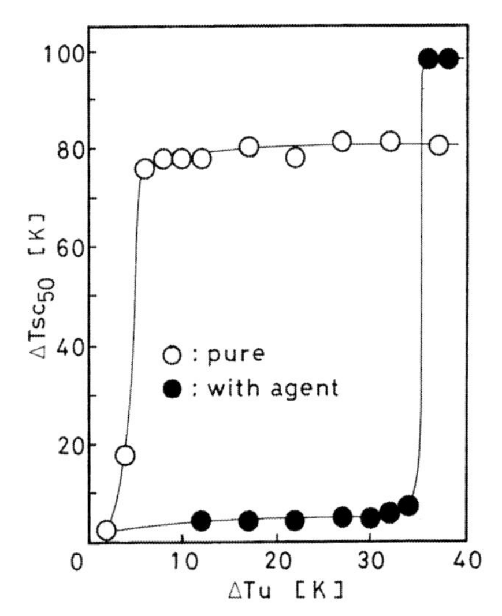

Figure 7 Relationship between supercooling temperature ΔT_{sc} and superheating temperature ΔT_u.

熱履歴の発生原因は、例えば、硫酸第二鉄水溶液の準安定領域の幅がそれに先立つ加熱温度に影響されることが報告されており[33]、未飽和溶液においても溶質の結晶核前駆体（胚種）が存在するためと考えられている。したがって $NaCH_3COO \cdot 3H_2O$ の融液中にも、ΔT_u が小さい温度域では融解後も胚種が残留しており、ΔT_u の増加に伴ってその粒径が減少して単分散化したと考えられる。2.2 項の Fig. 1 で述べた融液構造の研究報告もこの胚種残留の考えを裏付ける。なお、胚種が単分散化して ΔT_{sc} が 80 K となった時の臨界核の大きさを(4)~(6)式を用いて計算すると、臨界半径 r_c は 0.96 nm と算出される。また、臨界核の構成分子数 N_c は 23 分子となる。この分子数は $NaCH_3COO \cdot 3H_2O$ 結晶の単位格子 3 個分に相当する。

一方、発核剤を添加した●印では ΔT_u = 34 K まで ΔT_{sc} が約 4 K となり、融液の核化に対して強い活性を示している。この ΔT_{sc} = 4 K の値から、半径 19.1 nm の残留胚種の存在が計算される。したがって、発核剤添加系では残留胚種の熱安定性が向上し、融点以上の大きな過熱に対してもほとんど粒径変化せずに存在していると想像される。しかし、ΔT_u が 34 K を超えると ΔT_{sc} は約 100 K まで急激に増加し、発核剤は失活する。残留胚種は 34 K を超えると急激に単分散化するようである。この急激に失活し始める上限温度を“過熱限界温度 ΔT_l ”と呼ぶ。Fig. 7 の結果から、発核剤 $Na_3PO_4 \cdot 12H_2O$ の ΔT_l は 34 K と読み取れる。

発核剤の失活現象は、蓄熱材を工業的に使用する上で致命的な欠陥となる。この問題を解決するためには、失活現象の解明とそれに基づく対策が必要である。

4.2 過熱限界温度のモデル化

発核剤添加系でのこのような残留胚種は融液中に晶析した発核剤の表面上に残る、と筆者は考えている。これに関し溶液中に異種界面が存在する場合、その表面に溝や傷があるとその隙間に溶質結晶が残留し、未飽和においても安定に存在し得ることが、理論的に説明されている [34]。その理論によると、残留結晶は溝や傷の開口径が小さい程より未飽和でも安定に存在し得ることになる。この理論に従えば、自然発生したこの開口径の寸法は分布を持つことが想定されるので、結晶が残留し得る加熱温度にも分布が生じると思われる。このため、一般に観察される溶質核化の熱履歴現象は説明できそうである。しかし、上述した Fig. 7 の $\Delta T_u = 34 \sim 36$ K 間にみられる急激で画一的な失活現象については、開口径が画一的であると考えることになるので、不自然である。発核剤の失活現象は係る結晶残留理論では説明できない。

発核剤の活性化ならびに失活の発生機構については、発核剤の析出結晶表面上に吸着した蓄熱材吸着層の二次元的な凝固・融解現象であるとする考え [34] もあるが、筆者は発核剤の析出結晶表面上への蓄熱材胚種の固着安定化と過熱による単分散化現象であると考えている。その概念図を Fig. 8 に示す。蓄熱材無機水和塩に添加された発核剤は、蓄熱材融液中でその過飽和成分が晶析するが、この時点では表面に蓄熱材の胚種は存在しない。そのため、発核剤は融液の核化促進機能を示さない。しかし、冷却時の過冷却融液が何らかの外部刺激（例えば、種晶の投入）によって強制的に固化すると、発核剤結晶は必然的に蓄熱材結晶と固体接触することになる。この固体接触した蓄熱材結晶の一部が、次の加熱過程で周囲が融解しても固着胚種として発核剤結晶表面に残留する。これがその後の冷却時には過冷却融液の核化の起点となって、強い核化促進機能を示す。これが発核剤の活性化機構である。しかし残融胚種の固着力を超える過熱を受けると、胚種は発核剤の結晶

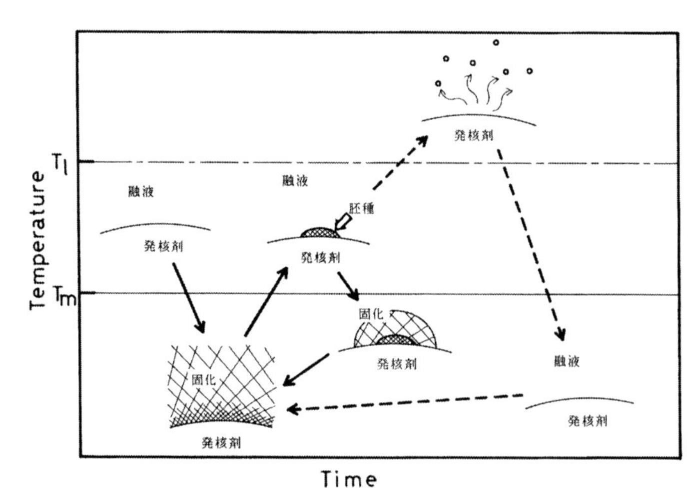

Figure 8 A conceptual diagram for describing activation and deactivation mechanisms of nucleation agent added to the melt.

表面から離脱し、融液中で単分散化して消滅する。このため、固着胚種を失った発核剤は次の冷却時には添加当初の状態に戻って、促進機能を示さなくなる。これが発核剤の失活機構である。したがって、発核剤が活性を失う加熱限界温度 T_1 は、固着胚種の離脱温度に対応する。

この過熱限界温度の向上は、工業用潜熱蓄熱器の蓄熱性能の改善と信頼性の向上に直結する研究課題である。上記の考えに従えば、離脱温度を支配する要因が明らかになれば、過熱限界温度の向上につながる。これに関し、蓄熱材結晶中の Na 原子間距離と発核剤結晶中のそれとの一致度が過熱限界温度の値と関係することが報告されている [35)]。一方筆者は、発核剤の水への溶解度との関連性に着目し [36)]、その法則性の解明を進めている。

おわりに

これまでの多くの研究者による探索研究の成果として、潜熱蓄熱材として利用される無機水和塩とその過冷却軽減に有効な発核剤との組み合わせが数多く提案されている。しかし、発核剤の作用機構に関わる基礎的な解明研究については、残念ながらあまり手掛けられていない。

潜熱蓄熱方法は、省資源・省エネルギー分野においてその重要性が叫ばれているが、依然として、開発には多くの障害があるようで、実用化された製品装置は多いとは言えないのが現状である。工業的使用に耐えられる蓄熱材開発の遅れもその原因の一つであると思われる。

晶析工学は固液相変換の人為的制御を可能にする学問であり、蓄熱材の開発においても重要な位置を占める。さらなる研究の進展を期待したい。

引用文献

1) 垣内；「骨太のエネルギーロードマップ（改訂）」，化学工学会エネルギー部会編（2009）p.141
2) 日高；「骨太のエネルギーロードマップ 2」，化学工学会エネルギー部会編（2010）p.154
3) 鈴木；化学工学会誌，78 (2014) 119
4) 陶；高分子，45 (1996) 321
5) URL; http://www.yano-giken.com/documents/prod.htm
6) URL; http://www.mm21dhc.co.jp/owner/erea_center.php
7) Abhat, A.; Solar Energy, 30 (1983) 313
8) 稲葉ら；日本機械学会論文集 B，58 (1992) 2848
9) Licheri, G., G. Piccaluga and G. Pinna; J. Am. Chem. Soc., 101 (1979) 5438
10) Abhat, A; Energy and Buildings, 3 (1981) 49
11) Schröder, J. and K. Gawron; Energy Res., 5 (1981) 103
12) Green, W. F.: J. Phys. Chem., 12 (1908) 655
13) Cabeza, L. F., et al.; Appl. Thermal Eng., 23 (2003) 1697
14) Ryu, H. W., et al.; Solar Energy Material and Solar Cells, 27 (1992) 161
15) Saitoh, T. and H. Koichi; Refrigeration, 59 (1984) 519
16) 甲斐ら；第 14 回空気調和・冷凍連合講演会論文集，(1980) p.9
17) Kai, J., H. Kimura, K. Kashiwamura and H. Ikeo; Sol. World Forum, 1 (1982) 710
18) 金田；特開昭 61-255980 (1986)
19) 鹿島，山岸，三谷；特開平 01-302099 (1989)
20) Stunić, Z., V. Djuriĉ and Z. Stunić; J. Appl. Chem. Biotechnol., 28 (1978) 761
21) マシュース，グローバー；特開昭 63-503463 (1988)
22) Ohachi, T., et al.; "Crystal Growth 1989", North-Holland, Amsterdam (1989) p.72
23) 柿本ら；化学工学会第 34 回秋季大会講演要旨集，X207 (2001) 札幌

24) Günther, E., H. Mehling and M. Werner; J. Phys. D: Appl. Phys., 40 (2007) 4636
25) 木村，岡部（共著）;「トライボロジー概論」養賢堂，(1982) p.106
26) Turnbull, D. and B. Vonnegut; Ind. Eng. Chem., 44 (1952) 1292
27) Telkes, M.; Ind. Eng. Chem., 44 (1952) 1308
28) Wada, T. and R. Yamamoto; Bull. Chem. Soc. Jpn., 55 (1982) 3603
29) 木村，甲斐；エネルギーと資源，5 (1984) 586
30) 木村；日本結晶成長学会誌，7 (1980) 215
31) 渡辺；化学工学論文集，16 (1990) 875
32) 渡辺，斎藤；化学工学論文集，17 (1991) 41
33) Nyvlt, J.; Ind. Cryst. 84, (1984) p.9
34) Wada, T. and H. Yoneno; Bull. Chem. Soc. Jpn., 58 (1985) 919
35) Saita, K. et al.; J. Chem. Eng. Jpn., 40 (2007) 36
36) 渡辺；化学工学論文集，18 (1992) 593

第15章　晶析と晶析を利用した超高純度精製

大田原　健太郎
（株式会社クレハ）

1　はじめに

分離精製技術として一番広く工業的大量生産に採用されているのは蒸留であり、これに比べると晶析はずっと少ないように思う。この理由の一つとしては、蒸留は平衡論で整理され計算方法なども整備されているが、晶析は速度論で規定され、装置内部での局所的な平衡からのずれが品質を決定することも多く、こうなると机上の計算のみで済ますことができず、基礎実験、開発実験にコストを費やすので、技術者から嫌われていることも一因ではないか。努力・苦労を積み重ねて得られた成果のことを“汗の結晶”ということがよくあるが、晶析を活用した製造プロセス開発はまさにこれにあたるといえよう。

晶析というと通常は再結晶の様に溶剤を加えたり、或いは加えなくても既に溶質濃度が低い場合からの晶析操作をいうことが多いが、ここでは溶質濃度が高いまま晶析するという、溶融（または融液、メルト）晶析を中心に解説する。

次表には、精製技術としての、蒸留、溶媒晶析、メルト晶析の特徴をあげた。メルト晶析は、工業例としての経験がまだまだ多くはないがこのように多くのメリットがあり、特に最近では、ポリマー原料として高純度モノマーや、高機能材料の製造工程での精製に晶析が活用されることが多くなってきた。ここでは、高純度化に焦点を充てて、クレハグループでの長年の経験と最近の工業化の例も一部紹介する。本技術は社外・国外にも多く導入されている。

表1　各種分離精製技術の特徴一覧

	蒸留	通常の晶析	メルト精製晶析
消費エネルギー	大	中	小
メンテナンス	小―大	大	小
運転員	少ない	中	少ない
スタートアップでのロス	無し	多い	無し
純度	中―高	高	超高
腐食	大	中	小
工業経験	多い	中	少ない

2　メルト晶析装置

主に有機化合物を精製する晶析装置で工業的に応用されてきた代表例を幾つか紹介する。

2．1　ブロディー晶析塔[1)]

この方法では、図1に示す様に、横型の結晶析出部で結晶を得て、それを縦型の精製部で精製し、製品をボトムから取り出す。精製部では、結晶は、重力沈降により下へ移動する。最下部には融解部があり、ここで結晶は溶かされ、その融液が上方へ移動すれば沈降してくる結晶を洗浄するとされている。この方法は、パラジクロロベンゼンの精製に成功して実施例が増えていた。しかし、ヨーロッパにおいて、他の化合物等への適用の際に実機で失敗したことにより、撤退を余儀なくされ、スケールアップの難しいプロセスと評価され、報告が聞かれなくなった[2-3]（面白いことに、日本ではその問題の化合物等でも、工業精製されていたと聞く。スケールが小さかったのか、それとも、日本人が器用だったのか？）。

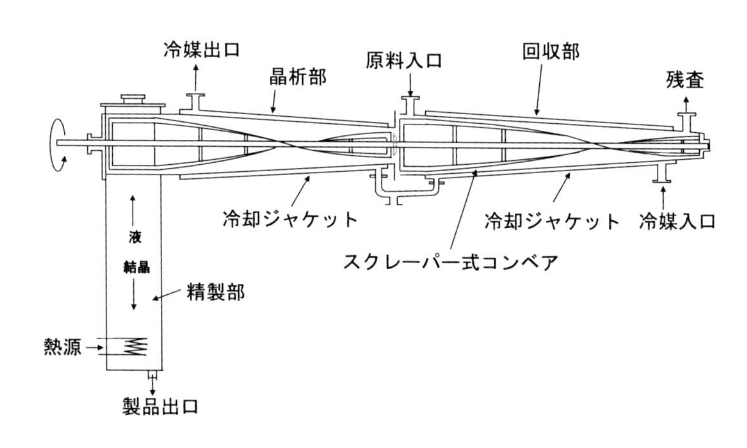

図１　ブロディー晶析塔

ブロディーの工業化失敗後の改良型若しくは似た型として、月島機械の４Ｃ[4]、新日鉄化学のＢＭＣ装置[3, 5]がある。前者はブロディー型の結晶析出部を複数のタンク型晶析槽で置き換えた型、後者はシンプルに精製部と共に一体化の縦型にしたものである。しかしながら、精製部はブロディーの原型に近い。

２．２　ＭＷＢ装置[6]

この方法では、縦型多管式の熱交式晶析機のチューブの内壁を溶液が伝わるように流し、シェル側には冷媒を流すことで、内壁に結晶を成長させていき、あるところで、溶液のフィードを止め、その後シェルの温度を上げる。すると、有機結晶は後述する発汗現象（部分融解）により、不純物を吐き出す。ある程度発汗させた時点で、今度は、結晶を全て融解し、バルブ操作により、他の中間タンクに分取する。この濃度は、不純物が発汗された分だけ初めの濃度より向上している。中間タンクを十分に多く用意すれば、このようなサイクルを繰り返すことで、任意の純度の結晶を得ることができる。

この方法は、非常に単純な機構によっているため、色々な物性に対応し、適用範囲は広そうであるが、ナフタレンは壁面上に結晶が成長せず、うまくいかなかったこともあったようである[3]。また、壁に付着する層状の結晶は、通常の顕濁結晶に比べて比表面積が圧倒的に小さいために、高速で結晶成長させる必要が生じ、その結果大量に母液を取りこみ、純度が大変低いことが良く知られている。この場合には、中間タンク、バルブ等、付帯機器の数がかなり多くなり、消費エネルギーも大きくなる。

３　ＫＣＰ（クレハ連続結晶精製装置）[7]

３．１　開発精神

前述の装置とＫＣＰの最大の相違点は、結晶析出部を持たないことにある。従って、図２に示すように、前工程に晶析槽と濾過機、或いは、固化装置が必要である。何故、このように面倒なシステムを組まなければいけないのか。実は、そこに大きなメリットがあるのである。

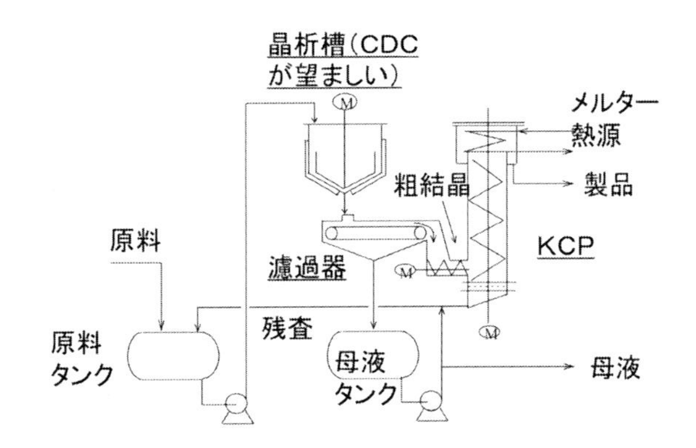

図２　晶析槽を利用した場合のＫＣＰシステム

結晶が析出するところには、必ず結晶の付着に由来するトラブルがつきものである。結晶が冷却伝面に付着すれば、冷却能力が下がるのみならず、攪拌機などを壊したり、液シール部を痛めたりすることにもつながる。さらに、晶析操作は化合物の様々な物性、因子により、最適な晶析装置形状、操作条件も異なることも多く、単純な装置で全ての化合物に対応させるのは、初めから無理な話である。

それならば、トラブルの種となり、かつ最適設計も難しい結晶析出部は外に出し、そこで得られた結晶の精製のみに注力しようと発明されたのが、ＫＣＰである。ＫＣＰ内部では、ある程度の再結晶は起きているが、基本的には、結晶を融解するのみであるためトラブルが起きない。実際、呉羽化学工業錦工場では、晶析槽は数ヶ月に一度の内部融解作業があるが、ＫＣＰは一年を通して停止していない。

３．２　ＫＣＰ作動原理

２成分系の有機化合物の多くが、図３に示すような共晶系の固液平衡関係を示す。融点がT_A、T_Bの化合物Ａ、Ｂの組成W_Xの混合物は、温度T_0では液体であるが、温度を下げていくと温度T_XでＡの純品が析出する。さらに温度を下げていくと、Ａはどんどん析出し、そのため液相のＢの濃度が大きくなり（この間、液組成は図中のＸ－Ｅ線上を動く）、共晶点Ｅに達し、共晶温度T_E以下にまでにすると、ＡとＢの結晶両方が析出し始める。一方、組成W_Yの混合物からは、温度T_Yで融点の低いＢの純品が析出する。すなわち、冒頭で述べたように、融点差は無くとも共晶系の混合物であれば、混合物の組成に応じていずれかの結晶を得ることができる。

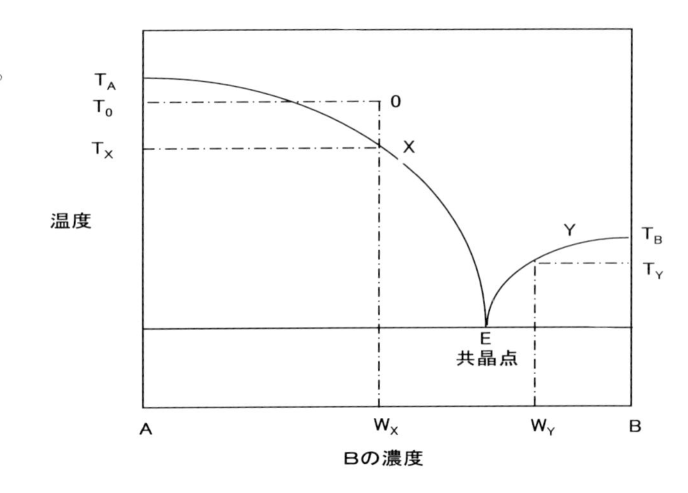

図３　共晶系固液平衡

３．３　発汗

このように、固液平衡上は共晶系であれば純品を得ることができるはずであるが、有限時間内で晶析した結晶は、成長する際に、結晶間や結晶の内部に液（母液と呼ぶ）を取りこんだりしてしまう。このような母液は、単純に遠心分離機などでは取り除くことができず、部分的には純品でも全体としてはかなり純度が低くなってしまう。

このようにして分離された結晶は、その表面を洗浄することである程度の母液は洗い流すことができるが、内部や結晶間の母液は取ることができない。このような場合、発汗操作にて純度を上げられる。

発汗現象の詳細は良くわかっていないことが多いが、特に有機化合物の結晶を融点近くの温度に保つと、結晶の一部が融解し、結晶内部に取りこまれた母液が外に出て純度が上がることをいう。例えば、パラジクロロベンゼンの融点は５３℃であるが、５２．３℃で１～３時間保つと純度が向上する[8]。

３．４　ＫＣＰの構造と精製機構

以上のように純度向上のためには発汗作用を行えば良いが、発汗すると、結晶の多くは溶けてしまう。このように単純な発汗操作では、高い回収率を期待できない。この問題を解決しているのがＫＣＰ[7]である。

図４にＫＣＰの構造を示す。前工程の晶析槽及び固液分離装置からの粗結晶は、塔下部に設置されているスクリューフィーダーにより連続供給される。結晶は、低速で反対方向に回転している２本の特殊な羽根付きの攪拌軸により、ほぐされながら上方へ輸送される。塔頂に達した結晶のほとんどは、製品として系外に取り出され、残りは上部に設置されたメルターにより融解し、還流液となって重力により塔内を流下する。この液は、結晶と接触することで結晶表面を洗浄しながら結晶温度を上げて発汗現象により結晶中の不純物を表面に移動させる。この不純物は上からの還流液に捉まるため、還流液は塔下部にいくにつれ不純物の濃度が高くなり、遂には濃縮された不純物が塔下部から排出される。塔下部には多孔板があり、不純物である液は排出されるが，結晶は落ちにくい構造にしてある。これは、還流液が少なく塔内が満液状態ではないことも理由である。

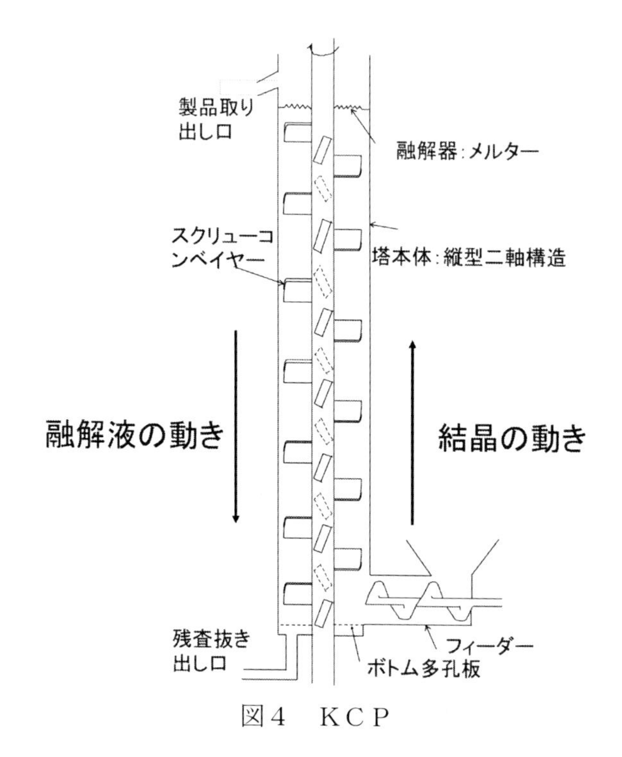

図４　ＫＣＰ

攪拌軸は固液の接触効率を上げて

いるが、特に二軸の攪拌翼が重なるところでは、結晶が絞られて洗浄及び発汗作用が促進されているため、我々はこれを“雑巾絞り“効果と呼んできた。結晶と還流液が向流接触していることに加えて、この還流液の一部は温度の低い塔下部で再結晶するため、ＫＣＰは極めて高収率で高純度の製品を得ることができる。例えば、先のパラジクロロベンゼンの場合、結晶純度が９９．９９５％以上においても結晶回収率は９７％を超えることもある。

３．５　ＫＣＰの特徴

ＫＣＰの特徴をまとめると、

１）結晶を重力落下でなく、機械輸送している。従って、適用範囲に柔軟性を持たせることができる

２）他の塔型精製機と異なり、塔内は満液ではない

３）晶析装置は、独立に最適選択できる

４）スタートアップに要する時間が短く、数時間で済む。例えば、ブロディー型では製品を得るのに数週間かかるとも聞いている。これは、長時間かけて、結晶析出部に温度分布を形成する必要があるからである

５）結晶回収率が高い

６）縦型なので設置面積が小さい

７）結晶付着によるトラブルが無く、年間を通して不休で運転できる

８）攪拌機は有するが、大型機でも回転数が小さいため（１～２ｒｐｍ）所要動力が小さい

９）運転管理が容易で、人手もかからない

１０）発汗に必要な熱量も少なくて済み、省エネルギーとなる

１１）シンプルな構造のため、コスト安である

１２）溶媒不要の晶析プロセスを構築できる

３．６　適用事例

ＫＣＰはクレハの秘蔵技術として、以前は積極的な宣伝活動は行っていなかったが、表２に示すような工業化例がある。最近は、塔径１．５及び3インチの実験機の整備を済ませ、精力的に評価依頼実験を行っており、異性体のみならず、光学異性体分離にも適用できることもわかってきた。重力沈降を利用した塔型晶析装置は液の粘度が高いと適用できず、例えばBMCでは１０ｃＰを超えると不可能であるが[5)]、ＫＣＰではそれ以上の粘度の精製例を重ねている。

表２　ＫＣＰの工業化実施例（２００１年までを列挙)

年	基数	塔径 (インチ)	能力 (T/Y)	化合物	純度 (%)
1969	1	18	4600	p-DCB	99.998
1974	1	〃	〃	〃	〃
1978	2	〃	1700	臭化物	99.99
1980	1	20	5800	p-DCB	99.998
1987	1	〃	〃	〃	〃
1991	2	〃	5000	不飽和カルボン酸	99.99
1994	1	〃	5800	p-DCB	99.998
1997	1	22	6800	〃	〃
1998	2	30	12800	〃	〃
1998	1	〃	10000	不飽和カルボン酸	99.99
2001	1	3	不明	多目的	不明

4　ＫＣＰ塔高の決定方法

塔型晶析装置では一般に逆混合流れがスケールアップ上のネックだとされている。実際、佐久間[3]によると、パルスドカラムによるフィリップスプロセスのスケールアップも塔径０．６ｍ以上の報告が聞かれないということである。真偽の程はともかく、それだけスケールアップが難しいということであろう。ＫＣＰは他のカラム型晶析装置と異なり満液状態ではないため、自然対流による制御できない流れは存在せず、又、攪拌軸により断面積上を均一混合しているので逆混合、流れの不均一さは他より有利ではあるが、しかしながら逆混合があることは否めない。従って、現在までのＫＣＰの最大塔径である３０インチへのスケールアップは、この逆混合を実験によるトレーサー法で軸方向拡散係数に置き換え、プラグフローからのずれを定量化し、二相流分散モデル[9]を用いて検討することにより行った[10]。

5　横型多段冷却晶析装置（CDC)

ＫＣＰを使用したプロセスの代表的なフローを図２に示した。晶析槽には様々なものが候補としてありえるが、濃度が高い融液晶析ができる装置はあまり存在せず、もともとはオランダのＧＭＦ－Ｇｏｕｄａ社のＣＤＣ装置[11]がこのような状態でもＫＣＰの原料結晶用として最適であることがわかり、日本に技術導入した。尚、このＣＤＣは通常の溶剤晶析にも広範囲に使用されている。

５．１　ＣＤＣの原理

ＣＤＣは、図５に示すように横型の晶析槽である。内部は複数の冷却板で仕切られており、冷却板中央を貫通する攪拌軸には、攪拌翼と冷却伝面を更新するためのワイパーが設けられている。冷却板の内部がスパイラル構造をしているため、冷媒の流速を大きく取ることができ、かつワイパーの効果もあるために、総括伝熱係数で数百 W／m^2°K を取ることも可能であり、これはジャケット付きタンク晶析槽での値に比べると非常に大きい。冷却板は数十 cm おきに設置されるので、単位体積あたりの伝熱面積を大きく取ることができる。この結果、原料流体を準安定域（溶解度曲線よりわずかに濃度が高い領域：他に結晶がない場合は結晶が析出せず、結晶があれば、その結晶は成長する領域をいう）で操作できるため、核発生が少なく、純度が高い大きな結晶を得ることができる。

原料液は左から入り、冷却板の下の通り道から、順次右に移動するため、プラグフローが実現できる。冷媒は、複数の冷却板に任意の流し方をすることができるが、例えば、

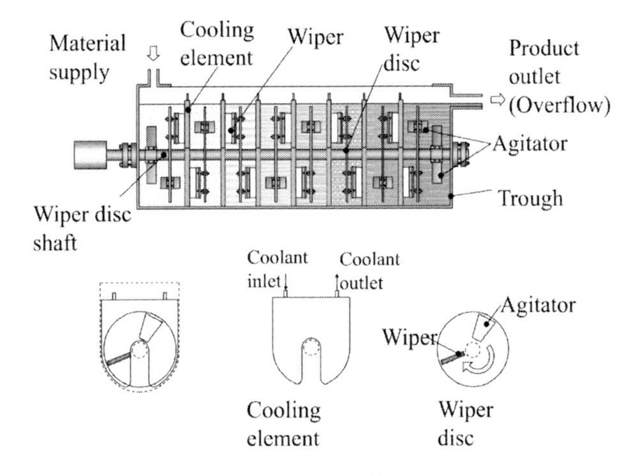

図５　CDC 全体図

1）一番右の冷却板に入れ、その出口を、右から２番目の冷却板に入れ、順次同様に次の冷却板に流す。こうすることで、冷媒と原料液を向流接触させ、熱効率を上げ、冷媒流量を最小限にできる

2）融液晶析の場合のように濃度が既に高い場合は、全ての冷却板に同じ温度の冷媒を並列に流すことで、局所的な過冷却、過剰の核発生を防ぐといったことができる（冷却板の間はフレキチューブで任意に繋ぐ）。

５．３　CDCの特徴

この装置の特徴をまとめると、

1）伝熱係数が大きい
2）原料液がプラグフローで流れるため、結晶粒度分布がシャープ
3）過飽和度を小さくできるので、核発生が少なく大きい結晶が取れる。この結果、純度の良い結晶が取れる。
4）単位体積あたりの冷却伝面が大きい（一基の伝面で数百m^{2}の工業実績）
5）濃度の高い融液晶析が可能
6）必要冷媒量が少なく、かつ、必要な温度レベルも低くない
7）低コスト
8）メンテナンスが容易：冷却板は撹拌軸を外さずに上から装脱着でき、かつ一枚ずつ独立に更新できる
9）撹拌がマイルドなので２次核発生が少ない

図６に、タンク晶析とＣＤＣでのある有機結晶の比較を示す。タンク晶析では、粒度分布も広く、かつ形状も色々なものが生じているが、ＣＤＣでは平均粒径が約３倍ほど大きく、かつより均一であるのがわかる。また、結晶の角が尖ったったままであり、タンク晶析の結晶の角が丸まっているのは、攪拌、せん断力により削られていることがわかる。

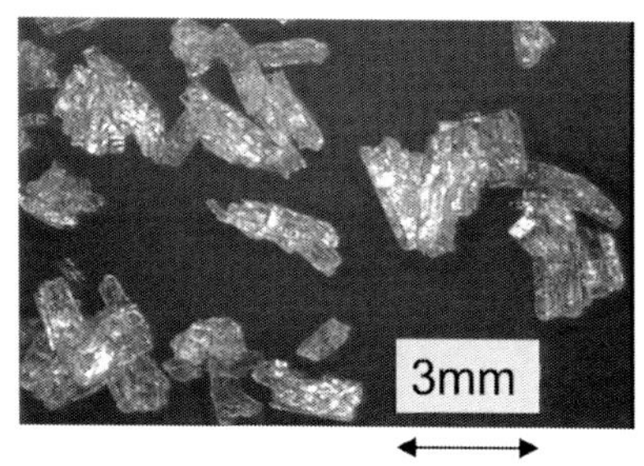

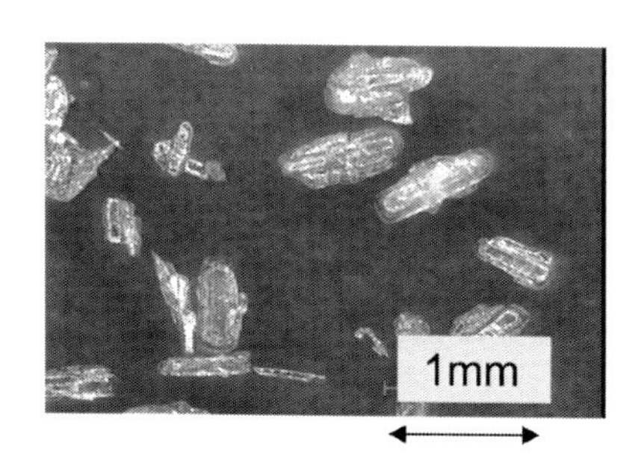

図６　CDC とタンク晶析との比較　（有機結晶の例）

図７には、ＣＤＣ中の温度分布の例を示す。この例は冷却板が１８枚、従って、ＣＤＣが１９の小室に分割されている場合である。バックフロー付きの多段ＣＳＴＲモデルを適用したところ、実機データよりバックフロー比（バックフロー量／フィード流量）が 1.16 と計算され、ある程度のバックフローがあることが分かった。しかし、多室で構成されているため、図に示すように、実質上はプラグフローに近い温度分布を取ることが出来るのである。なおこのバックフロー比は Jansens[12] が小型のＣＤＣパイロット実験機で解析した結果と同様であった。これらのことは、パイロットから実機へのスケールアップで失敗した例が今まで無いことを間接的にも説明している。

ＣＤＣは、砂糖では長い稼動実績を有していたが、ここ３０年くらいは化学工場での使用が多くなってきている。適用例として公表できるものは、パラジクロロベンゼン、アントラセン、ナフタレン、水、脂肪酸、ホウ砂、硝酸カルシウム、クエン酸、硫酸銅、硫酸鉄、ぼう硝、塩化カリウム、ペンタエリトリトール、塩素酸カリウム、硝酸カリウム、酢酸ナトリウム、ソーダ、メタケイ酸ナトリウム、硝酸ニッケル、リン酸ナトリウム等と多い。

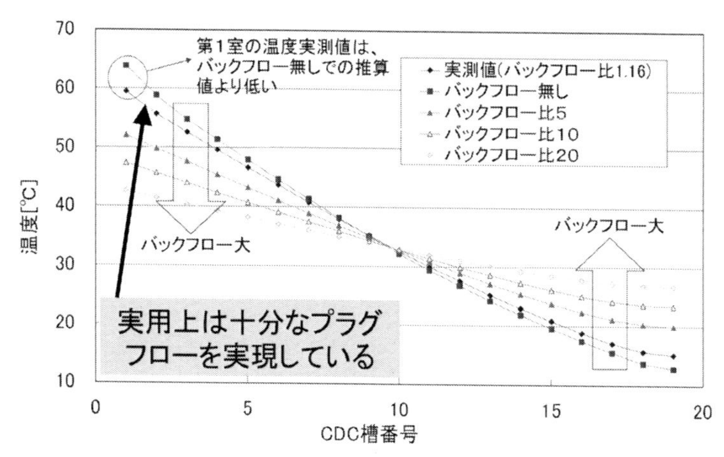

図７　CDC 実機での温度分布（溶媒晶析の例）

6　CDC と KCP を組み合わせた実施例

ＣＤＣとＫＣＰはそれぞれ単独で使用できるが、組み合わせることで高純度・高回収率のプロセスを組むことが出来る。最近の工業化の物質収支の代表例を図８に示す。蒸留を含む他の分離技術では困難だった不純物除去の例である。又、このケースではＣＤＣの入り口純度は９０％を超える高濃度であるが、安定な連続運転がなされている。通常のタンク晶析機では難しかったであろう。尚、ここからの残渣を蒸留にかけ有効成分を回収し、ＣＤＣの原料として再度使用されているケースもあり、その場合では回収率を更に向上させている。

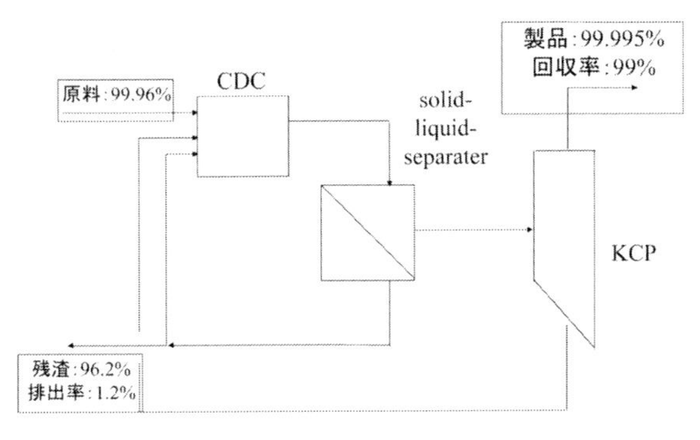

図８　工業化実施例

ＣＤＣの日本への技術導入よりいまだ数年ではあるが、既にＫＣＰとの組み合わせによる工業化実施例は５件となっており、本プロセスの有効性を示唆することになっている。

7　最後に

以上、晶析を活用した高純度精製技術を実際の工業化における経験に基づいて解説した。環境、エネルギー問題は、今後ますます重要になり、日本の製造業はより高機能材料にシフトして行くことが予想される。この解決手段として以上に述べたような晶析とその応用技術が発展していくことに期待する。

参考文献

（１）J. A. Brodie, Mech. Chem. Eng. Trans., Inst. of Eng. Aust., p.37 (1971)

（２）元 GMF-Gouda 社の de Moet 氏との談話

（３）佐久間清,晶析精製プロセスの動向―第９回国際工業晶析シンポジウムに参加して,アロマティックス, **37**, 109 (1985)

（４）K. Takegami, Industrial Crystallization 84, S. J. Jancic & E. J. de Jong (Eds), Elsevier p.143 (1984)

（５）K. Sakuma and H. Kuwahara, in Proc. Int. Sym. Industrial Crystallization: an overview of the present status and expectations for the 21st century, Tokyo, September 17-18, p.286 (1998)

（６）K. Saxer and A. Papp, Chem. Eng. Prog., **76**, 64(1980)

（７）http://www.kurekan.co.jpのホームページを参照：　K. Otawara, T. Matsuoka and S. Saito, in Proc. Int. Sym. Industrial Crystallization: an overview of the present status and expectations for the 21st century, Tokyo, September 17-18, p.598(1998)

（８）M. Matsuoka, S. Kasama and M. Ohishi, J. Chem. Eng. Jpn., **19**, 181(1986)
（９）T. Miyauchi and Vermeulen, T., Ind. Eng. Chem. Fundam., **2**, 113 (1963)
（１０）K. Otawara and T. Matsuoka, J. Cry. Grow., **217**, 2246(2002)
（１１）A. N. de Moet, Industrial Crystallization 84, S. J. Jancic & E. J. de Jong (Eds), Elsevier p.223 (1984)
（１２）P. J. Jansens, Fractional Suspension Crysallization of Organic Compounds, Thesis Technische Universiteit Delft, p.114(1994)

第 16 章　晶析装置設計のポイント

三木　秀雄
（カツラギ工業株式会社）

はじめに

検討している晶析プロセスを自社内で設計する場合と晶析装置メーカーあるいはエンジニアリング会社に計画から建設までを依頼する場合の違いはあるが、基本的に下のような引合仕様書の各項目が決められた上で、晶析装置の選定及び設計が行われることになる。

表 1-1　　晶析装置の引合仕様書の一例

No.	項目			No.	項目		
1	設備名称			2	結晶名		
3	晶析目的	結晶回収・母液回収・粒径均一化 粒径増大化・高純度化・その他		4	結晶析出量		kg/h
5	稼働時間		hr/day	6	稼働日数		day/month
7	原液組成	析出成分組成:	溶媒:		その他成分組成:		
8	原液温度		℃	9	原液比重		
10	母液組成	析出成分組成:	その他成分組成:				
11	操作温度		℃	12	母液温度		℃
13	母液粘度			14	沸点上昇		℃
15	結晶品質						
16	結晶 平均粒径		μm	17	結晶 粒度分布		
18	結晶真比重			19	結晶化熱		
20	結晶回収率		%	21	熱安定性		℃以下
22	溶解度						
23	装置材質						
24	設置可能 面積		m×m	25	設置可能 最大高さ		mH
26	防爆その他 仕様						
27	電源仕様			28	蒸気仕様		
29	冷却水仕様			30	用水仕様		
31	前処理 工程概要						
32	後処理 工程概要						
33	取扱上の 注意点						
34	その他 注意事項						

実際の系（晶析母液の不純物等の組成）の溶解度並びに諸物性を与えられるか、与えられない場合には実験的に求める必要がある。諸物性とは別に、晶析装置には欠かせない結晶成長速度、核発生速度及び準安定領域の幅などの晶析特性が事前に与えられることはなく、実際の系で実験室的に入手する必要がある。

ここでは、これらの与えられた情報を基にして晶析装置を設計する上での注意点などのポイントについて概説する。

1. 工業晶析装置の特徴

工業晶析装置設計の観点から晶析装置の特徴を挙げると次のようになる。

(1) 工業的には純系での操作は考えられず、他成分系での操作になるが、微量の不純物の存在が晶析現象に大きな影響を及ぼすことが多く、見かけ上は同一な系であっても、経験をそのまま活かすことができない場合が多い。

(2) 装置内での核発生、特に二次核発生の制御が安定運転及び結晶製品品質の要になるが、核発生は今なお完全には解明されていない現象で、制御を困難にしている。

(3) 結晶缶の容量、循環量、配管口径などにおける設計上の余裕は好ましくない。

(4) 操作温度及び圧力は過酷ではないが、厳密な制御が安定運転についての非常に重要な要因になる。

(5) 結晶缶自体は特殊な機械ではなく、定形的なタンクや熱交換器で構成されており、内部のスケーリング防止、結晶が破砕されることなく懸濁状態に保つことが考慮されねばならない。

(6) 結晶製品の品質には、晶析装置の設計が最も重要な影響を有するが、後段の遠心分離機および乾燥機などの選定・装置設計も品質に影響を及ぼす。

このように他の単位操作と異なる特徴を認識した上で、工業晶析装置の計画から設計（基本設計及び配管設計を含む詳細設計）及び運転を行う必要があり、各段階で、予測できない現象が起きた場合でも、晶析理論と経験に基づいて解釈することで、解決することが可能である。

2. 晶析装置形式の選定

晶析操作の目的は、a）一連の製造工程における精製工程の一つである場合、b）最終製品として要求される結晶形状、多形、粒径、粒度分布、純度その他の品質を満足する固体を得る造粒工程として用いられる場合、およびc）母液の再利用あるいは溶出金属の回収を目的として溶解した金属塩を結晶の形で分離除去する溶液回収工程である場合に分けられる。

いずれにしても、結晶の形状や粒径に特別の要求がない限り、晶析装置に要求されることは、後段以降の固液分離・乾燥・輸送・貯蔵操作の容易なこと、すなわち結晶の厚みや軸比などの結晶の形状、平均粒径および粒度分布が適切で好ましいことであり、一般的にはそれが精製度の向上、トラブルの回避およびイニシャル並びにランニングコストの低減に直結してくる。

表１-２に、操作法および過飽和生成法などの代表的な晶析装置の適用基準の一例を示した。回分式、連続式のいずれにも用いられる形式もあるが、晶析装置の多くは連続式に移行する上で

開発されたものであり、回分式では、一般的なグラスライニングやステンレス製のジャケット付撹拌槽が用いられている。

図1．1に各種無機塩類及び水に対する易溶性有機物の溶解度曲線の一例を示したが、温度に対してほとんど溶解度の変化しないもの、ある温度から急激に溶解度が増すもの、温度の上昇に伴って溶解度の減少するものなど様々である。多くの系で、擬多形と称される結晶水の異なる系が存在している。

表 1-2　代表的な晶析装置の適用基準の例

装置形式		運転操作		過飽和の生成法				生産量規模	適正平均粒径μm	粒度分布の幅(連続式)	溶液・結晶特性			
		回分	連続	冷却	真空冷却	蒸発濃縮	反応				スケール生成大	発泡大	脆い結晶	比重差大
撹拌槽型	グラスライニング缶	○	×	○	△	○	○	小	～500	広い	○	△	△	×
	掻取冷却型	○	○	○	×	×	×	小	～500	広い	○	○	○	×
	大型撹拌翼	○	△	○	○	○	○	中～小	100～700	比較的広い	○	△	△	○
	カランドリア型	△	○	△	×	○	△	大～小	100～700	比較的広い	×	△	△	×
マグマ循環型	外部循環型	×	○	○	○	○	○	大～中	100～700	広い	○	×	×	△
	DTB型	△	○	○	○	○	○	大～中	100～1000	比較的狭い	△	○	△	△
	DP型	△	○	○	○	○	○	大～中	100～1500	比較的狭い	△	○	○	○
	タービュランス型	△	○	○	○	○	○	大～中	300～3000	狭い	△	○	○	○
流動層	クリスタルオスロ型	×	○	○	○	○	○	大～中	500～4000	狭い	×	△	○	○
	逆円錐型	△	○	○	○	○	○	大～中	500～6000	非常に狭い	△	△	○	○

○:適している、　△:適用に注意、　×:一般に不適

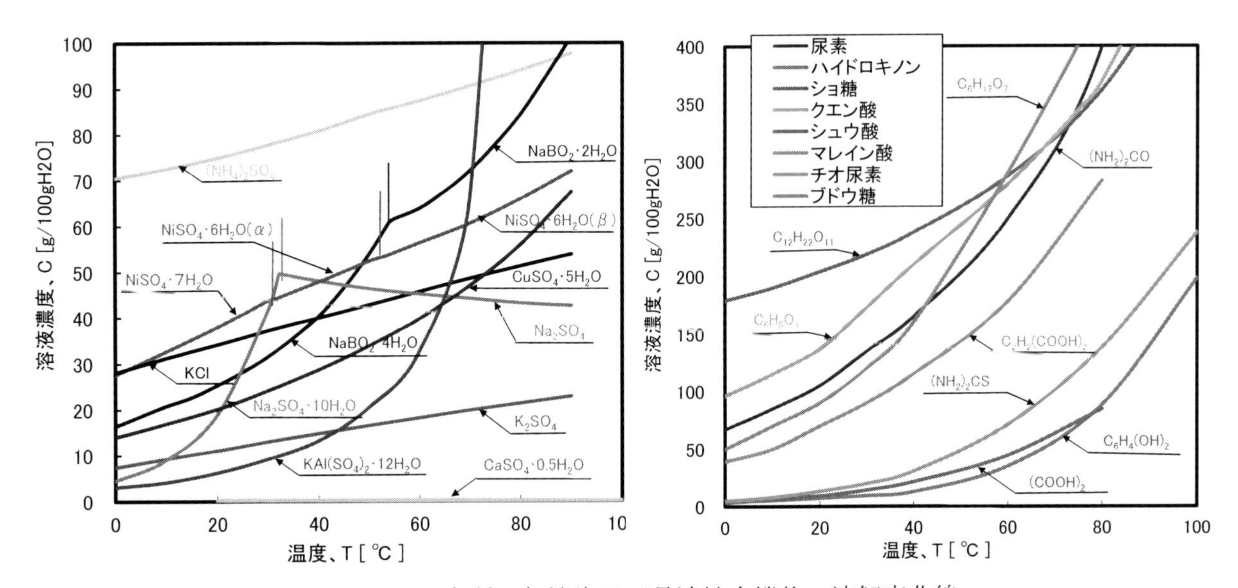

図1．1　各種の無機塩及び易溶性有機物の溶解度曲線

3. 晶析装置設計のためのデータ

晶析装置を設計する場合、必要な晶析基礎データとしては、最大操作可能過飽和度；ΔC_{met}（こでは準安定領域の幅と同義）と結晶成長速度；G、及び核発生速度；B_0である。工業晶析装置内の核発生は、通常二次核発生のみを考慮すべきで、これら３つの基礎データの相関は次式のようになる。

$$G = K_0 \Delta C^n \quad \text{at } \Delta C < \Delta C_{met}、\ B_0 = K_B G^a \varepsilon^h m_T{}^j \qquad (1.1)$$

ここで、εとm_Tはそれぞれ、撹拌強度（kW/m^3）と懸濁密度（kg/m^3）である。実際には、工業晶析装置内で一次核発生が起きることがあるが、この場合には種晶生成あるいは種晶供給装置を導入する必要がある。

設計に用いられる最大操作過飽和度の値は、種結晶存在下で測定されるもので、冷却速度や種晶量、撹拌強度の影響を受けるが、あらかじめ設定した条件で測定することにより、ほぼ系特有の値として求めることが可能である。図１．２は、各種の塩に対する冷却速度 5℃/h の条件で測定された Mersmann らの準安定領域の幅のデータとその過飽和度での結晶成長速度をグラフにしたものである。

また、図１．３は硫安結晶について、準安定領域の幅に対する不純物の影響について、冷却速度を変化させて求めたもので、純系に比較して大きな値になり、一般的に不純物の影響は結晶成長速度を小さくすると共に純安定領域の幅を大きくする。

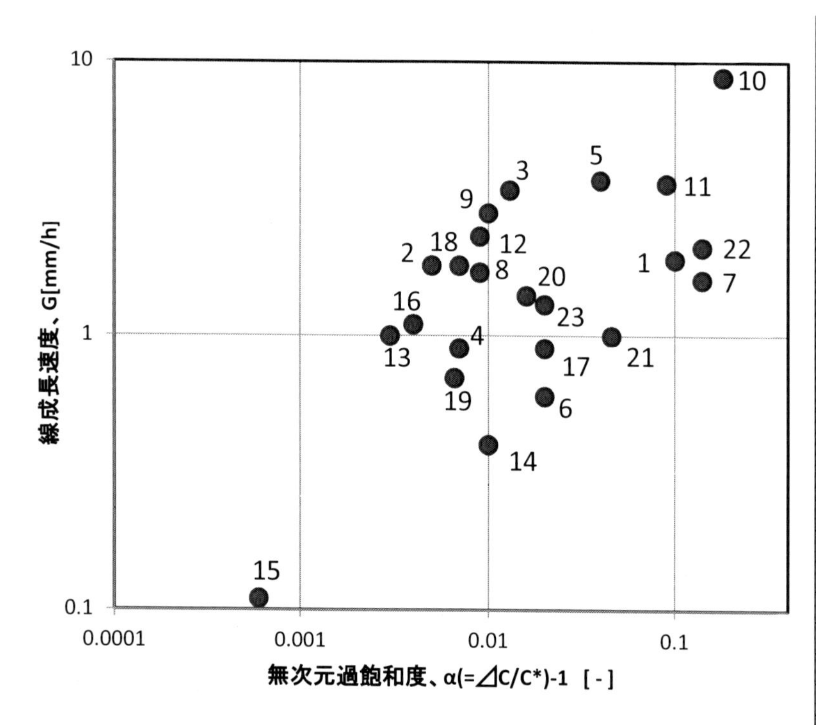

No.	結晶化学式	純安定領域幅 [℃]
1	$(NH_4)Al(SO_4)_2 \cdot 12H_2O$	3.0
2	NH_4Cl	0.7
3	NH_4NO_3	0.6
4	$(NH_4)_2SO_4$	2.5
5	$NH_4H_2PO_4$	1.8
6	$CuSO_4 \cdot 5H_2O$	1.4
7	$KAl(SO_4)_2 \cdot 12H_2O$	4.0
8	KCl	1.1
9	KNO_3	0.4
10	KH_2PO_4	9.0
11	K_2SO_4	6.0
12	KBr	1.1
13	KI	0.6
14	$MgSO_4 \cdot 5H_2O$	1.0
15	$NaCl$	1.0
16	$NaNO_3$	0.9
17	$Na_2SO_4 \cdot 10H_2O$	0.3
18	$NaBr \cdot 2H_2O$	0.9
19	$NaI \cdot 2H_2O$	1.0
20	$Na_2CrO_4 \cdot 6H_2O$	1.6
21	$Na_2HPO_4 \cdot 12H_2O$	0.4
22	$Na_2B_4O_7 \cdot 10H_2O$	4.0
23	$Na_2S_2O_3 \cdot 5H_2O$	1.0

図 1-2　無機化合物の準安定領域の幅とその時の線成長速度
（Crystallization　3rd edition(1993)より）

設計にあたっては、過飽和度が最も大きな、例えば冷却式晶析の場合には冷却面の表面過飽和度が、このようにして得られた種晶存在下の準安定領域の幅以下になるように計画する。従って、装置内の平均操作過飽和度は通常、この値の1/2～1/3以下になる。

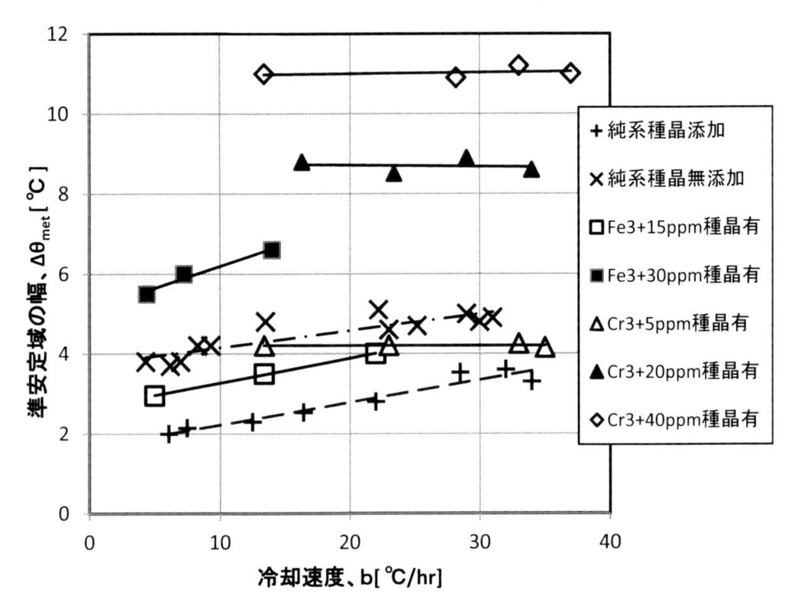

図1-3　準安定領域幅に及ぼす種晶と不純物の影響
（硫安結晶、操作温度：25℃）

装置内の結晶成長速度は、(1.1)式の関係で求まるが、二次核発生速度はスケールアップした際に、一般的に比例定数の値が減少して、核発生量が不足する。装置が出来上がってしまうと変えられる条件としては、回転数だけであり、通常、定数の減少分を補うことはできない。

4. 回分式晶析装置設計のポイント

回分冷却型では、最初に核発生あるいは種晶として添加した結晶を、途中新たな核の発生が起こらないように成長させることができるかどうかにかかっている。そのためには、最初に存在する結晶の個数を所定の値にあわせることと、冷却の途中、特に懸濁密度の高くなった運転終盤に撹拌翼や結晶同士の衝突磨耗による二次核発生が起こらないようにすることが重要である。

回分冷却装置の形式としては、①タンク側面を伝熱面とするジャケット型、②タンク内部に複数の伝熱面を持つエレメント型またはカランドリア型、③別に熱交換器を設ける外部循環型、及び④蒸発熱を奪うことによって冷却する真空冷却型がある。生産量は、④＞③＞②＞①の順で大きくすることができるが、一般に、回分式は結晶の生産量が1日5トン程度以下の場合に用いられることが多い。

目的成分の溶解度曲線は、回分冷却を選択する上で最も重要なものであり、他成分の存在で溶解度及び共晶点の位置も変化するので、実際の液で測定する必要があることを最初に述べたが、多形または擬多形が考えられる系では、共晶点を避けるように操作温度を決定するが、異なる多形の結晶が核発生して懸濁密度が低い時点で共晶点を通過させると、瞬間的に固相転移して、核発生を起すことから粒径が揃った種晶が得られて、粒径分布幅の非常に狭い製品が得られる可能性がある。

最終温度すなわち結晶を分離する時の温度は、室温かその前後くらいが楽に操作できるが、－7℃位までであれば、特殊な設計をせずに計画が可能である。そして、最終の空間率が0.8～0.6

（重量基準の懸濁濃度では通常 30～50%）になるような初期温度を選択することになるが、結晶が無水塩となる系では通常もっと低い懸濁濃度で操作されることになる。系によっては非常に低い懸濁濃度しかならない場合もあり、回分濃縮操作や連続冷却操作などを検討することになる。

冷却温度パターンは、種晶添加あるいは核発生後に、冷却面上の過飽和度が前述の準安定領域を超えないようにすることが重要で、この時の過飽和度を超えない範囲で速やかに冷却を完了する運転をパイロット規模のジャケット付攪拌槽で実施して、条件を選択する。

スケールアップに伴って、容積あたりの伝熱面積が減少し、同じ冷却速度では温度差が大きくなるため、テスト段階で冷却速度を遅くした場合の影響などを掴んでおく必要がある。

回分式では装置設計というより操作設計に重点がおかれる。装置設計としては、槽内ができるだけ均一に懸濁でき、装置内部にスケーリングが起きにくい晶析装置用であることが需要である。

図１．４は、連続式でも用いられる壁面掻取羽根付のジャケット式冷却晶析装置である。冷却水側の温度差が大きくならないように冷水循環ポンプを備えて、冷水温度で晶析槽内温度の制御を行うようにしている。

回分式でこの装置を用いる場合に、槽内に結晶が懸濁しておく必要があり、析出結晶の沈降速度が大きい場合には、羽根構造など注意が必要である。

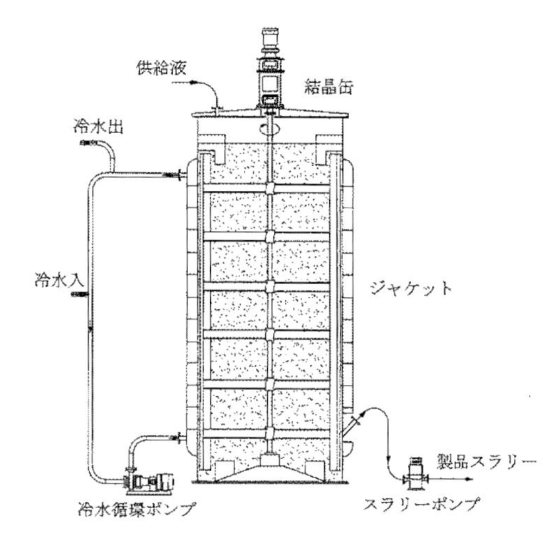

図 1.4　ジャケット付掻取型晶析装置

5. 連続式晶析装置設計のポイント

連続式結晶装置においては、よく単位時間単位容積当りの結晶析出量を晶析強度 SI として、対象とする結晶の結晶化のし易さ、し難さを比較することがある。結晶粒径によってその値は当然異なり、粒径に逆比例して小さな値となるが、無機塩結晶の場合で 100～350kg/h/㎥ 程度に対して、有機物結晶では 100kg/h/㎥ 以下で一般的に設計されている。詳細なデータが入手できていなくて、概略設計をする場合に、既存の結晶成長速度のデータや準安定域の巾のデータから似たような系での SI を使って、装置容積が決められることも有効な手段である。

本来、目標とする結晶品質、特に平均粒径を指標として、必要な結晶及び溶液の滞留時間（特に断りのない場合、結晶基準の滞留時間を表す）を基準として結晶装置の容積が設計されねばならない。

連続装置における滞留時間といった場合に、装置内の最小の粒径を持つ結晶（外部より添加された種晶あるいは有効核として成長にあずかる結晶）が、抜き出される結晶の平均粒径に達するまでの時間、すなわち１個の結晶が装置内に留まっている平均時間をいう場合と、単純に装置内に保有されている結晶重量を単位時間に抜き出される結晶重量で割った値を指す場合がある。ここでは、前者を装置内の結晶成長時間と呼び、後者を平均滞留時間と呼ぶことにして、後者の平

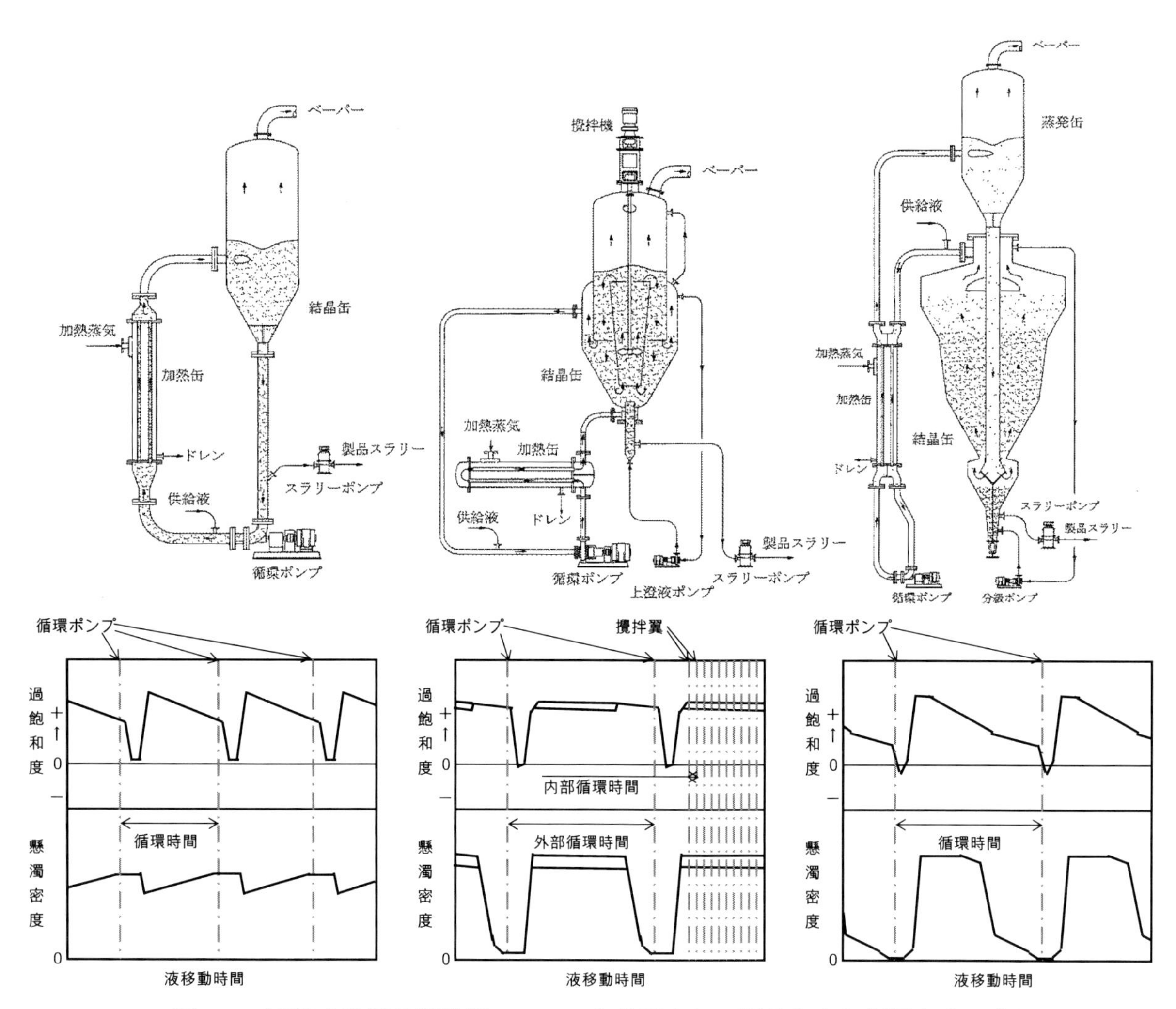

図 1.5　連続式濃縮晶析装置のフローと装置内部の過飽和度と懸濁密度の変化

(1) FC(強制循環)型晶析装置、(2) DTB（攪拌槽）型晶析装置、(3) 逆円錐流動層型晶析装置

均滞留時間の決定法について記述する。

この結晶成長時間 θ と平均滞留時間 τ の関係は、経験的に次の関係があり、実際の装置では 3 ～4 の間の値となっている。

完全混合型： $\theta = 3\tau$、　完全分級型： $\theta = 4\tau$

（１）平均粒径に及ぼす平均滞留時間の影響

実際の連続式結晶装置では、平均滞留時間は 1 ～10 時間の間で設計されている。

平均結晶粒径を決定する要因は、添加される種晶の個数、あるいは有効な結晶核の発生個数であり、平均滞留時間の長短の影響は、目標とする結晶を安定的に生成することができるかどうかに大きく影響するもので、結晶粒径には直接的な影響を持たないものである。平均滞留時間が長くなると、傾向的には一般的に結晶粒径は大きくなるが、長すぎると粒径が変動する原因になったり、撹拌槽型の場合に逆に核発生が増えて、かえって粒径が小さくなることもある.

図３．２１は、硫安結晶についての流動層型と撹拌槽型の結晶装置での平均粒径に対する平均滞留時間の影響について報告されているものである。種晶の供給はなく、平均滞留時間は比較的短い範囲であって、両形式共に平均滞留時間の増大と共に平均粒径は増大している。

図３．２２は、硝酸カリウムについて撹拌槽型で撹拌強度 ε と懸濁密度 m_T の影響が報告されている。この系も種晶の供給のない系でのデータであり、撹拌強度、懸濁密度共に低い場合には平均滞留時間の増大に伴って、平均粒径の増大が認められるが、撹拌強度が大きい系では、インペラーとの衝突頻度が増す結果となって、粒径に頭打ち現象が認められるようになる。

ここで､種晶を添加しない場合の撹拌槽型結晶装置の結晶粒径を支配する二次核発生の個数について触れることにする。二次核発生速度 B_0 に影響を及ぼす因子は、装置の形状･大きさ λ、操作過飽和度 ΔC、懸濁密度 m_T と撹拌の強さ（撹拌強度 ε、回転数 N、翼先端速度 ν など）であり、回転数 N で代表させた場合、それらを指数関係で表した次式で相関される。

$$B_0 = \lambda^a \Delta C^b {m_T}^j N^h \qquad (3.16)$$

平均滞留時間 τ を延ばすことは、この式の中で操作過飽和度を小さくすることにつながるが、その際に装置の大きさを同じにした場合には懸濁密度が大きくなり、また、懸濁密度を同じにして装置規模を大きくした場合には装置の大きさと撹拌の強さを大きくすることにつながり､それらの指数の値によって，二次核発生速度が決められることになる。

インペラーの吐出循環効率の良し悪しや装置構造によって到達可能な平均粒径に違いはあるが、いずれにしても撹拌槽型では限界が出てくる。そこで、それ以上の平均粒径を持つ結晶を得ようとする場合には，流動層型の結晶装置が選択されることになる。

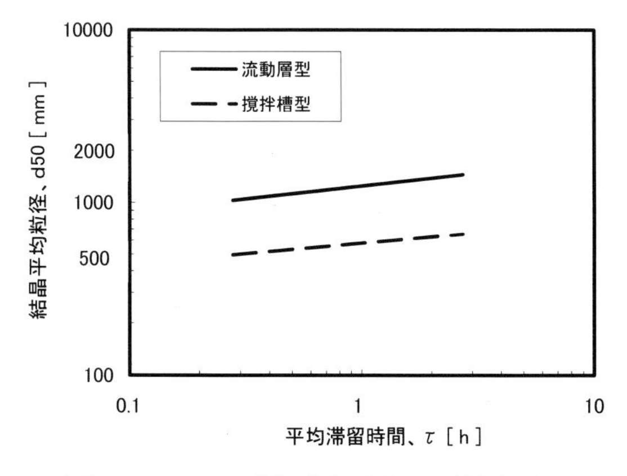

図３．２１　平均滞留時間の平均粒径に及ぼす影響

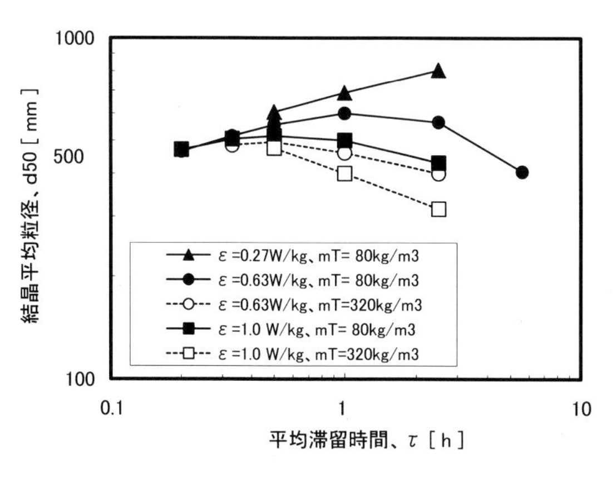

図３．２２　攪拌強度と懸濁密度の影響

（2）平均滞留時間の及ぼすその他の影響

平均粒径以外の結晶品質として、結晶純度と結晶形状（外観）も常に考えておかねばならないものである。

このいずれも結晶内部のマクロの欠陥、すなわち母液の巻き込み量に最も大きく影響される。結晶粒径も含めて平均滞留時間以外の操作条件を同一にした場合、経験的に運転可能な操作過飽和度（準安定域内）が高いほど、すなわち平均滞留時間が短いほど結晶純度と形状も良質なものが得られる傾向がある。この傾向には懸濁密度の影響も見逃せないが、総括的な研究報告は見られない。

こうした結晶内部の欠陥は、撹拌槽型にあっては結晶とインペラー、流動層型にあっては結晶同士の衝突が繰り返されることによって起こり、欠陥が修復されないまま成長を続ける結果として母液を巻き込むことになり、結晶本来の強度からははるかに低い強度しか持たない結晶が成長し、脆く角が取れて球状の結晶となる。固体物性として破壊強度の異なるいくつかの系を、撹拌強度の大きな同一の撹拌槽で晶析した場合に、得られた結晶の破壊強度は、ほとんど差が見られなかったという研究報告もある。

この節の最初に記載したように、回分式以上に連続式では安定な運転が行なわれることが不可欠であり、そのためには必要な結晶の個数が連続的かつ安定的に供給されることと、装置内部でスケーリングが起きないことである。これを確認する上で重要な因子は平均滞留時間、すなわち平均の操作過飽和度と共に局所的な過飽和度を確認する必要がある。その際、回分式結晶装置の設計の節でも記載したように、回分式の結晶成長実験時に操作過飽和度と誘導期間の関係を求め、溶液基準の平均滞留時間から全系あるいは局所的な核発生及び局部的なスケーリング状況を推測することができる。

6. 晶析装置周りの設計のポイント

結晶缶の中で二次核発生及び過飽和度を制御することによって結晶粒径が所望の値にできたとしても、遠心分離機および乾燥機や輸送機内で結晶が破砕されて、平均粒径が減少するとともに結晶缶内では存在しない微細な結晶片が製品に混入することがある。結晶がもろく、遠心分離機の回転数によっては、製品の平均粒径は、結晶缶内のそれの半分以下ということも起こりうる。

そのため、結晶缶内で所望粒径の２倍の結晶にした上に、篩分機でかなりの割合の結晶を溶解して戻さなければならないというのであれば、本末転倒であり、遠心分離機および乾燥機の形式は結晶に応じたものを選定すべきである。その際、晶析装置の設計者と協議しながら晶析装置周りの設計を行うことが大切である。

まとめ

晶析工程は化成品、医薬品に限らず、多くの産業において核となる重要な工程であるが、高濃度の固体を含む懸濁液を非平衡状態下で取扱い、結晶粒径や純度などの複数の要求を満足させねばならないことから、いまだに未解明な技術的問題を残した難しい単位操作の一つである。試験結果を基にしてスケールアップしたり、既存の設備を使って工業生産を行う場合など、予測と異なる結果に遭遇して戸惑うことも多いが、小規模実験から実機に至る過程、および実機で起こっている現象を注意深く観察し、装置内部の過飽和度に立ち戻って考察することにより、原因が発見されることが多くある。

晶析理論体系がほぼ確立されてきているとともにオンライン・インラインで結晶粒径分布や結晶構造が測定可能な装置が実装置で利用できる状況になっているものの、やはり経験に基づいて晶析装置内で起きている現象を解析することの重要性は依然としてなくなることはないと考えている。

参考文献

1) 改訂七版「化学工学便覧」：化学工学協会編，丸善

2) Handbook of Industrial Crystallization, A. S. Myerson, Butterworth -Heinemann (USA), 1993

3) Solubilities, Inorganic and Metal-Organic Compounds, 4th edition, W. F. Linke; American Chemical Society, 1965

4) Crystallization, 3rd Edition, J. W. Mullin, Butterworth -Heinemann (USA), 1993

5) A. B. Mersmann & M. Kind, Chem. Eng. Technol., 12, pp414-419(1989)

第17章　化学分野における晶析

浅谷　治生
（三菱化学株式会社）

1．緒言

晶析技術とは、溶液からその中の成分を固体として析出させる操作であり、図 1 に示したように、化学業界、医薬業界、農薬業界、医農薬中間体業界、食品業界等多岐に亘る分野で分離精製や造粒の目的で広く用いられている。長い歴史を有する、単位操作の一つでもある晶析技術の特徴の一つは、晶析操作が基本的に非平衡相分離を扱う操作であり、その制御が本質的に困難である点である。例えば同様に長い歴史を持つ単位操作の蒸留技術等と比較して、技術的方法論の確立が立ち遅れているのが現状である。また、晶析操作で求められる製品結晶の品質も、純度、粒度分布、晶癖、多形、結晶化度等、多岐にわたることが多く、技術上のハードルを一層高めているものと言える。更なる晶析技術の高度化が望まれる所以である。晶析操作を対象とする系に適した晶析設備の選択方法や最適な晶析条件の決め方、またスケールアップの考え方[1)2)3)]等、今なお困難を伴うことが多い。本稿では化学分野の晶析技術を対象として、晶析プロセス構築の課題を抱えた技術者の立場にたって、そのプロセスの構築方法について解説を行う。

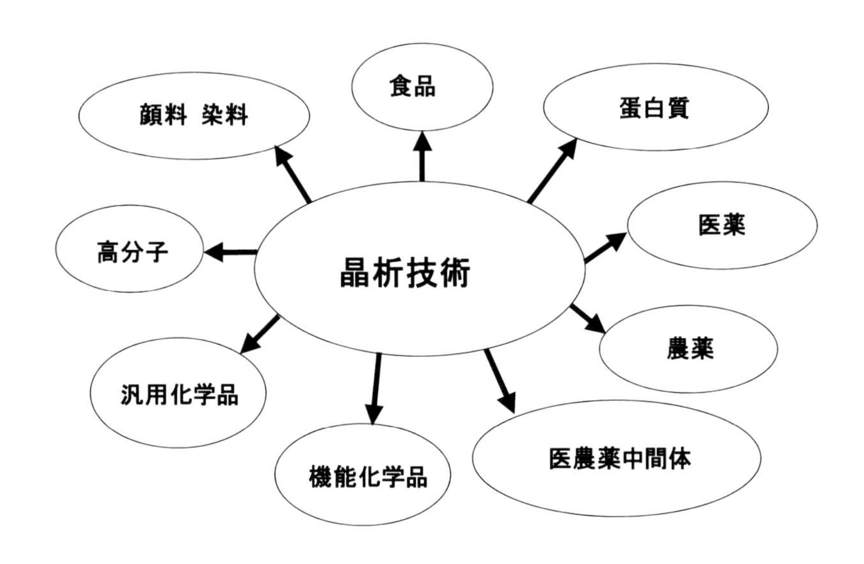

図1　　晶析技術の応用分野

2．過飽和生成法に対応する晶析法の選択

実験担当者は対象とする系の特性に応じて、過飽和生成法を検討し実験で行う晶析法を決定するのが通常である。表 1 に過飽和生成法とこれに対応する晶析法を示した。例えば、溶解度の温度依存性が正相関で十分大きければ、冷却晶析をトライできるし、その依存性が小さい場合は蒸発晶析や貧溶媒、塩、酸、アルカリ等の添加による晶析法等をトライしてみることになる。また、圧力を変えることによって溶解度が大きく変化する場合は、圧力晶析法を採用することがで

きるが、系の高圧化や晶析プロセスに耐圧を持たせることが必要となり、変動費や固定費が高くなることに注意しなくてはならない。定費が高くなることに注意しなくてはならない。また溶質が反応によって生成し、過飽和が生じて結晶化に至る反応晶析は、化学業界でよく見られる晶析法であるが、反応を制御して過飽和度を適正にして運転することが必要となる。

表１　過飽和生成法と対応する晶析法

過飽和生成法	晶析法
温度変化	冷却晶析、メルト晶析
圧力変化	フラッシュ晶析、圧力晶析
貧溶媒添加	貧溶媒析出
塩添加	塩析
酸・アルカリ添加	酸析・アルカリ析出
脱溶媒	蒸発晶析
溶質の反応生成	反応晶析、沈殿

３．In-situ センシング技術

固液平衡がわかってくると、晶析方法を選択して晶析実験をすることが可能となる。最終的には実機スケールで製造することになる結晶粉体も、最初のステージでは通常ラボスケールの晶析実験装置を用いてその製造方法の検討がなされる。一般にラボスケールの晶析実験装置は、冷却晶析法や添加を伴う晶析法の場合、数十 ml～2L 程度の容量のガラス製晶析槽に回転攪拌羽根を装着した装置である場合が多い。実験担当者は溶液中の特定成分を固体として回収する晶析実験を行うが、その際に純度や粒度分布といった品質や、回収率や作業性等の操作効率を所望のレベル以上にできるように実験条件の探索を行うことになる。

ラボ実験検討の際には、限られた時間やサンプルを有効に使って最大限の情報を引き出すことが必要となる。熟慮の上で精緻な実験計画を立てることはいうまでもなく必須であるが、一度の実験から最大限の情報を引き出す手段として、in-situ の測定装置が非常に有効である。これらの例としては、in-situ 粒度計、in-situ 濃度計、in-situ XRD 等がある。図２に攪拌式晶析装置を用いた硫酸水溶液添加による酸析の過程を in-situ 粒度計を用いて測定した結果を示した。

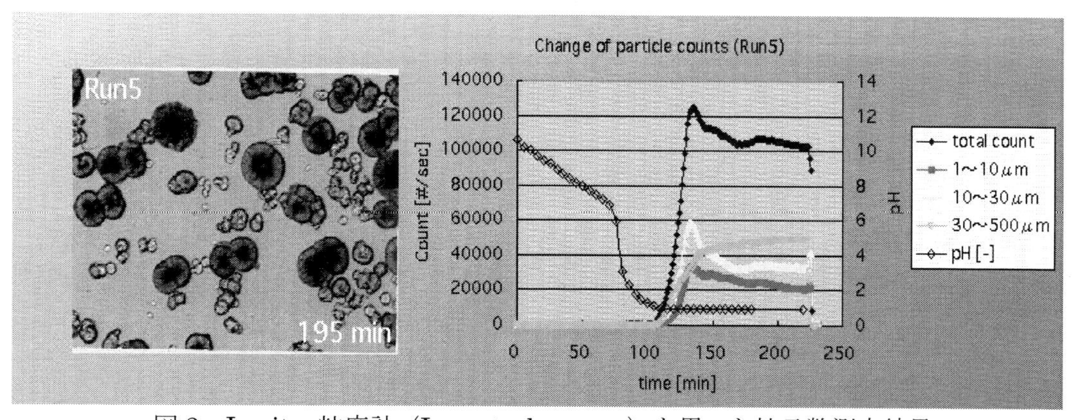

図２　In-situ 粒度計（Lasentech sensor）を用いた粒子数測定結果

図２において、硫酸の導入によりｐＨが急激に変化することに伴い、１ミクロンから５００ミクロンサイズまでの粒子の全カウント数が劇的に増加していることがわかる。また、各粒径範

囲の粒子数が経時で増減しているのがわかることから、時間経過にともなって、どの粒径範囲の粒子がもっとも支配的になっているか等を知ることができる。

図 3 には、in-situ XRD を用いて L-グルタミン酸の溶媒媒介転移を観察した際の分析結果を示した。図中の矢印で示されたピークはα形及びβ形に特有なピークであり、これらが消失し、出現する過程を追うことによって、時間経過に伴って原料のα形がβ形へと転移していくのが見てとれる。図 4 には、図 3 に対応する結晶モルフォロジー変化を経時で示した。このように多形の挙動を一度の晶析実験でリアルタイムでフォローできることから、in-situ XRD を用いることにより、晶析操作における好適多形の生成条件を容易に見出すことができる。また、こうした測定装置を大きなスケールの晶析装置に装着することにより、晶析スケールの多形への影響を調べることができ、適正なスケールアップを短期間で実現することが可能となる。

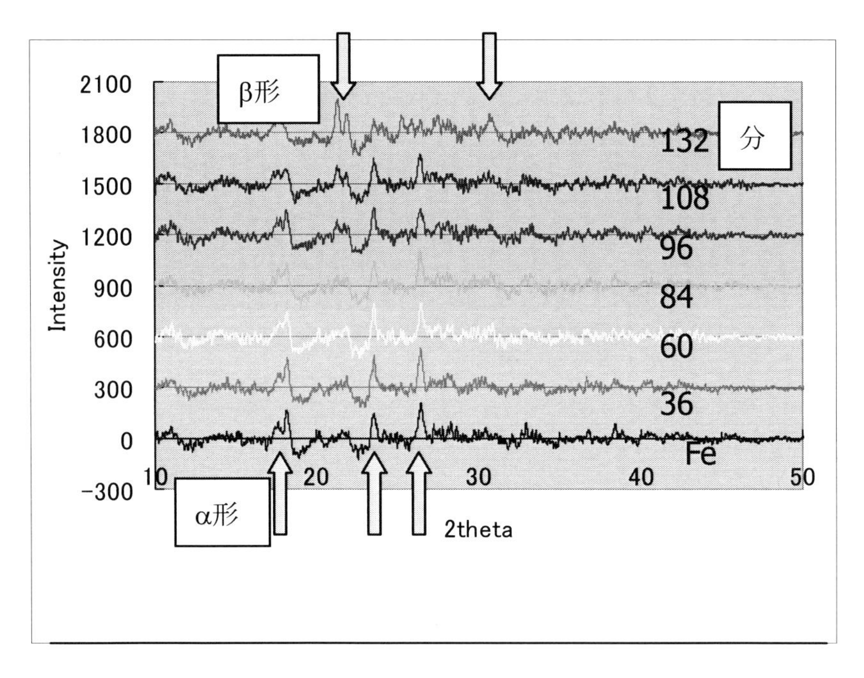

図 3　L-グルタミン酸の溶媒媒介転移の様子（in-situ XRD,　38℃）

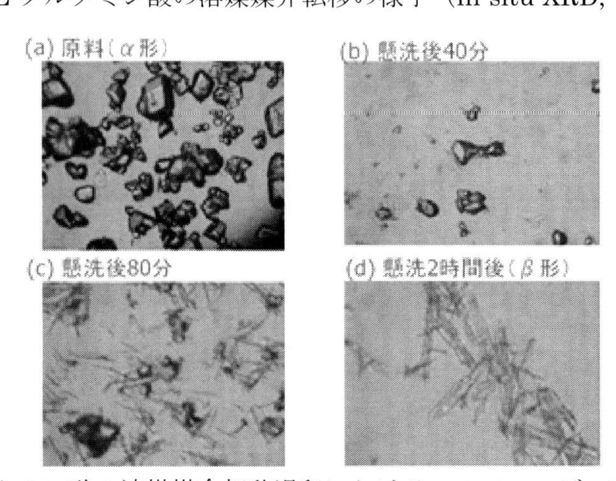

図 4　L-グルタミン酸の溶媒媒介転移過程におけるモルフォロジー変化（３８℃）

4．結晶の動力学測定

効果的な晶析装置のスケールアップ方法として、結晶の核発生速度や成長速度といった晶析動力学を利用する方法がある[4)5)]。測定された動力学は、晶析槽の設計やスケールアップのために使用される。図 5 に連続晶析式核発生速度及び結晶成長速度測定装置の概要を示した。この装置は溶解槽と晶析槽の二槽から構成され、各々の槽で溶解・析出が連続的に起こっている。この装置では、定常状態において晶析槽の粒度分布を測定することにより、結晶の核発生速度と成長速度を求めることができる。但し、この装置で得られる核発生速度については装置のサイズや流動条件の依存性があって、実際の核発生速度との間に二桁程度の誤差があることも珍しくない。一方結晶成長速度については、凝集や分裂の効果も含めた総括的な結晶成長速度として求めることができる。図 6 にこの装置を用いて測定した結晶成長速度とモデル式[6)]にフィットした場合の結果をパリティプロットで示した。

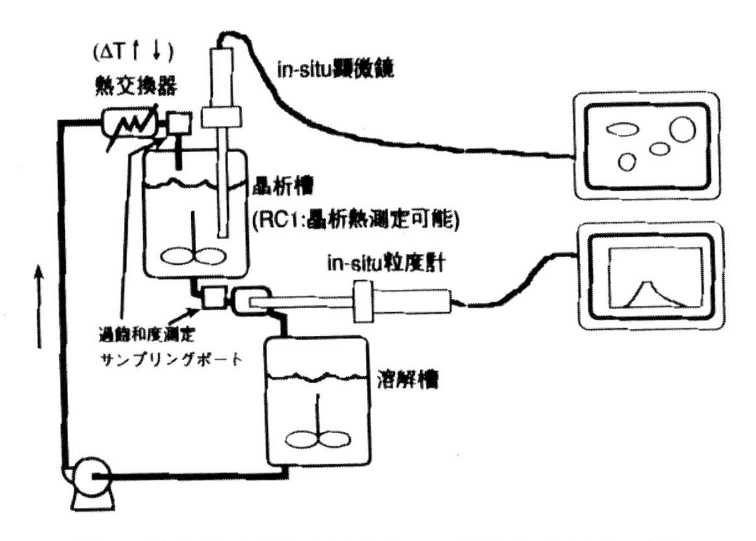

図 5　連続晶析式核発生速度及び結晶成長速度測定装置

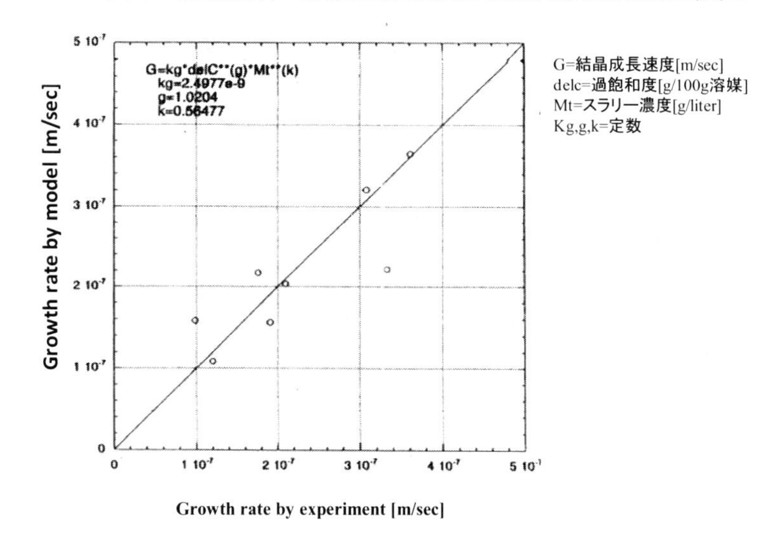

図6　結晶成長速度の実験結果と相関結果のパリティプロット

凝集や分裂の効果を除いて結晶を成長させた際の結晶成長速度は、図 7 に示すような顕微鏡を用いた結晶成長速度測定装置によって測定することができる。この装置から求まる結晶成長速度と、溶解・析出型の連続晶析装置より求まる結晶成長速度とを晶析条件と合わせて総合的に比較することによって、凝集や分裂の結晶成長への影響を見積もることができる。またこれらの結晶成長速度の内、小さい方に照準を合わせて大スケールの晶析装置の滞留時間を設定することが、安全な操作方法であると言える。

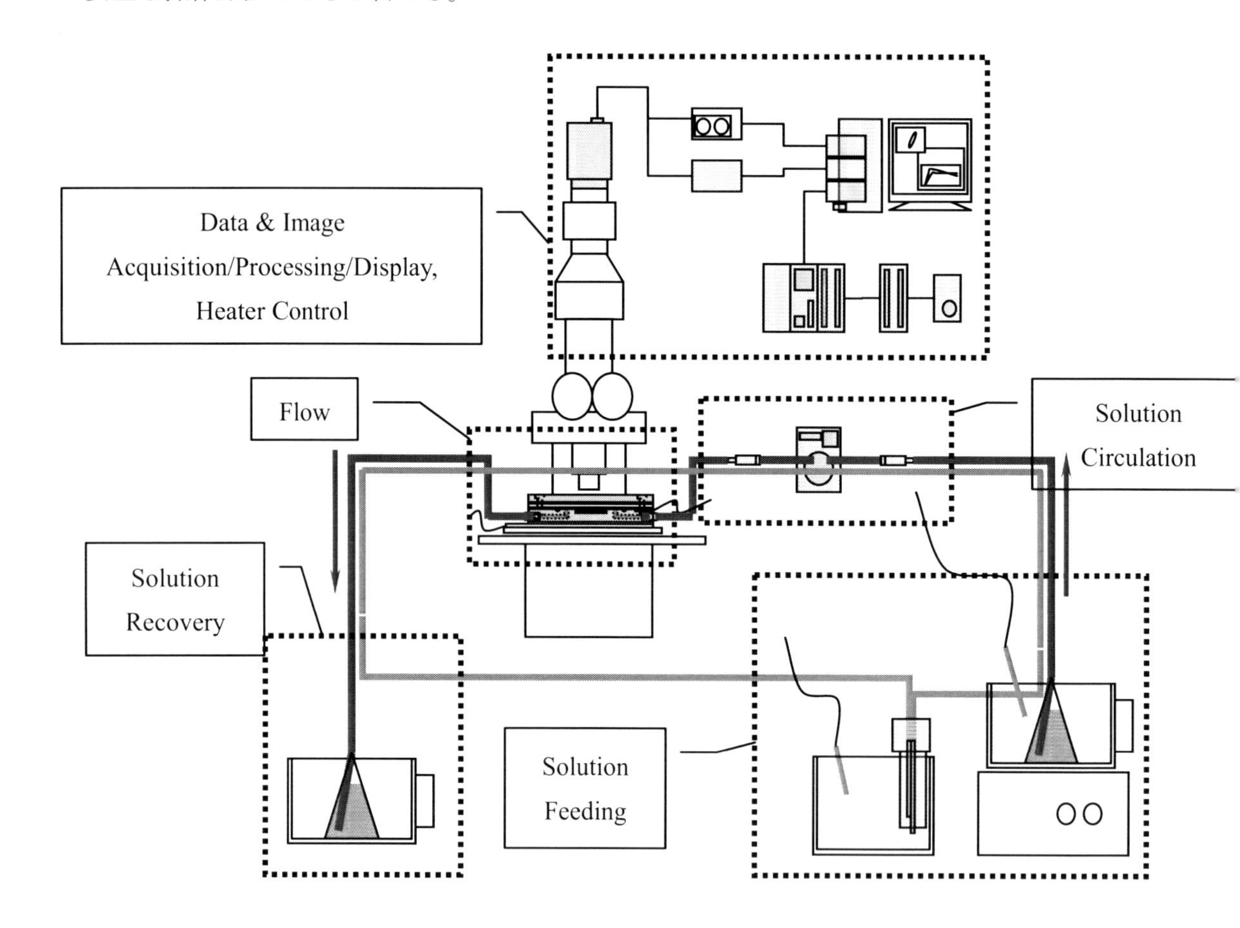

図 7　顕微鏡を用いた結晶成長速度測定装置

5．バッチ晶析と連続晶析

技術者は対象とする晶析系をバッチ晶析（回分晶析）で行うべきか連続晶析で行うべきか判断しなくてはならない局面によく遭遇する。一般的に実機の場合におけるバッチ晶析と連続晶析の種々の観点からの違いは表 2 のようにまとめることができる。この比較はあくまで一般論であり、実際には晶析系毎に総合的に評価されるべきものである。

傾向としては、医薬原薬や機能化学品等の高付加価値品の晶析操作については、生産速度が小さくていいことや粒度や多形といった品質に関する基準が厳しいことからバッチ晶析が用いられる場合が多い。これに対して、石油化学品等のマスケミカルで生産速度を大きくすることが必要とされる場合は、連続晶析が用いられる場合が多い。高品質で且つ生産量もある程度大きくしたい場合には、大型のバッチ晶析装置が用いられることもあるが数十 m^3 の容量の晶析槽も珍しくない。

ラボスケールの晶析実験では、まずはバッチの晶析実験をトライして操作性や品質等を確認後、必要ならば連続晶析に移行することとなる。小スケールの連続晶析実験では、滞留時間の確保やスラリーの連続取り出し等で困難を伴う場合が多く、ベンチスケールやパイロットスケールではじめて連続晶析が行われることもある。

表２　バッチ晶析と連続晶析の比較

比較項目	バッチ晶析	連続晶析
装置コスト	低	高
運転コスト	高	低
生産性	低	高
達成可能な品質	高	低
品質制御主要因子	種晶	温度他
スケーリングトラブル	少	多

６．攪拌型晶析槽を用いた理想的な晶析操作

晶析槽内では複雑な晶析現象[4)]が起こっていることが知られているが、攪拌型晶析槽について理想的な晶析操作を考えてみよう。まず、（1）スラリー濃度が槽内で均一であり、底部に大粒子が沈積するようなことがないこと。またその結果、（2）槽内のいたるところで結晶成長が有効に起こっていること。（3）攪拌によって結晶の破砕や凝集が激しく起こらないこと。（4）装置の内壁や軸部等に著しい結晶付着が発生しないこと等である。特に後者の（3）と（4）は対象とする晶析系の物理化学的性質に由来することも多く、必ずしも晶析装置と晶析操作で対処できるわけではない。（1）～（4）はバッチ晶析についても連続晶析についても言えることであるが、核発生の観点からは、（5）バッチ晶析では毎バッチ同程度の総核発生数であること、が理想的な晶析操作として挙げられる。

こうした理想的な晶析操作は小さな装置では案外実現が容易となる場合が多いが、スケールが大きくなってくるとこれら全てを満足するような晶析操作は通常困難となってくる。ここに晶析操作におけるスケールアップの本質的な難しさがあると言える。

７．バッチ晶析のスケールアップ（シーディング技術の応用）

連続操作の場合には粒径等の品質を経時で追いながら、フィードバック制御を行うことが可能である。しかしながら、バッチ晶析の場合は操作が比較的短時間の非定常操作であり、時々刻々と系内の非平衡状態も変化していることから、フィードバック制御による効果が期待できない場

合が多い。前節の攪拌型晶析槽を用いた理想的な晶析操作のところで述べたように、核発生の観点からは、バッチ晶析では毎バッチ同程度の総核発生数であることが好ましい。そこで、制御が困難な自然核発生で総核発生数を一定にするのではなく、最初から種晶を入れてやることによって極力自然核発生を抑制して、種晶を成長させるというのが、シーディング技術のコンセプトである。本節では久保田等の画期的なシーディング技術を紹介する。

図 8 は久保田等[7]のシードチャートである。この図より、平均径がどのくらいの粒子の種晶を、理論析出量に対してどのくらいの割合で添加すると、製品結晶が種晶径に比べてどの程度変化するかを知ることができる。このチャートは無機物のカリミョウバンを使って作成されたものであるが、無次元軸を使用しており、有機物を含む他の物質への適用も可能である。但し、晶析操作の際に結晶が激しい凝集や分裂を引き起こす系については、この限りではない。

バッチ晶析操作において、種晶添加重量をWs、理論析出重量をWth、種晶添加率をCsとおくと、

$$Cs=Ws/Wth \qquad ①$$

製品結晶の平均径をLp、種結晶の平均径をLs、とおくと

$$Lp/Ls=((Ws+Wth)/Ws)^{1/3}=((Cs+1)/Cs)^{1/3} \qquad ②$$

②式は二次核発生のない、添加されたシードの成長のみが起こる場合の、理想的な結晶成長ラインとして、久保田等のシードチャート上に破線で示されている。

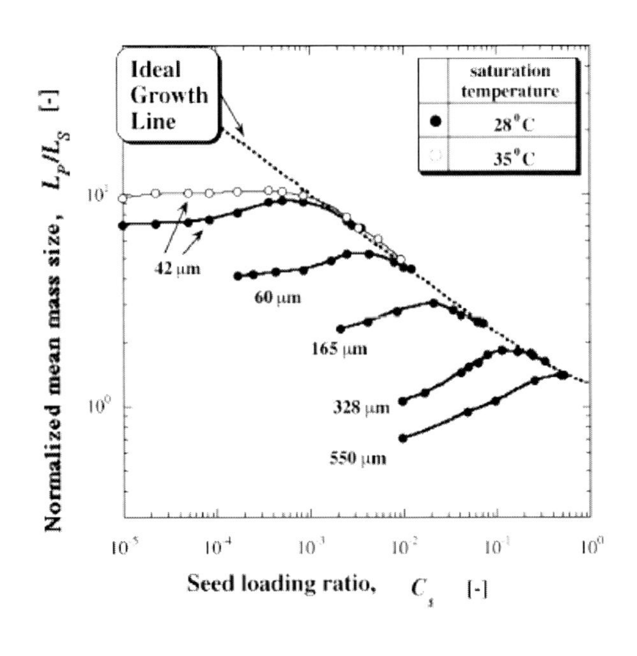

図 8　シードチャート

シードチャートは、スケールの大きなバッチ晶析装置に対しても適用可能であることが実証されている。表3にスケールの異なる三つの晶析装置を用いて、シードチャートをもとにグリシンの粒径制御を試みた回分冷却晶析実験結果を示した。種晶添加率が一定で種晶平均径がほぼ同じ場合、ほぼ同等の製品結晶粒径が得られることがわかる。また、グリシンには多形があることが知られているが、α形の種結晶を用いて十分な種結晶添加すると二次核発生が抑制されるため製品結晶もα形になることが確認されている。但し、スケールの大きな晶析装置の場合、当然のことながら結晶の理論析出重量も大きくなることから、種晶添加率一定の条件では、スケールに比例して種晶添加重量も大きくなることになる。

表3　スケールの異なる攪拌型晶析槽を用いたバッチ晶析結果の比較

項目	ラボ	パイロット	実機
容量[L]	2	30	135
冷却面積[m2]	0.07	0.45	1.85
原料飽和温度[℃]	50	50	50
最終晶析温度[℃]	20	20	20
種晶添加率[−]	0.096	0.096	0.096
種晶平均径[,μm]	221	221	200
製品結晶平均径[,μm]	447	439	409

8．連続晶析のスケールアップ

連続攪拌型晶析装置のスケールアップについてコンピューターシミュレーションを用いた方法を紹介する。ラボ実験によって、対象とする系の固液平衡や結晶動力学が詳らかになってくると、流体シミュレーションとポピュレーションバランスをカップリングした計算を行うことによって、晶析槽内の流動状態や粒度分布、過飽和度分布、スラリー濃度分布、製品結晶の粒度分布等を予測することが可能となる。

図9は、200LのパイロットスケールのDTB（ドラフトチューブ・バッフル）型晶析装置の流動を計算した結果である。図10は単位容積あたり動力一定のスケールアップ則を用いて20m^{3}の実機スケールの同型の晶析装置の流動を計算した結果である。比較してわかるように、単位容積あたりの動力一定でスケールアップするならば、大型スケールの晶析装置の方が流速が全体的に大きくなっていることがわかる。

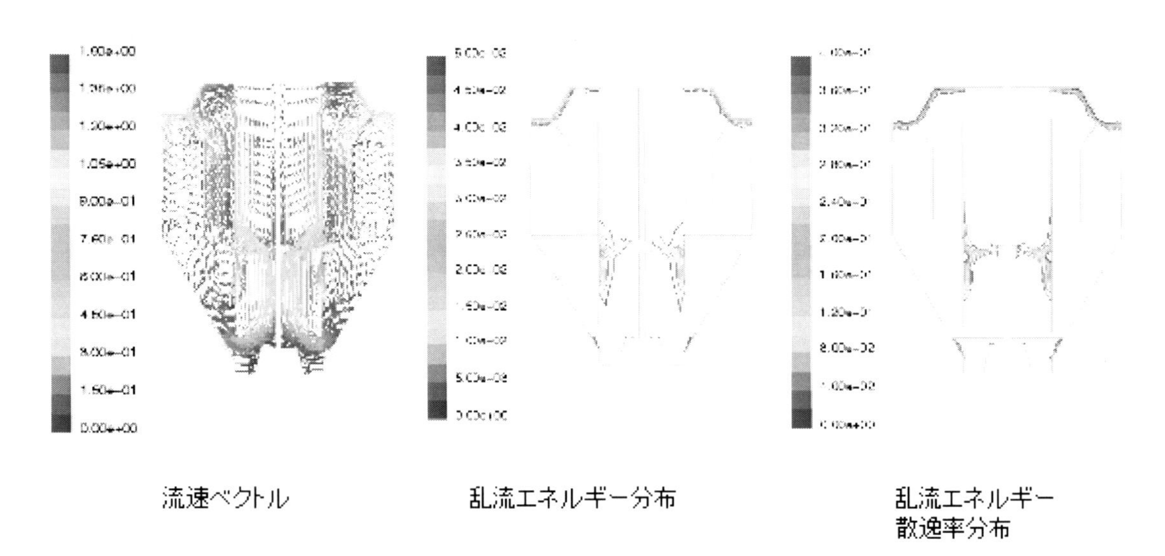

図 9　流動シミュレーション結果（パイロットスケール　200L）

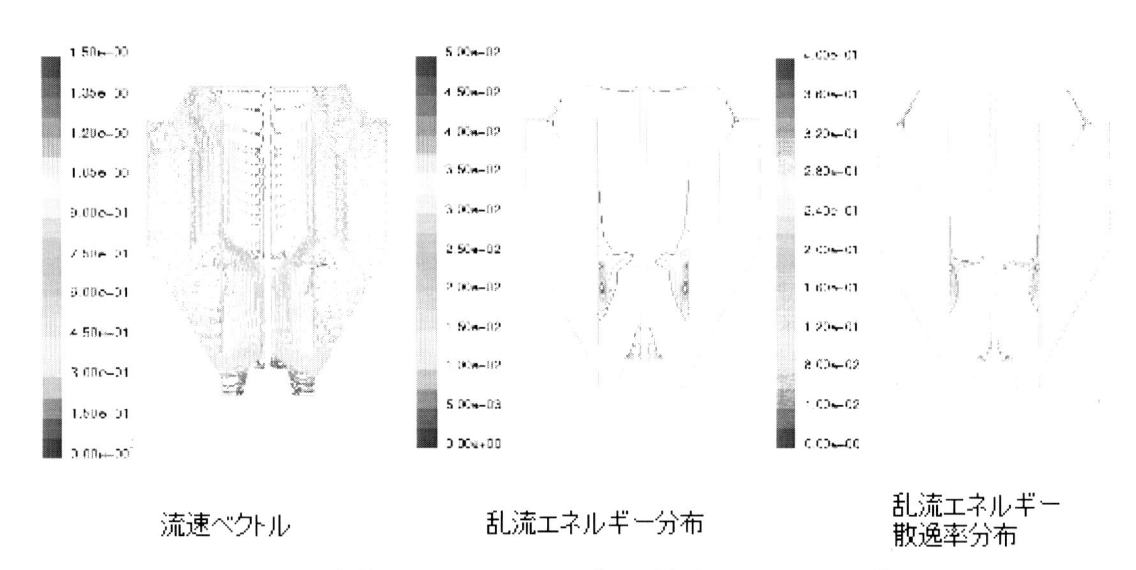

図 10　流動シミュレーション結果（実機スケール２０m³）

図 11 は、Rohani 等[8] のカリミョウバンに対する結晶の２次核発生速度と成長速度を用いて、200L のパイロットスケール晶析装置内部のスラリー濃度、粒子径、過飽和度の各分布を計算した結果である。図 12 は、20m³ の実機スケールの晶析操作に対するシミュレーション結果である。前述したように大型スケールの晶析装置の方が流速が全体的に大きくなっていることから実機においては底部の沈積はほぼ消滅しているのが見てとれる。このようにコンピューターシミュレーションを用いた方法は晶析槽内の状況をビジュアルに示すことができ、晶析槽の設計やスケールアップにとても有効であると言える。但し、対象とする晶析系によっては、シミュレーションによる予測が実態とかけ離れる場合もあることから、スケールを変えた実験による検証も必要となる。

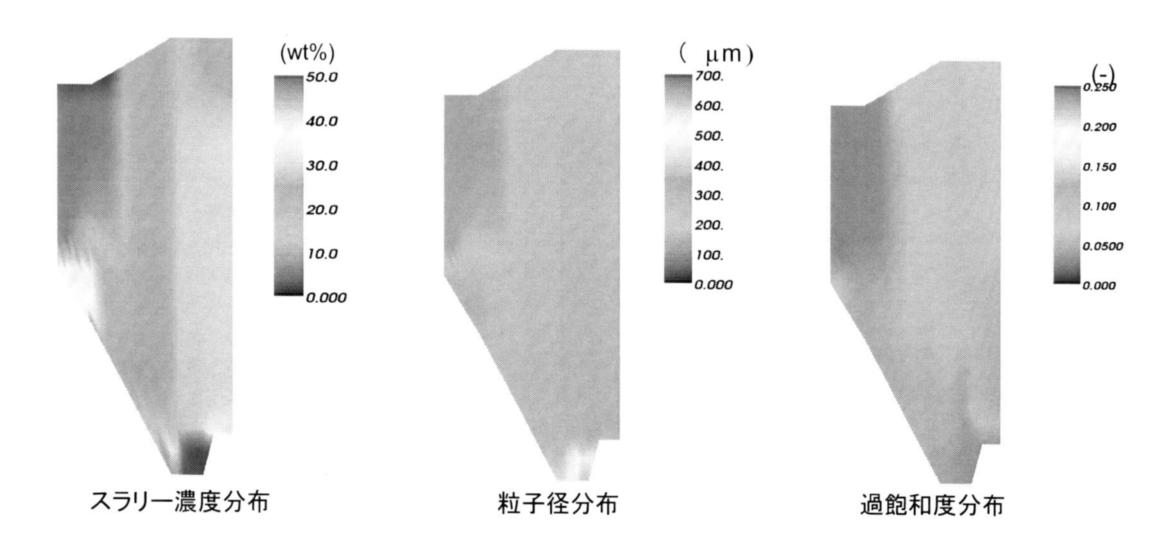

図 11　晶析槽内部のスラリー濃度分布、粒子径分布、過飽和度分布
(パイロットスケール　200L)

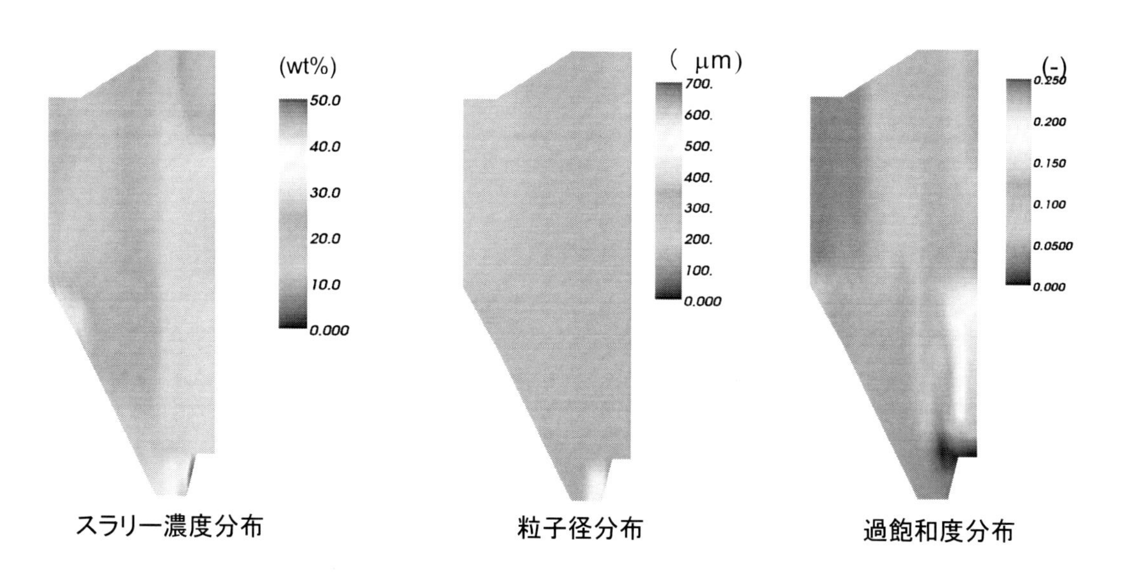

図 12　晶析槽内部のスラリー濃度分布、粒子径分布、過飽和度分布
(実機スケール２０㎥)

９．固液平衡と晶析プロセス

図 13 に３成分系固液平衡を、図 14 にこの固液平衡をベースとして得られる晶析プロセスのイメージを示した。こうしたプロセス合成を検討する際に固液平衡関係は基本であるが、系によっては晶析分離と蒸留分離やクロマト分離を併用することも分離プロセス構築のためには有効

である。図 14 の晶析分離プロセスでは、ストリーム 4 から溶媒 S をストリッパーで留去してストリーム 4′とし、これをストリーム 5 と合わせて、晶析プロセスの原料ストリーム 1 としている。こうしたプロセスでは、溶質 A 及び溶質 B が溶媒 S に溶解した共晶系において、A 及び B のそれぞれを単離することが可能となる。

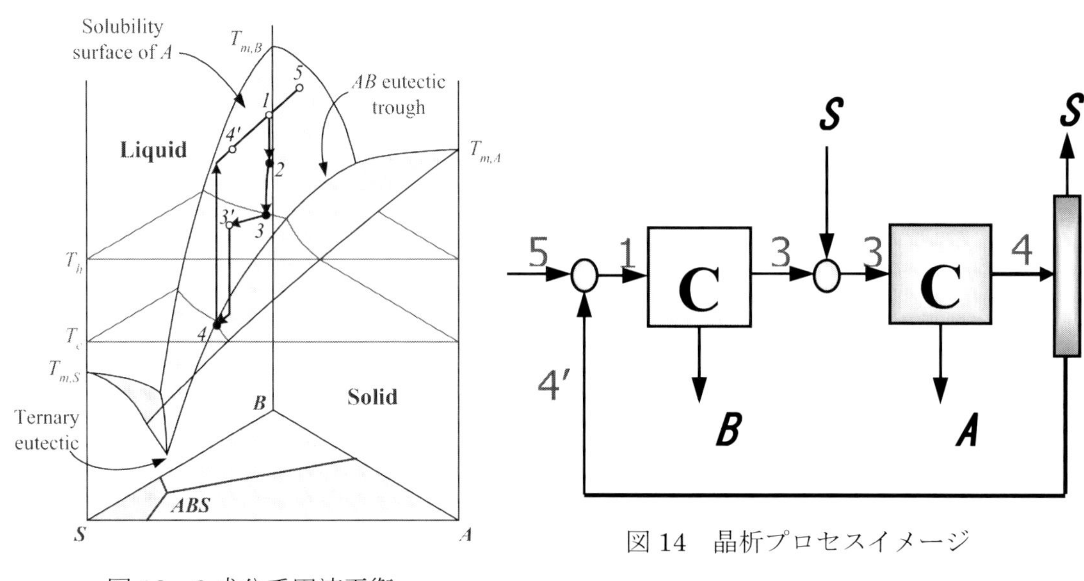

図 13　3 成分系固液平衡

図 14　晶析プロセスイメージ

１０．結言

本稿では化学分野の晶析技術を対象として、晶析プロセス構築の課題を抱えた技術者の立場にたって、そのプロセスの構築方法の概要について平易に論じた。今後とも多くの研究者や技術者によって晶析技術の一層の高度化が図られることを期待したい。

文献リスト

1）中井資、ケミカルエンジニアリングシリーズ 9 、「晶析工学」(1986)
2）豊倉賢、青山吉雄、化学装置設計・操作シリーズ、「晶析」(1987)
3）Mullin, J.W., 4th ed., “Crystallization” (2001)
4）松岡正邦、Creative Chemical Engineering Course, 「結晶化工学」 (2002)
5）Randolph, A. D., and Larson, M. A., “Theories of Particulate Processes” (1988)
6）Tavare, N. S., “Industrial Crystallization” (1996)
7）Doki, N., Kubota, N., Yokota, M., and Chianese, A., J. Chem. Eng. Japan, 35, 670-676 (2002)
8）Rohani, S. and Bourne, J.R., Chem. Eng. Sci., 45, 3457-3466 (1990)

最近の化学工学 64
晶析工学は、どこまで進歩したか

2015年1月21日　初版発行
2021年4月13日　第3版発行

化学工学会　編

化学工学会材料界面部会　晶析技術分科会　著

発行所　化学工学会関東支部
〒112-0006　東京都文京区小日向4-6-19
共立会館5階
TEL 03(3943)3527
FAX 03(3943)3530

発　売　株式会社　三恵社
〒462-0056　愛知県名古屋市北区中丸町2-24-1
TEL 052(915)5211
FAX 052(915)5019
URL http://www.sankeisha.com

乱丁・落丁の場合はお取替えいたします。
ISBN978-4-86487-325-3